核电厂大型旋转设备振动监测与故障诊断应用

顾 凯 张 禹 李 恒 杜 鑫 肖 洲
白乐园 曾 彬 孙 伟 周 粲 著

中国原子能出版社

图书在版编目（CIP）数据

核电厂大型旋转设备振动监测与故障诊断应用 / 顾凯等著. —北京：中国原子能出版社，2021.10

ISBN 978-7-5221-1648-8

Ⅰ. ①核… Ⅱ. ①顾… Ⅲ. ①核电厂-机械振动-故障诊断 Ⅳ. ①TM623.4

中国版本图书馆 CIP 数据核字（2021）第 216558 号

核电厂大型旋转设备振动监测与故障诊断应用

出版发行 中国原子能出版社（北京市海淀区阜成路 43 号 100048）
责任编辑 胡晓彤 杨晓宇
装帧设计 崔 彤
责任校对 冯莲凤
责任印制 赵 明
印 刷 北京华联印刷有限公司
经 销 全国新华书店
开 本 787 mm×1092 mm 1/16
印 张 13
字 数 308 千字
版 次 2021 年 10 月第 1 版 2021 年 10 月第 1 次印刷
书 号 ISBN 978-7-5221-1648-8 **定 价** **68.00** 元

网址：http://www.aep.com.cn **E-mail：atomep123@126.com**
发行电话：010-68452845

前　言

截至 2020 年年底，我国核电在运机组已达 49 台，总装机容量 5100 万千瓦以上；在建机组达 16 台，总装机容量近 1800 万千瓦；目前在运在建总容量高达 7000 万千瓦以上，机组数和装机容量均跃居世界第三。2020 年 12 月联合国气候峰会上，我国承诺到 2030 年非化石能源占一次能源消费比重将达 25%，根据目前核电、水电、风电、太阳能等非化石能源实际现状，预计到 2030 年核电装机容量将达到 1 亿千瓦以上，按照 2030 年碳达峰、2060 碳中和目标，2060 年远景核电装机容量将达 6 亿千瓦以上。

根据 2020 年 12 月发布的《新时代的中国能源发展》白皮书，我国将构建多元清洁能源供应体系、推进能源进入高质量发展阶段，优先发展非化石能源、安全有序发展核电，要大力实施创新驱动发展战略，全面提升能源科技和装备水平，着力推动数字化、大数据、人工智能、智慧能源技术及相关融合创新。同时，近年来在核电设备国产化水平不断提高、智能电厂应用落地项目如火如荼开展的局面下，应用状态监测和故障诊断技术，实现基于设备状态的维护（CBM）策略越来越受到设备可靠性分析人员的青睐。尤其是核电厂广泛存在的大型旋转机械设备，基于振动的监测与诊断技术应用显然具有明显的作用和意义。振动作为 ISO 推荐的五种表征机器运行状态的监测技术，也是应用最为成熟的一项技术。

随着国产仪器仪表越来越普及，尤其新技术发展，使得振动采集和监测诊断系统不断发展，为构建核电厂设备群在线监测系统提供了技术平台。应用大数据平台计算引擎等，结合人工智能模式识别算法，开发产品化的适应智慧核电厂要求的振动监测与智能故障诊断应用已经成为可能。这样，以往由经验丰富的专责振动分析师才能承担的工作，将因智能化平台应用而降低门槛，大大提高振动分析应用水平。通常，核电厂及常规电厂领域，振动装置的开发和维护由仪控专业人员负责，但使用者是从事机械、设备维护的专责人员。本书的编写者在从事智能核电厂振动监测与诊断应用相关工作背景下，以作为核电厂旋转机械的状态监测和故障诊断的基础工具书为目的，也借鉴和引用了国际振动分析师考级培训的一些基础性内容。适用于初、中级振动分析人员和核电厂振动研究同行，也可作为初学者的基础读本，以期达到快速入门、掌握应用的作用。

本书共包含四篇，第一篇为基础篇，简要介绍了机械设备常见的维修方法和状态监测方法（第 1 章）、振动学的基础和振动测量的方式、仪表的安装和选型，以及振动的标准（第 2 章）；第二篇为装置篇，包括对振动监测装置的介绍（第 3 章）、振动信号特征提取技术的介绍（第 4 章）和旋转机械主要设备典型的故障征兆和振动特征（第 5 章）；第三篇为应用篇，详细介绍了常见的故障诊断技术（第 6 章），以及在此基础上，通过实例给出常见机械设备故障的振动监测和故障分析（第 7～9 章）；第四篇为提高篇，在前三篇的基础上，探讨振动监测和故障诊断智能化的可行性（第 10 章）、以及专家系统、机器学习和深度学习的智能化方法在振动监测和故障诊断中的应用（第 11 章）。

本书由中广核工程有限公司设计院仪控所编写，张禹、李恒编写第 1、2 章，顾凯、杜鑫编写第 3～5 章，肖洲、白乐园、曾彬编写第 6～9 章，孙伟、周粲编写第 10、11 章，全书由顾凯统稿，张禹校对。张睿琼、彭华清、刘光明、张黎明、江辉等对本书编写策划、统稿和校审过程，提供了大量指导工作，感谢参与本书的编写人员、校核人员、指导人员辛勤工作和无私奉献。

本书所涉及的学科和专业领域广泛，限于编写者学识水平，书中存在诸多不足和欠缺，恳请读者批评指正。

作者

目录

第一篇　基础篇
核电厂旋转设备监测与振动测量

第二篇　装置篇
振动分析技术与装置系统

第三篇 应用篇
振动的故障诊断应用

第四篇 提高篇
智能诊断技术应用

第一篇　基础篇

核电厂旋转设备监测与振动测量

第一章

核电厂旋转机械振动监测应用综述

1.1 概　述

核电厂把核能转变为电能进行发电。根据中国核能行业协会公布的《全国核电运行情况（2021 年 1—12 月）》数据，截至 2021 年 12 月 31 日，中国大陆运行核电机组共 53 台，额定装机容量为 546 46.95 MW。2021 年 1—12 月全国累计发电量为 81 121.8 亿 kWh，运行核电机组累计发电量为 4 071.41 亿 kWh，占全国累计发电量的 5.02%。

核电厂工艺流程复杂，旋转机械（汽轮发电机、泵、风机等）是工艺流程得以实现的主要部件，主要旋转机械设备虽然大多设置了备用设备，但运行设备的故障仍会增加机组降负荷、甚至跳机跳堆的风险；同时主要旋转机械设备造价昂贵，备品备件周期长，有些设备故障后甚至需要返厂才能维修。因此，旋转机械设备保持长时间的健康稳定运行是实现核电厂“安全第一、质量第一”根本指导方针的重要保证，也是核电厂降本增效、保持核电竞争力的关键因素。合理制订旋转机械设备的维修计划，确保设备长时间安全可靠的运行是核电厂面临的重大课题。

1.2 核电厂旋转机械故障的维修方式

1.2.1 维修方式简介

旋转机械的维修方式主要经历了三个阶段：故障检修、基于时间的维修（TBM）和基于状态的维修（CBM）。故障检修是指在机器出现故障后的维修，是被动的维修方式；基于时间的维修是初级的预防性维修方式，是根据既定维修计划，在规定的时间内对机器进行的维修方式。无论是故障检修，还是基于时间的维修，都仍然属于传统的维修方式，维修成本昂贵，但都无法解决维修后运行中的机器再次出现故障的可能。根据研究发现，99%的旋转设备故障都是在非特定条件下发生的，这表明机器的故障随时可能发生，在这样的背景下，基于状态的维修（CBM）逐渐兴起，并得到了快速的发展。

基于状态的维修（CBM）的主要状态监测技术如下。

（1）振动监测

振动监测（Vibration Monitoring）：振动数据测量、趋势分析和判读的过程。

机械部件的不同故障会产生不同的振动图谱，通过安装在机械上振动仪表的监测，维修人员可以在不对机械进行实际检修的情况下，分析运行机器的健康状况。目前振动监测已经成为机械状态监测的最佳选择之一。

（2）声发射

声发射（Acoustic Emission）：（机器监测）在材料内部和/或表面由局部源能量的快速释放使波在结构和流体（液体、气体）中传播时所产生的一系列现象。

通过使用合适的传感器（通常采用压电式传感器）可以检测到 AE 的波形，这种传感器将材料表面的位移转换成电信号。这些电信号可由合适的仪器或数据处理技术来处理，以表征系统的状态并且有助于检测早期的机械缺陷和结构的完整性。从传感器输出的信号波形受多路径传播和在材料内部或者表面形成的几种波的模式的影响。因此，同一输入源通过不同的传递路径进行传播，传感器的响应也会不同。声发射（AE）灵敏度较高，可以比振动分析提前发现故障信息；可以监测到摩擦/磨损过程，但不能将监测到的 AE 缺陷特征与准确的故障机理相联系。

（3）振动与声的融合

将声发射（AE）作为振动信号的补充，用于机器状态分析和诊断/预测。将振动和声发射融合，利用振动和声发射各自的优点，是状态监测和故障诊断的一种综合性方法。

（4）红外热成像

红外热成像（IRT）基于测量一个目标表面的辐射热能分布，并将其转化为辐射强度差异图（表面温度图）或热谱图。所有机器的运行都产生热，可能在当前过程本身或多种过程组合中，以摩擦或磨损的形式表现出来，它是一种过程介质的固有特性。由此，温度成为机器性能监测、状态监测以及故障诊断的关键参数。红外热成像是温度监测的理想技术，因为红外热成像可提供一台机器或零部件的完整热图像，具有非物理接触（非侵入）、设置简单和快速获得测量结果等优点。尽管红外热成像法用处很大，但是在测量大多数低发射率的表面时还是有一定局限，因为辐射测量信号很容易受到影响而产生无法接受的误差。

（5）油液分析

润滑油用于减少机械的运动表面之间的摩擦。油液分析主要是对润滑油的成分、污染物颗粒、机器磨损状况进行检测，以掌握润滑油的变质情况，判断磨损状态变化趋势，为设备的运行和维修提供信息。油液分析更适合于以磨损为主要失效形式的机械。

油液分析主要采用油液铁谱分析和油液光谱分析两种方法。

（6）电机电流监测

电流互感器和电压互感器是电机保护系统的一部分，电流监测通过对各相电流值的监测，以掌握线圈的温度情况，为电机的运行和维修提供信息。

1.2.2 核电厂维修方式简介

核电厂旋转机械设备的维修目前仍主要采用基于时间的维修和故障检修。核电厂基于时间的维修主要通过制订维修计划，理顺关键路径，在规定的时间内对数量众多的设备进行维修。不管设备是否正在健康运行，都需要进行强制维修。为了达到降本增效、提升设备利用率的目的，不断完善维修关键路径，逐步缩减维修时间。核电厂的故障检修主要是依靠人员定期巡检和预先设置的测点发出报警后，人员现场核实设备是否发生故障，通过积累的经验、逐步分解判断可能发生故障的原因，通过更换部件或返厂维修排除故障。

核电厂的状态监测仅在汽轮发电机组的保护中，通过轴系仪表监测与保护系统（Turbine Supervisory Instrumentation，TSI）和诊断管理系统（Turbine Diagnosis Management，TDM）实现，TSI 系统可以监测基本的机组振动信息，包括径向振动（峰-峰值和 gap 电压）、瓦振、轴位移等，一般具有继电器保护输出功能；TDM 系统（即汽轮发电机组振动、状态监测和管理系统）的主要作用在于对机组运行过程中的振动数据进行采集和分析，获取包括转速、振动波形、频谱、倍频的幅值和相位等故障特征数据，并将这些数据转化成易于分析和诊断的振动特征图如频谱图、时基/Obrit 图、全频谱图等；从而为专业的机组故障诊断人员提供各种振动分析手段，并协助机组诊断维护专家深入分析机组运行状态和诊断机组运行故障。但缺少对机组振动数据的深入挖掘，如振动波形、频谱、倍频的幅值和相位等故障特征数据不能提供用于机组故障分析的专业图谱工具；仅能发挥基本的监测和保护作用，不能起到深入分析、诊断机组故障的作用，也不利于机组早期故障的发现和诊断，起停机数据采集密度不够或容量有限等情况。

核电厂实时信息监控系统（KNS）与火电厂电厂厂级监控信息系统（SIS）类似，采集数字化控制系统（DCS）及试验仪表系统（KME）、试验数据采集系统（KDO）的实时信息，保存于实时数据库，再通过 WEB 服务的形式，以画面、报警、趋势图、日志等多种方式直观显示电厂当前或历史状态信息，为调试、运行、维修、技术支持等监管人员提供支持。

在电厂正常运行工况下，运行、维修、技术支持等监管人员可在办公室通过 KNS 网页查看机组运行的各位实时信息。也可回访机组状态与控制的历史变化过程，这些信息可供事故分析参考，但不作为机组实时控制的依据。

虽然 KNS 系统可实时提供机组正常运行时的数据，但并不具备故障诊断的能力，无法准确判断机器内部的工作状态或机械结构的损伤状况，确定故障的性质、程度、类别和部位，预报其发展趋势。

除汽轮发电机外，核电厂的主要旋转设备本身仅部分设备包含了振动监测和电机电流监测，但这些监测通常仅能在设备出现故障时用于报警或停机，无法提前预警判断设备的故障劣化趋势，达到状态监测的目的。

1.3　振动信号监测的优点

振动信号监测的优点如下。

（1）振动信号的普遍性

机械设备在运行过程中都会产生振动，当设备发生异常或故障时，振动将会发生变化。

（2）振动信号的易获性

通过在机械设备合适的位置安装位移传感器、速度传感器或加速度传感器，通过离线或在线的方式，很容易获得设备振动的位移、速度和加速度信号。

（3）振动信号内含的丰富性

机械设备的故障类型多种多样，但通过对振动信号的特征提取，总是能将故障原因尽可能地确定在一定的范围内，方便故障的排查和消除。

（4）振动监测的广泛性

振动监测方法目前已经非常成熟，拥有完善的国际标准体系，在各行各业都有广泛的应用，同时有大量的文献研究推动着各种先进技术在振动监测中的应用。

因此，在旋转设备的状态监测中，振动状态监测使用最为广泛。

1.4　本书的主题概述和范围

核电厂工艺流程复杂，旋转机械设备精密度高，为了达到降本增效、利润最大化的目的，以及核电厂特有的核安全要求，对机械设备尽可能长时间的稳定运行，减少故障率都提出了很高的要求。因此，核电厂原有机械设备的故障检修和基于时间的维修手段不再适用，不能再作为主要的维修方式。由于可以监测和预测设备的运行趋势，对可能的故障部件进行预判，极大地提升了设备的运行时间和使用寿命，大幅度减少了维修时间和维修成本，机械设备的状态监测和故障诊断技术在核电厂中的应用成为了一种必然的选择和发展方向。

本书的编写以作为核电厂旋转机械的状态监测和故障诊断的工具书为目的，以没有基础但希望接触该行业的人员和专业行业人员为适用人群，以期起到快速入门、精准提升的作用。

本书共计 4 篇，包括 11 个章节，书中介绍的振动监测方法、仪表和装置具有通用性和普适性；示例适用于同类型的所有设备，但考虑到核电厂核岛侧环境的特殊性，部分设备（比如主泵）需要根据设备和环境的特点考虑剂量和抗震的要求，在本书中不做特殊描述。

第二章

设备振动监测与状态评价基础

2.1 引 言

如第一章所述，旋转机械的基于状态的维修（CBM）被认为是一种行之有效的维修方法。在这种方法中，通过对运行中旋转机械的主要参数，如振动、温度、电流等进行监测，可以实时或离线地掌握机器的健康状况，预判机器的运行趋势和可能的故障部件，提前采取措施。在这些参数中，由于振动信号的普遍性和其包含的丰富的机器特征信息，基于振动的状态监测技术得到了最为广泛的应用。

2.2 机械振动原理及分类

2.2.1 机械振动原理

振动（vibration）：围绕某一平衡点的机械振荡。此振荡可以是周期性的或随机的。各种机器设备在运行中，都不同程度地存在振动；然而，不同的机器，或同一台机器的不同部件，以及机器在不同的时刻或不同的状态下，其产生的振动形式又往往是有差别的。振动按照不同的角度，可以有多种分类方式。

每台机器都有很多个固有频率，但很多振动问题只涉及其中的一个频率。因此，具有一个固有频率的单自由度模型可以用于机器振动的分析和诊断。

机器振动通常用两个主要的参数来描述。

（1）振幅，用来描述振动的强度，振幅越大，故障严重的程度越大；

（2）频率，周期的倒数，通常用来表示故障的类型。

2.2.2 振动分类

振动按照不同的划分方法进行分类，见表 2-1。

表 2-1　振动分类

分类方法	名称	主要特征
按产生振动的原因分类	自由振动	系统偏离平衡位置之后，只靠其弹性恢复力维持的振动。振动的频率就是系统的固有频率，当有阻尼时振动逐渐衰减
	强迫振动	在外部激振力持续作用下系统产生的振动，振动的特征与激振力的大小、方向和频率密切相关。强迫振动又分为普通强迫振动和非定常强迫振动
	自激振动	不是由外部激振力引起，而是系统受到自身运动诱发出来并维持的运动。振动的频率接近系统的固有频率
按振动波形的特点分类	简谐振动	能用一项正弦或余弦函数表达其运动规律的振动
	周期振动	运动规律呈周期性变化，可以用频谱分析的方法将其分解为若干简谐振动的振动
	随机振动	运动规律不能用函数式表示，只能用统计方法研究的一种非周期振动
按振动的位移特征分类	弯曲振动	振动体上的质点只做垂直于轴线方向的振动
	轴向振动	振动体上的质点只做沿轴线方向的振动
	扭转振动	振动体上的质点只做绕轴线方向的振动
按运动微分方程的形式分类	线性振动	系统的惯性力、阻尼力、恢复力分别与加速度、速度、位移成线性关系，能用常系数微分方程描述的振动
	非线性振动	系统的阻尼力、恢复力具有非线性性质，只能用非线性微分方程描述的振动

统计结果显示：在机组总的振动故障中，普通强迫振动占60%以上，非定常强迫振动约占30%，自激振动不到10%。本书中讨论的旋转机械的振动均为周期振动，由此引起的振动属于周期信号。周期信号本身只能提供振动大小的信息，通过傅里叶分析则可以将其分解为一系列不同频率的谐波成分，从而提供更多的信息。

2.3　旋转机械振动信号的来源

旋转机械是核电厂中的关键设备，它是依靠高速旋转来完成特定功能的机械，典型的旋转机械包括汽轮机、泵和发电机等。旋转机械的核心部件是转子-轴承系统，这也是主要的振动来源和故障来源，通过对转子-轴承系统的故障机理分析和对旋转机械的故障进行总结，对常见的旋转机械振动信号的来源进行说明。

2.3.1　转子质量不平衡

当质量中心偏离（转子）轴线，转子旋转产生离心力所引起的振动力或运动作用于轴承时，该转子所处的状态即为转子质量不平衡。

由转子不平衡引起的振动是机器的设计和维护中最关键的问题之一。它产生的动态力对机器状态和人的健康有不利影响。不平衡是转子的固有特性，但是在正常运行环境下转子的表现和它对不平衡的响应受轴承和支撑结构动态特性以及转子的运行转速影响。

转子不平衡可能由许多因素产生，包括材料、制造和装配、运行中的磨损、碎片或操作事件。重要的是要了解，即使在批量生产中，每一个转子都有各自的不平衡分布。

转子不平衡可分为三种主要类型。

（1）静不平衡（static unbalance）：中心主惯性轴仅平行偏离于（转子）轴线的不平衡状态。

（2）偶不平衡（couple unbalance）：中心主惯性轴与（转子）轴线在质心相交的不平衡状态。

（3）动不平衡（dynamic unbalance）：中心主惯性轴相对于（转子）轴线处于任意位置的状态。

2.3.2 不对中

转子不对中通常指相邻两转子的轴心线与轴承中心线的倾斜或偏移程度。转子不对中可分为联轴器不对中和轴承不对中，其中联轴器不对中又称为轴系不对中。

联轴器不对中是旋转机械常见的一种故障，常见的联轴器不对中包含三种情况：平行不对中、偏角不对中和平行偏角不对中，详见图 2-1。

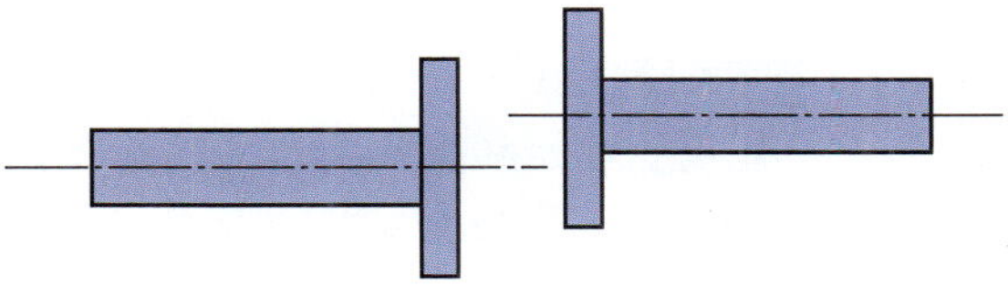

(a)

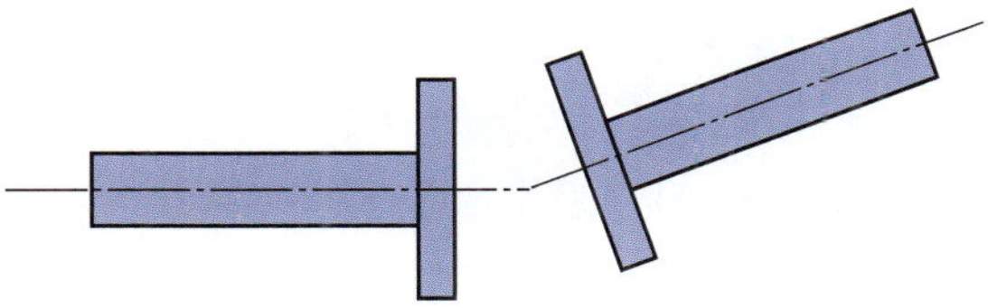

(b)

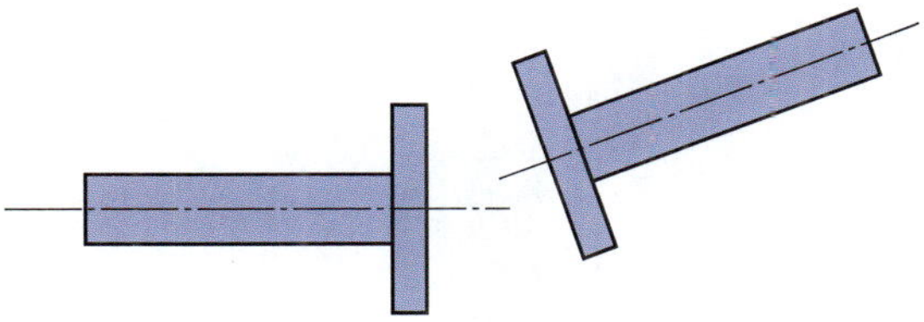

(c)

图 2-1 平行不对中、偏角不对中和平行偏角不对中示意图

轴承不对中包括轴承偏角不对中和标高变化两种情况，其结果是在联轴器处产生附加弯矩。

2.3.3 轴裂纹

轴是高性能旋转机械的最关键部件。轴裂纹产生的原因多是循环应力作用下的疲劳损伤，经过裂纹萌生到扩展的过程。如果轴在设计时选材不当，结构及加工装配不合理，在运行中超寿命、蠕变、应力集中、腐蚀、高低周疲劳等，都会产生裂纹并逐渐扩散。轴裂纹是一种常见的，且严重威胁旋转机械轴系安全稳定运行的重大故障。轴裂纹以横向裂纹（见图 2-2）传播为主，它对轴的影响最为严重。

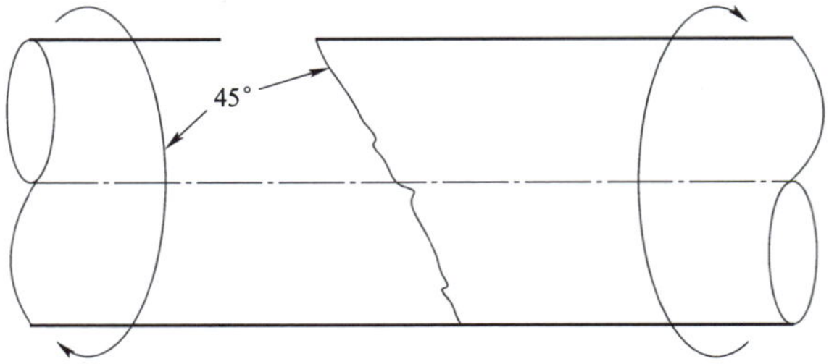

图 2-2　横向轴裂纹示意图

2.3.4　滚动体轴承

轴承包括滑动轴承和滚动轴承（见图 2-3），其中滚动轴承广泛应用在旋转机械中，是整个旋转机械中主要的受力部件。大约 40%～90%的旋转机械故障与轴承故障有关，轴承故障会影响旋转机械的稳定运行，严重故障会威胁机组运行安全、人员生命安全。

滚动轴承（rolling bearing）：在承受载荷和彼此相对运动的零件间做滚动（不是滑动）运动的轴承，它包含有滚动的零件和带或不带隔离或引导件的滚动体组。滚动轴承又可分为球轴承和滚子轴承。

滚动轴承的主要部件如下。

（1）内圈（inner ring）：滚道在外表面上的轴承套圈。

（2）外圈（outer ring）：滚道在内表面上的轴承套圈。

（3）滚动体（rolling element）：在滚道间滚动的球或滚子。

（4）保持架（cage）：部分包容全部或若干滚动体，并随之运动的轴承零件。

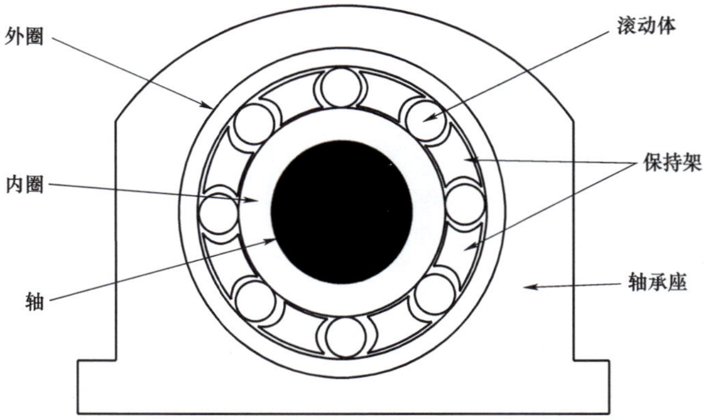

图 2-3　滚动体轴承典型图

2.3.5　齿轮

齿轮（toothed gear）：一个有齿构件，它与另一个有齿构件通过其共轭齿面的相继啮合，从而传递或接受运动。它具有传动效率高、承载能力强、工作平稳可靠、寿命长等特点，在各种机械中有非常广泛的应用。齿轮失效是造成机器故障的重要因素之一。

2.4　振动测量

2.4.1　测量仪表

振动测量传感器可分为两大类，即接触式和非接触式传感器。非接触式传感器在安装时紧紧地靠近该结构，用于测量机器旋转件和非旋转件之间的振动位移和平均位置，其通常的型式诸如电涡流或光学接近探头，也可用于测量相位，通常安装在轴的反光带或键槽上。而接触式传感器，则机械地固定在结构上，其输出为结构绝对振动的度量，通常包括压电式（最常使用）、压阻式加速度计和惯性式速度型传感器。

依据具体应用选择合适的传感器。一般来说，用于状态监测的传感器有以下几种。

（1）加速度计，用于测量振动加速度，以米每二次方秒（m/s^2）为单位。其输出能处理得到 3 个参数（加速度、速度和位移）中的任意一个；

（2）速度传感器，用于测量振动速度，以毫米每秒（mm/s）为单位。其输出能积分得到位移；

（3）非接触式传感器，用于测量振动位移，以微米（μm）为单位，其输出直接正比于机器旋转件和非旋转件之间的相对位移；也可用于测量相位，以角度（°）为单位，用于测量两个振动信号之间的相位差。

对于简谐振动，位移、速度和加速度的峰值可以由以下的关系式算出：

$$V = 2\pi f D$$

$$A = 2\pi f V \text{或者} (2\pi f)^2 D$$

其中：D——位移峰值，mm；

f——频率，Hz；

V——速度，mm/s；

A——加速度，mm/s^2［除以 9 807 mm/（s^2·g），可以转换为以 g 为单位的加速度］。

一、位移传感器

在旋转机器中，特别是大型关键性的涡轮机械及支承结构的质量比转子质量大的机器，可能需要测量转子和定子结构之间的相对位移。趋近式传感器是非接触式装置，它能直接测量旋转轴相对于固定轴承及其壳体的振动位移和位置。趋近式传感器给出对应于振动运动的交流分量和对应于位置的直流分量。

最普遍使用的是采用电涡流原理的趋近式传感器：当线圈中通入高频交流电流产生高频磁场，将导电材料（例如机器的轴）放入此磁场中，由高频磁场能量损耗在该材料中产生涡流。使与线圈耦合的振荡器电路产生的电压正比于传感器与轴之间的距离。振荡器可以内置于传感器中，也可以是外部元件。

二、速度传感器

速度传感器产生的电压信号正比于被测物体的机械振动速度。一般来说，速度传感器装载机器的固定（非旋转）结构上。当希望测量位移时，通常将速度传感器的输出积分得到位移输出。

速度传感器的质量-弹簧系统有一个内在的共振频率，称作固有频率，大约是 4～20 Hz。当被测振动频率大大低于传感器固有频率时，传感器输出正比于加速度，它是加速度的一阶倒数，而不是速度；当被测振动频率范围靠近传感器固有频率时，传感器的输出取决于内阻尼。在大多数情况下，只是在大大高于该固有频率时，真实速度和相位速度才有确切的比例关系。

加速度计有各种不同的尺寸，有宽的动态范围（1 至 105）及宽的频率范围。它们优先安装在面积小的物体、高温或强磁场中。外置电荷放大器的缺点是对绝缘不良、温度波动大和连接电缆运动敏感。

速度传感器特别适用于低频振动测量。用于监测的大多数速度传感器固有频率在 10 Hz 以上。

三、加速度传感器

加速度计是一种惯性式传感器，产生正比于被测物体机械振动加速度的输出信号，一般来说，加速度计安装在机器的固定（非旋转）结构上，加速度计可能有不同的安装共振频率，典型的是 1 kHz 以上。一般来说，推荐安装后的加速度计先行范围应覆盖所关注的频率。通常是将加速度计的输出积分得到速度信号。然而，在两次积分得到位移时应小心、谨慎，特别在低频时更应注意。

加速度传感器，特别是压电式加速度传感器，由于其体积小、质量小、频率范围宽等特点，在旋转机械及往复机械的振动监测与诊断中的应用十分广泛。

压电式加速度传感器（简称加速度计）是基于压电晶体的压电效应工作的，其工作原理如图 2-4 所示。在压电片上加有质量块及弹簧，当传感器测量振动时，振动加速度使压电片

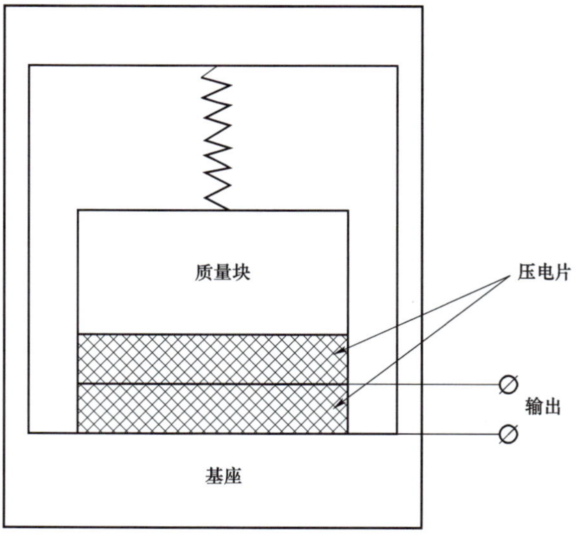

图 2-4　压电式加速度传感器工作原理图

受质量块产生的惯性力作用，在其上产生一定量的电荷，该电荷与外力成正比，因而压电传感器的输出电荷与被测振动物体的加速度成正比，物理模型也是一个质量-弹簧-阻尼系统。应用加速度计测量振动时，被测物体的振动频率应显著小于加速度计惯性系统的固有频率。增加阻尼比可提高加速度计上限测量频率。

2.4.2　测量仪表的选择

监测机器固定部件的振动状态，推荐的测量量是振动速度。监测旋转部件的相对位置和运动，推荐的测量量是位移。滚动轴承和齿轮的状态监测，因为它们可能在高频呈现故障，故推荐的测量量是加速度。在任何情况下，测量量的选择主要取决于预期的激励频率。

2.4.3　测量仪表的安装

一、总则

传感器应置于能对转轴的径向振动做出评定的重要测点上。对于相对和绝对测量，推荐在机器的每个轴承处或靠近轴承处安装两个传感器。在垂直于轴线的同一测量平面内沿径向安装，传感器的轴线和转轴径线的夹角应小于±5°。最好把两个传感器安装在同一轴承半瓦相隔 90°±5° 的位置上，选择的位置在每一轴承上应是相同的。

二、相对振动测量方法

非接触式相对振动传感器通常安装在轴承座上开出的孔里，或安装在靠近轴承座的刚性支架上。传感器应安装在轴承内不影响润滑压力楔的位置上。然而也可以把传感器安装在其他轴向位置上作特殊布置，但要用不同的振动准则评定。对于在支架上安装的传感器，支架应没有对测量轴相对振动的传感器的性能产生不利影响的固有频率（见图 2-5）。

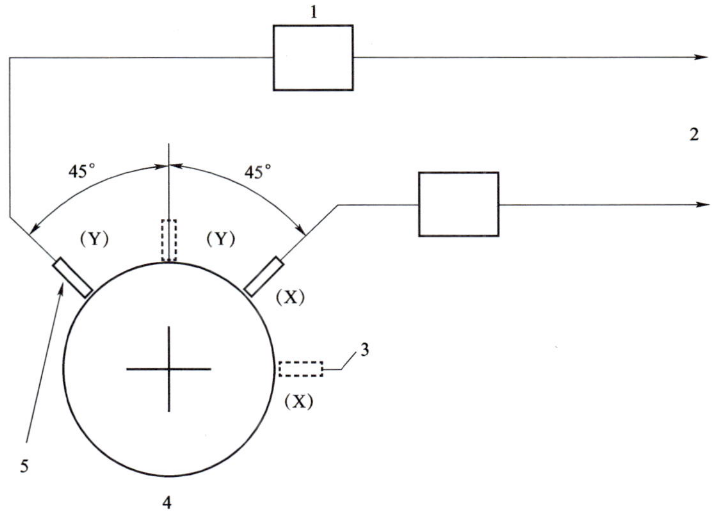

图 2-5　使用非接触式传感器的相对运动测量系统示意图

1——就地信号调节器；2——到信号处理；3——可选用的传感器方向；4——轴；5——非接触式传感器

三、使用带有惯性传感器的接触结构进行绝对振动测量的方法

把惯性传感器（速度计或加速度计）径向安装在轴振触头上，该装置不应产生颤振或使转轴振动收到约束。考虑到在所有热状态下轴的总轴向浮动的同时，接触点的转轴表面应当光滑，且没有任何几何不连续（例如键槽和螺纹）。使用接触式转轴振动测量方法会受到表面速度和其他方面的限制，例如传感器下面的流体动力油膜的形成可能给出虚假的读数，因此应当考虑到使用时的限制（见图 2-6）。

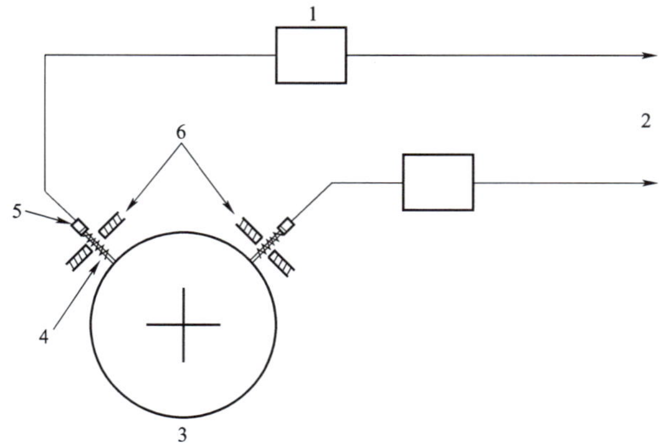

图 2-6　使用带有惯性传感器的轴振触头的绝对运动测量系统示意图

1——就地信号适配器；2——到信号处理；3——轴；4——轴振触头；5——惯性传感器；6——机器结构

四、加速度计的机械安装

基于良好的实践经验，加速度计各类安装方法选择准则的一般介绍见表 2-2。

表 2-2　影响安装方法的各项准则（基于良好的实践经验）

	谐振频率	温度	加速度计的质量和安装刚度	谐振增益因子 Q	表面平整的重要性
螺钉	良好	良好	良好	良好	良好
氰基丙烯酸甲酯粘结剂	良好	良好	良好	良好	中等
蜂蜡	中等	不好	中等	良好	良好
双面胶带	不好	中等	不好	不好	良好
快装夹具	中等	良好	中等	中等	中等
真空安装	中等	良好	良好	中等	中等
磁性座	中等	良好	不好	不好	良好
手持式	不好	不好[a]	不好	不好	不好

a 完全和手与被测表面的距离有关。

（1）螺钉安装

1）安装表面（加速度计与被测结构）应清洁、平整与加工光滑，安装螺钉应垂直于安装表面。

2）应达到紧固的结合，同时不致损伤加速度计。

3）在接合面之间涂上一层薄薄的油或油脂，以获得良好的接触和最大的刚度。

4）螺钉在螺孔中不能碰到底部，这可能导致两安装面中有一微小间隙，从而使刚度降低。

（2）粘接方式

如试验的结构无法钻孔，或需要对加速度计电气绝缘，或安装表面的平面度不够，则采用此种方法，也经常使用一种粘接螺钉，一端有螺纹，另一端做成一平台，以便于粘接在结构上。

1）粘接的安装表面按制造厂家所推荐的方式进行清洗。

2）粘接剂应形成一薄膜，近似于构成一刚性弹簧。

3）可采用丙烯酸类或热凝性固化粘接剂，溶剂干燥后粘接剂趋向于保留某种柔软物性从而导致降低谐振频率。

（3）其他的安装方式

很多例行试验将加速度计底部涂上一层薄薄的固化蜂蜡，或采用双面胶带，或用磁性座，或用快速安装夹具，或用真空安装座等都可能取得良好的结果，但这些办法有严格的振幅种类和频率范围限制。在某些难以确定的场合，应根据其基本频率和振幅的范围用实验方法加以确定。而用手持方式固定加速度计一般不推荐使用。

2.5 振动测量

2.5.1 振动测量系统

振动测量系统有多种形式，可使用永久性安装系统、半永久性系统或便携式系统。

（1）永久性安装的系统是传感器、信号适配器、数据处理和数据存储装置永久性安装的系统。数据采集可以是连续的或周期的，永久性安装系统通常用于昂贵和关键的机器或具有复杂监测任务的机器。

（2）半永久性系统是永久性系统和便携系统之间的一种交叉。在这种类型的系统中，传感器通常是永久性安装的，而数据采集部件采用间歇式连接。

（3）便携式监测系统与“连续”在线系统功能类似，但较省事且较便宜。对于这种配置，采用便携式数据采集器自动或手动周期性地记录数据。

2.5.2 振动基线测量

当机器设备运行在稳定、可接受状态的时候，测量和观察得到的数据或数据组作为基线振动数据。所有随后的测量将与这些基线值相比较以检测振动的变化。基线数据精确地表示了机器在正常运行模式和流量下运行的初始稳定振动状态。对于具有多个运行状态的机器，有必要对其每种状态建立基线。

新的和大修后的机器有一个磨合期，在运行最初几天或几星期的期间内振动一般会有变化。因此，在磨合期后再采集基线数据。

已经运行相当长时间但首次监测的机器，仍能建立基线，并以此次监测作为一个趋势参考点。

振动和运行数据应该在足够数量的时间间隔下采集，以确认机器已达到稳定状态。这时，应采集所有的极限数据并与应用标准（如可用）比较，以确定机器的可运行性。极限特征也用于检验异常状态的征兆，例如轴失稳。

这些数据是以后机器故障检测和诊断的基础，应安全保存并易于取用。

基线振动数据应包括用于确定机器振动状态的所有可能的振动参数。最初规定越全面则正确检测、分析与跟踪机器劣化的可能性越大。

2.6 振动标准

振动水平是衡量机械安全可靠性最重要的指标，但在考虑机械振动水平的同时，还应该考虑成本。当振动降低到一定程度后，继续降低振动的成本很高。因此，根据振动标准的评价准则，既可以保证机械的振动水平满足安全运行的要求，又可以降低成本。

2.6.1 振动评价准则标准概述

机械的振动评价准则标准包含非旋转部件和旋转部件两类，说明如下。

（1）GB/T 6075《机械振动 在非旋转部件上测量评价机器的振动》

该系列标准包含七个部分，其中第 1 部分是总则，其他部分是对具体设备机械振动的要求。第 1 部分等同采用 ISO 10816-1：1995《机械振动 在非旋转部件上测量评价机器的振动 第 1 部分：总则》和修正件 ISO 10816-1：1995/Amd 1：2009（英文版）。

GB/T 6075-1 是基础技术文件。它规定了在整机的非旋转（或非往复）部件如轴承座上进行测量时，测量和评价机器振动的总则。有关具体类型的机器所推荐的测量和评价准则，在 GB/T 6075 的其他部分给出。

（2）GB/T 11348《旋转机械转轴径向振动的测量和评定》

该系列标准包含个五个部分。GB/T 11348.1 是该系列标准的第 1 部分。

本标准等同采用 ISO 7919-1：1996《非往复式机器的机械振动 在旋转轴上的测量和评价准则 第 1 部分：总则》。

对于像汽轮机组、燃汽轮机组以及透平压缩机组这一类机器，它们在工作转速范围内可以有若干振动模态，仅采用 GB/T 6075 在非旋转部件上测量或许是不够的。在这些情况中应在转动和非转动部件或仅在转动部件上测量以监测机器的振动状态。

本标准提出了采用在旋转轴上直接测量的方法来测量和评定机械振动的总则。

2.6.2　振动评价准则

一、振动评价准则有以下两种

（1）准则Ⅰ：振动量值

这一准则关系到确定绝对振动量值的限值，它应与轴承可接受的动载荷及传入支承结构和底座可接受的振动相符合。在每一轴承或支座上观察到的最大振动量值，对照由国际经验建立的四个评价区域进行评价。

定义以下典型评价区域，以便对给定的机器进行定性的振动评价，并提供可操作的指南。不同的分类和若干评价区域适用于具体类型的机器，它们在 ISO 10816 的其他部分中规定。

区域 A：新交付使用的机器的振动通常落在该区域。

区域 B：振动量值在该区域的机器，通常认为可不受限制地长期运行。

区域 C：通常认为振动量值在该区域的机器，不适宜于长期持续运行。一般该机器可在这种状态下运行有限时间，直到有采取补救措施的合适时机为止。

区域 D：振动量值在该区域通常被认为振动剧烈，足以引起机器损坏。

图 2-7 是以峰-峰值为单位的转轴振动许用值对运转速度范围的图表。一般来说，当机器的工作转速增加时，振动许用值将减小，但对于不同类型的机器，实际振动许用值和它们随转速而变化的比率将有所改变。

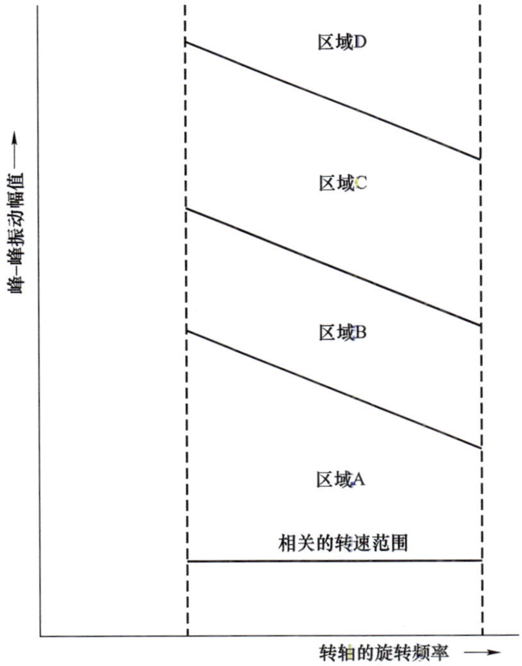

图 2-7　评价准则的广义例子

（2）准则Ⅱ：振动量值的变化

本准则提供了用振动量值偏离预先建立的参考值的变化进行评定。即使未达到准则Ⅰ的区域C，宽带振动量值显著增加或减少时，也需采取措施。这些变化或未瞬时的或者随时间而发展，并且可能指示已经发生损坏，或者是即将失效或其他不正常的警告。准则Ⅱ是以稳态运行工况下宽带振动量值的变化为基础来规定的。

在应用准则Ⅱ时，被比较的振动测量应在同样传感器位置和方向上，并在大致相同的机器运行工况下进行。应该对偏离正常振动量值的显著变化加以研究，以避免危险情况发生。

二、运行限值

为了长期运行，通常对一些类型的机器设定运行振动限值。这些限值采用报警值和停机值形式。

报警值：警告已经达到规定的振动值或已经发生显著变化，需要采取补救措施。一般来说，如果发生报警情况，机器可继续运行一段时间，同时应进行研究以确定振动变化原因并制定出补救措施。

停机值：规定一个振动量值，超过该值机器继续运行可能会引起损坏。如果超过停机值应采取紧急措施减少振动或停机。

不同的运行限值反映出动载荷和支承刚度的差异，可相对于不同的测量位置和方向规定。

（1）报警值设定

对于不同机器，报警值可能上下变化很大。对于特定机器的测量位置和方向，所选的值通常依据经验确定的基线值来设定。

推荐报警值应该比基线高出某个量，其大小等于区域 B 上限值的某个比例数。如果极限低，那么报警值可能低于区域C。

如果没有建立基线，例如对一台新机器，则初始报警值设定应该以其他类似机器的经验为基础，或者以同意的验收值为基准。经过一段时间后，建立起稳态基线值，相应地跳帧报警值。

如果稳态基线值变化（例如机器大修之后），相应地应修改报警值。机器上的轴承不同，报警值的设定可以不同，它反映了动载荷和轴承支承刚度上的差异。

（2）停机值设定

停机值一般与机器的机械完整性有关，并取决于能使机器经受住异常载荷而要求的具体设计性能。因而，对所有同样设计的机器的停机值一般是相同的，并且通常与用于设定报警值的稳态基线值没有关系。

但是，不同设计的机器会有差异，不可能给出绝对的停机值指南。一般说来，停机值应在区域C或区域D内。

三、区域边界值设置的资料性指南

本节给出了在非旋转部件上测量和评价机械振动的通用方法，并未确定具体的评价准则。对许多普通类型机器的评价准则详见 GB/T 6075 的其他部分。典型区域边界限值如表 2-3 所示。

表 2-3 典型区域边界限值

<table>
<tr><th>振动速度/（mm/s）</th><th>Ⅰ级</th><th>Ⅱ级</th><th>Ⅲ级</th><th>Ⅳ级</th></tr>
<tr><td>0.28</td><td rowspan="3">A</td><td rowspan="4">A</td><td rowspan="5">A</td><td rowspan="6">A</td></tr>
<tr><td>0.45</td></tr>
<tr><td>0.71</td></tr>
<tr><td>1.12</td><td rowspan="2">B</td></tr>
<tr><td>1.8</td><td rowspan="2">B</td></tr>
<tr><td>2.8</td><td rowspan="2">C</td><td rowspan="2">B</td></tr>
<tr><td>4.5</td><td rowspan="2">C</td><td rowspan="2">B</td></tr>
<tr><td>7.1</td><td rowspan="5">D</td><td rowspan="2">C</td></tr>
<tr><td>11.2</td><td rowspan="4">D</td><td rowspan="2">C</td></tr>
<tr><td>18</td><td rowspan="3">D</td></tr>
<tr><td>28</td><td rowspan="2">D</td></tr>
<tr><td>45</td></tr>
</table>

Ⅰ类：各部件整体连接正常运转的设备（如 15 kW 以下的电机）。

Ⅱ类：中型机器（如 15～75 kW 的电机和特殊基础的 300 kW 发动机）。

Ⅲ类：在沉重刚性基础上的大型原动机。

Ⅳ类：安装在较软的轻型结构上的大型原动机。

举例：如 400 kW 罗茨风机在 3 562 r/min 运行，振动有效值为 12.2 mm/s，则根据表 2-3，机器在（Ⅲ级）D 范围，不宜运行。

对既没有合适的经验，在 GB/T 6075 中还未包含的机器类型，可以采用表 2-4 的区域边界典型值。

一般这些区域边界值有以下特征。

（1）对小型机器（如功率 15 kW 以下的电动机）趋向立于区域的较小端；

（2）对较大型机器（如原动机在测量方向是柔性支承）趋向于区域的较大端。

四、其他状态评估方法

（1）轴振动

一种被广泛用于评估轴颈在滑动轴承内振动的方法，是用转子相对振动与轴承间隙进行比较。如表 2-5 将轴承径向间隙、转速以及相对振动与推荐的维修行动相关联。首先计算轴承的 R/C，测得的轴承相对振动 R（μm 峰-峰值）与径向间隙 C（μm 峰-峰值）的比率，然后用表 2-5 按照机器转速进行判定。径向间隙是轴承直径和轴颈直径的差。

表 2-4　典型区域边界限值（GB/T 6075 范围外）

	典型区域边界值的范围均方根振动速度 mm/s			
0.28				0.28
0.45				0.45
0.71				0.71
1.12				1.12
1.8	区域边界 A/B 0.71～4.5			1.8
2.8				2.8
4.5		区域边界 B/C 1.8～9.3		4.5
7.1			区域边界 C/D 4.5～14.7	7.1
9.3				9.3
11.2				11.2
14.7				14.7
18				18
25				25
45				45

注 1：本表仅适用于 GB/T 6075 的各个具体部分还没有包括的机器和过去还没有可用满意经验的机器。

注 2：验收准则应当供方和客户协商同意。

注 3：选择的值应当考虑测量的位置和支承的柔性/弹性。

表 2-5　转子/轴承振动的评估

维护	许可的 *R*/*C*	
	3 600 r/min	10 000 r/min
正常	0.3	0.2
监视	0.3～0.5	0.2～0.4
在方便的时间停机	0.5	0.4
立即停机	0.7	0.6

举例：判断转速为 1 437 r/min，轴颈的径向间隙为 304.8 μm，在时间波形上测量的振动峰峰值是 141 μm 的轴流式压缩机轴承的状态及需要的维修行动。

即 R/C=141/304.8=0.45。

在转速低于 3 600 r/min，根据表 2-5，表明机器应在监视状态。

（2）壳振

某些机器中很大的激振力会通过轴承传到机壳上，应该在外壳的轴承座上进行振动测量，尽量靠近轴承。应用速度或加速度传感器来测量振动，测量的类型由机器的设计和运行状况决定。振动烈度限值以及轴和外壳测量关系的理论基础已经得到验证。

大多数用于评估轴承座的振动限值的表格和图表应用于通用机器，这些限值基于测量的通频峰值或有效值，并推延到每转一次的振动成分。

表 2-6 给出了使用峰值或有效值检测进行状态评估的振动准则。注意有效值较低，因此，必须知道检测类型。表 2-6 根据速度峰值或有效值推荐的维修行动基于大量现场数据，但并不适用合所有机器，因此需要判断此表的适用性。最后，必须在决定可接受和/或停机之前，评估频谱和时间波形数据。

表 2-6　状态评估振动准则

状态	限值	
	速度 rms	速度 peak
验收新的或维修过的设备	＜2	＜4
无约束运行——正常	＜3	＜6
监控	3～7	6～17
不适宜运行	＞7	＞17

注 1：这些值应该被调整以反映机器的状态。

注 2：对于某些特殊设备，根据设计、转速和/或过程的，可能需要使用服务系数。

参考文献：

[1] 国家质量监督检验检疫总局，国家标准化管理委员会．机器状态监测与诊断　词汇：GB/T 20921—2007［S］.

[2] 国家质量监督检验检疫总局，国家标准化管理委员会．机械振动　平衡词汇：GB/T 6444—2008［S］.

[3] 国家质量监督检验检疫总局，国家标准化管理委员会．机械振动与冲击　加速度计的机械安装：GB/T 14412—2005［S］.

[4] 国家质量监督检验检疫总局，国家标准化管理委员会．机器状态监测与诊断　振动状态监测　第 1 部分：总则：GB/T 19873.1—2005［S］.

[5] 国家质量监督检验检疫总局，国家标准化管理委员会．机械振动、冲击与状态监测　词汇：GB/T 2298—2010［S］.

[6] 国家质量监督检验检疫总局，国家标准化管理委员会．机械振动　在非旋转部件上测量评价机器的振动　第 1 部分：总则：GB/T 6075.1—2012［S］.

[7] 国家质量技术监督局　旋转机械转轴径向振动的测量和评定　第 1 部分：总则：GB/T 11348.1—1999［S］.

[8] 寇胜利．汽轮发电机组的振动及现场平衡［M］．北京：中国电力出版社，2007.

第二篇　装置篇

振动分析技术与装置系统

第三章

振动监测诊断系统组成与功能介绍

3.1 概　述

设备状态监测与故障诊断，是通过掌握设备过去和现在运行中或基本不拆卸的情况下的状态量，判断有关异常或故障的原因及预测对将来的影响，从而找出必要对策的技术。它是一门综合性技术，涉及传感及测试技术、电子学信号处理识别理论、计算机技术以及人工智能、专家系统等多门基础学科，是对这些基础理论的综合应用。国内外的实践表明，以振动监测与故障诊断技术为基础的设备预知维修能节省大量的维修费用，取得显著的经济效益，而且还能保证设备的安全运行，预防和减少恶性事故的发生，消除故障隐患，保障人身和设备安全，提高劳动生产率。

当前，构建实用化、智能化的设备状态监测与故障诊断系统，并应用于智能核电厂的建设，是一项涉及多专业多学科综合知识背景的工作。1999—2000 年，ISO 公布的两份关于“机器状态监测和诊断”的文件中把油液分析、性能分析、红外热分析、振动分析、电机电流分析列为机器状态描述的五大技术手段，适用于大多数工业的预知检修。监测机械设备状态的手段虽然很多，但实践证明，振动信号监测是一种易于实现而又可靠的办法，也是机械设备（尤其是大型旋转机械）状态监测与故障诊断领域应用最为成熟的一种方法。

基于振动的设备状态监测与故障诊断一般应用如图 3-1 所示。

主要包括以下环节。

（1）信号的采集：振动测量参数的选取与测点布局，对监测设备设计合适的振动监测方案。

（2）信号处理：对测量的振动高频信号，以故障特征提取为目的进行处理，需要应用振动专用采集装置或建立在线监测系统。

（3）状态识别：通过参考图谱及相关设备的运行标准进行研判，识别设备状态，应用振动分析软件中图谱分析功能和专业算子库，明确设备运行状态是正常、亚健康还是存在故障。

（4）故障诊断：利用振动分析技术和分析模型，进行故障定位和精密诊断，并支持故障治理、趋势预测或维修隔离。

因此，实现这个过程需要构建设备振动测量系统、采集和处理装置、数据分析工具和故障诊断（模式识别）方法。

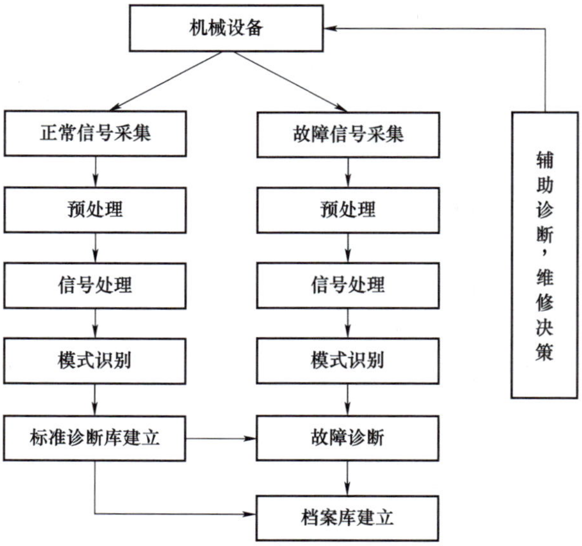

图 3-1　设备故障诊断应用实施的一般过程

3.2　振动信号的检测与处理技术简述

设备振动信号是设备状态信息的载体，它蕴含了丰富的设备异常或故障的信息，而振动特征是设备运行状态好坏的重要标志。对振动信号的检测能够获得设备状态的有效信息，对它的分析则是设备诊断领域中一个被广泛采用的方法。现代传感技术的发展为振动信号的测试提供了有力的保证。振动测量用传感器主要采用电涡流传感器、速度传感器和加速度传感器三种，一般分别用于低频、中频和高频范围的振动测量。

随着半导体加工工艺的日臻完美，微电子技术的新发展和新应用，微机化机械加工技术的不断更新和加工工艺不断改进，现代振动与冲击测量传感器正朝着更小、更轻、更可靠耐用和更价廉物美的方向发展。国内外不断成功地研制和开发了微电容式加速度传感器、微应变式加速度传感器、石英振动式加速度传感器、静电平衡式加速传感器等新型加速度传感器以及激光测振仪等新型位移传感器，这些传感技术大大推动了测试技术的发展。数据采集卡的性能不断提高是计算机正确分析的前提。高新技术的 DSP 不断出现，性能价格比不断提高，A/D 放大器、模拟通道开关等芯片不断有新产品问世，这些新技术产品使高速数据采集不再是一件困难的事。

信号特征提取是故障诊断过程中的一个重要环节。早期的信号特征提取主要是借助于傅立叶变换进行的，称为经典信号分析方法。运用 FFT 可以进行频谱分析相关分析、包络分析和倒谱分析等。然而，傅立叶变换分析方法存在若干难以克服的缺陷，主要是其频率成分的分辨率不高、谱图有畸变、随机起伏明显、不光滑不适于短数据，于是人们重新研究出许多分辨率较高的现代谱分析方法。如：最大熵谱分析方法、自回归（AR）谱估计方法、滑动平均（MA）模型、自回归滑动平均（ARMA）模型等，它们构成了现代谱估计的参数模型法。这些方法是通过建立特征信号的参数模型来提取征兆的，它们已在实践中得到广泛应用。与非参数模型法（FFT 法）相比，参数模型法需要的采样数据短，没有加窗的影响，而且能将蕴含在采样数据中的几乎全部信息凝聚在少数几个模型参数之中。小波分析是正在迅速发展的新兴技术，是信号分析发展的一个新阶段。它克服了傅立叶变换不适用于非平稳信号分析、不能同时进行时间–频率局域性分析，也克服了窗口傅立叶变换（Gabor 变换）的时–频窗口大小固定不变，只适合分析有特征尺度大致相同的各种过程，窗口没有适应性，不适于分析多尺度信号过程和突变过程等缺点。

当前，经典信号分析方法仍然是信号分析的主要方法。最新的频谱分析仪器可以克服 FFT 计算量庞大、数字滤波、抗频率混叠等技术结合起来，支持实现设备振动数据采集和特征提取，在应用端采用虚拟仪器、软测量技术，利用软件包实现振动分析和诊断应用，并支持构建大型远程诊断综合应用平台成为新趋势，其场景特点如下。

（1）分布广：地理上分布在全国乃至全世界；

（2）结构复杂：机械设备的结构、电气设备、功能越来越复杂；

（3）预防为主：生产不停机，减少维护的成本；

（4）大数据：传感器众多，采集频率大，数据类型多；

（5）高效化：设备管理更加高效，诊断更加便捷；

（6）实时性：能及时采集数据并展示监测、诊断结果；

（7）智能化：充分利用计算机的智能，利用目前的智能预测方法、计算方法，能代替人给出诊断结果；

（8）人性化：呈现给技术人员更易懂、形象的数据。

3.3　振动监测诊断系统的功能需求

对于开发核电厂大型旋转设备振动监测诊断系统，首先应该明确系统的功能需求，根据监测设备对象实际的运行情况以及用户的要求，进行系统功能的整理、归纳和总结，为系统功能的设计与确定奠定基础。

核电厂大型旋转机械设备是电力生产的重要设备，主要基于振动技术进行状态监测与诊断，由于其设备结构的复杂性和运行环境的特殊性，故障率较高，而且故障危害性也很大。依据国标 GB/T 26221—2010《基于状态的维护系统体系结构》、NB/T 25019—2014《核电厂汽轮机仪表和控制技术条件》中“4.8 汽轮机诊断系统技术要求”，设备监测诊断系统应具有以下特性。

（1）在线监测与诊断功能特性；

（2）高可靠性与维护性；

（3）对多种设备的适用性；

（4）开放性和可扩展性；

（5）大量数据的存储与管理特性；

（6）故障诊断的实时快速性与准确性。

从系统使用者的角度出发，要对设备进行实时状态监测、故障诊断、剩余寿命预测及远程维护等功能操作，开发的设备监测诊断系统应具有如下的功能作用：首先，核电厂的运维技术、管理人员以及设备现场的操作、维修人员可以通过健康指数、图表、报警提示和结果报表等形式，时刻掌握设备的运行状态；其次，通过对设备进行状态监测和故障诊断，对发生异常的部位发出警告或报警，根据先进的故障诊断方法智能地诊断出设备可能的故障，为维修人员提供相应的解决方案与维修建议；然后，通过对设备零部件的未来工作状态进行预测分析，预估其剩余寿命，跟踪故障发展状况，预防设备的可能故障，从而提高设备健康情况。最后，根据系统远程维护功能，对设备进行远程状态监测、异常报警和故障诊断等功能操作，并为现场维修人员提供专家级维修建议，进一步提高设备的健康状况，降低故障发生率以及因故障而引起的不必要的人员和财产损失。

根据上述分析，得出系统基本功能需求如下。

（1）存储设备长时间运行过程中关键部件的状态数据，为设备状态监测、故障诊断、寿命预测及远程维护等功能模块提供大量、可靠的历史数据；

（2）对数据库进行备份，防止因为意外而丢失数据的情况发生；

（3）满足设备操作、维修和管理等人员在施工过程中对设备状态查看的需求；

（4）对设备异常运行状况进行实时报警、警告并记录，提醒相关人员注意设备状态；

（5）对设备进行故障诊断，如发现设备异常或故障，能及时对故障进行分析处理；

（6）对设备进行多方面、多角度分析诊断，并能提供分析结果及维修建议与方案；

（7）对不同传感器状态数据进行融合处理，为进一步的故障诊断及预测提供基础数据；

（8）在远程维护中心能对设备进行远程状态监测、异常报警、故障诊断及预测分析，并能为现场维修人员提供专家级维修建议；

（9）对不同需求的操作人员设定不同的权限，防止人员误操作，保证系统安全性；

（10）系统具有完整性、可靠性、开放性和可扩展性等。

3.4 核电厂振动监测与诊断主要应用功能介绍

通过对设备监测诊断系统的功能需求分析和对监测诊断系统的组成介绍，不难确定，设备监测系统主要具有如下功能：数据采集与传输、数据存储与分析、智能诊断与远程维护，如图 3-2 所示。

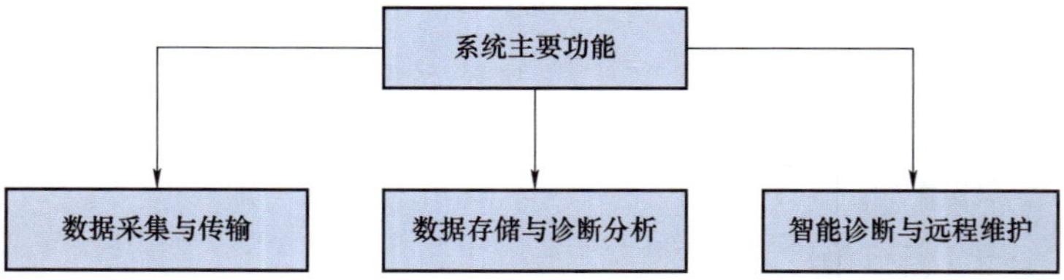

图 3-2 系统主要功能

3.4.1　数据采集与传输

数据采集是指从传感器和其他待测设备等模拟和数字被测单元中自动采集信息的过程，是设备监测诊断系统的核心，同时，也是对设备进行状态监测、故障诊断与维护工作的基础。为了监控生产过程中的设备状态，需要采集被监测设备对象的大量状态参数，一般下位机不具有数据记录、存储功能，只有上位机才能记录和保存大量的数据，所以当下位数据采集装置完成设备参数的采集以后，需要把采集到的数据通过通信网络传输给上位机，并由上位机对这些数据进行后续的分析和处理，数据采集与传输过程如图 3-3 所示。此外，实现下位采集的数据传输给上位，确保上位和下位之间的数据通信是设备监测诊断系统顺利运行的重要保证和先决条件。上、下位机的数据通信形式非常多，从传输介质来分，可以分为有线通信和无线通信。

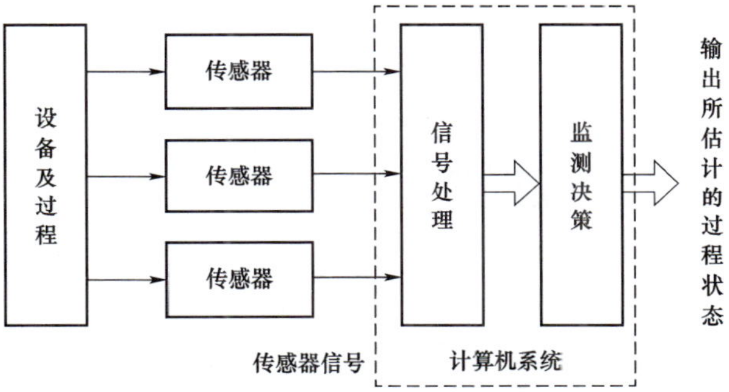

图 3-3　数据采集与传输过程

3.4.2　数据存储与分析

为了记录设备长时间运行过程中的状态数据，给设备监测诊断系统提供大量的历史数据，上位机收到下位机传输过来的数据以后，必须把这些数据准确无误地进行存储，为后续的数据分析奠定基础，数据存储如图 3-4 所示。数据库是按照数据结构来组织和管理数据的仓库，在开发应用服务和系统时，常常把相关的数据以一定的格式存储在数据库中，并根据系统需要对这些数据进行相应的处理。

当采集到的设备状态数据存入数据库以后，设备监测诊断系统就要对数据进行分析。数据分析的目的是把隐藏在大量毫无规律数据中潜在的信息集中、萃取和提炼出来，找出所研究设备对象的状态和内在规律，以便采取适当的措施。数据分析可分为两部分：传感器系统数据分析与设备运行状态特征信息分析。

（1）传感器系统数据分析

传感器系统故障形式有两种情况：一是传感器已经损坏，无法读数，或者传感器显示的数值基本不变；二是传感器由于各种原因，比如在老化、恶劣使用环境或干扰情况下，传递的数值会偏离正常范围，出现较大误差，无法作为参考值。针对这些情况，系统需要对采集的数据本身进行分析，确保设备状态信息历史数据的准确性，为设备运行状态特征信息分析提供有效的数据。

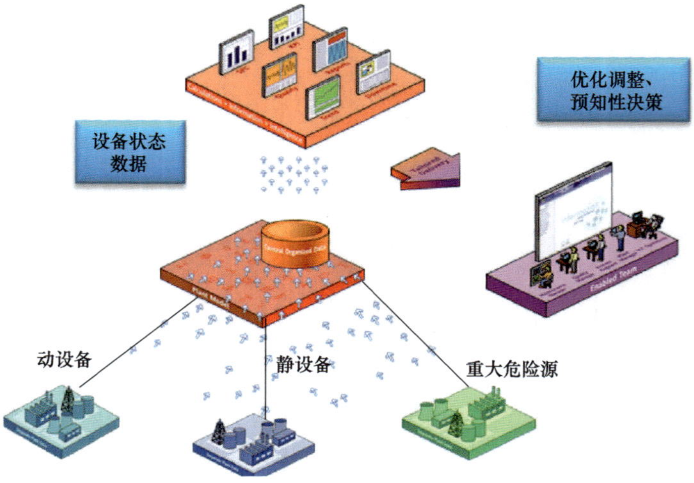

图 3-4　数据存储与分析应用

（2）设备运行状态特征信息分析

设备运行状态特征信息分析是设备监测诊断系统的核心，系统通过提取特征参数、采用一系列简单或复杂的数学算法，对设备运行状态特征信息进行有针对性的分析，从而掌握设备的实时工作状态，实现设备的实时状态监测、故障诊断、性能预测及维护等功能。

3.4.3　智能诊断与远程维护

由于核电厂大型旋转设备往往是复杂的机、电、液一体化系统，传统的故障诊断技术将很难满足设备监测诊断系统的要求。基于检测数据处理的传统诊断方法，尽管可以通过检测信号的处理，实现设备工况监测与故障诊断，但是当诊断对象变得庞大而复杂时，为了能把故障比较细致地区分出来，一方面需要增加传感器的种类和数量，另一方面需要大大增加计算量，从而使得费用增加和诊断时间延长，不利于故障的及时诊断与排除。此外，由于设备数量庞大和种类复杂，难以获得对象的精确数学模型，因此很难描述故障诊断的规则。

然而，基于知识的故障诊断方法不需要对象精确的数学模型，而且具有某些“智能”特性，因此是一种很有生命力的方法。智能故障诊断系统由人（尤其是领域专家）、模拟脑功能的硬件及其必要的外部设备、物理器件以及支持这些硬件的软件组成。该系统以对诊断对象进行状态识别与状态预测为目的。目前，基于知识处理的智能故障诊断技术大概可以分为三类，即基于专家系统的诊断技术（ES）、基于人工神经网络（ANN）的诊断技术和基于模糊集理论（FST）的诊断技术。

基于现场的设备监测诊断系统在一定程度上会受到人力、技术和地域的限制，不能完全适应现场的需求。随着计算机网络技术的飞速发展，远程维护技术逐渐开始进入设备维护领域。通常在技术较强的公司内部或其他拥有较多专家或工程师的地方，建立远程监控分析中心，以实现对现场运行设备的远程监控、预警、故障诊断及远程维护等功能。核电厂群设备管理监控中心的设备监测诊断系统通过通信网络将底层设备的状态数据传输给远程监控中心。远程监控中心利用网络在异地对现场设备的运行状态进行监测、诊断与预测，为现场设备提供远程报警，给出专家级设备维修指导与维护信息，从而达到远程维护的目的，厂级设备振动监测与远程监控中心远程通信如图 3-5 所示。

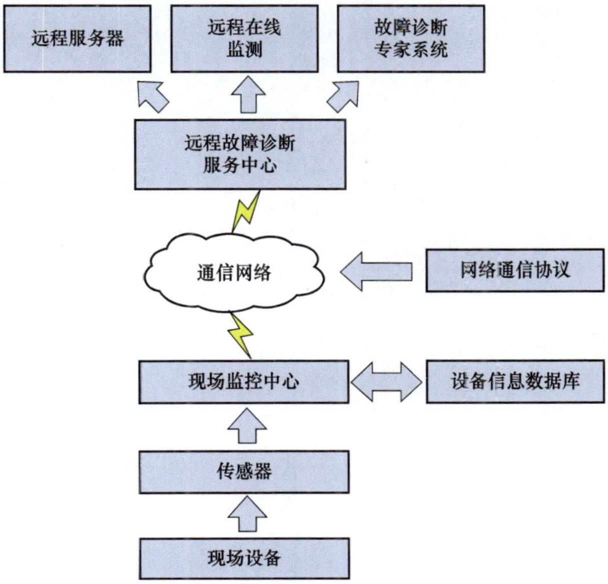

图 3-5　全厂级设备群振动在线监测与远程诊断连接示意图

第四章

设备诊断中的信号分析与处理

信号或动态数据的处理与分析，是设备故障诊断的前提和基础。本章所说的信号是指对设备转动、静止等部件，采用传感器测量的表征设备振动状态的现场测量信号，它是对系统的物理量，如位移、速度、加速度、应力、应变等进行观测获得的数据。

4.1 信号处理基础

4.1.1 概述

振动信号经传感器发出的以电量表征的模拟量信号，需要经过模数转换、采样、滤波及特征量计算，并经傅里叶变换等一系列处理，方能得到表征设备运行状况的一系列信息，其简要过程如图 4-1 所示。

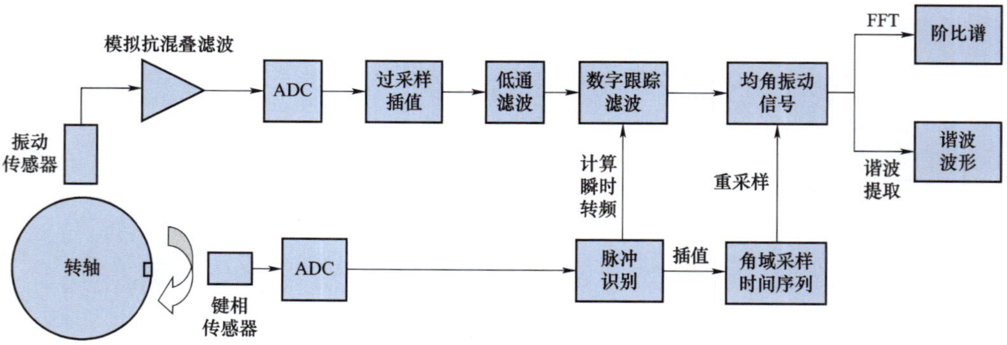

图 4-1　振动信号的测量和传输

在工程实际设备的振动测量中的数据绝大多数属于连续变化的动态信号，这些动态信号可归纳为 4 种类型：（1）周期性信号，（2）准周期信号，（3）随机信号，（4）非周期函数（见图 4-2）。

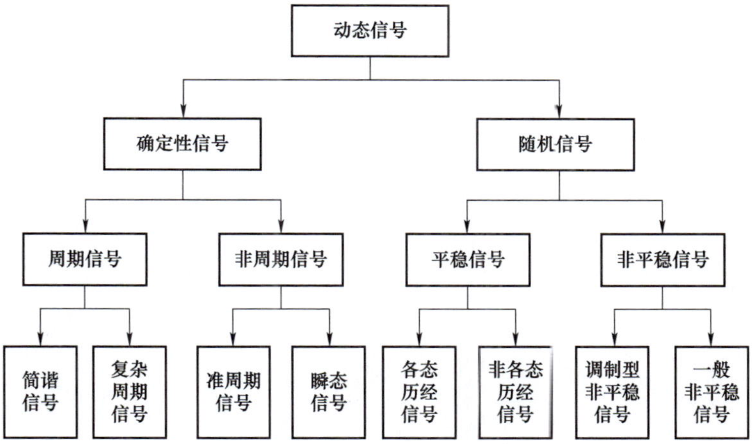

图 4-2　振动信号的分类

周期信号的数学形式可采用傅里叶级数的表达式：

$$x(t)=\frac{a_0}{2}+\sum_{n=1}^{\infty}[a_n\cos(2\pi nf_1t)+b_n\sin(2\pi nf_1t)]=\frac{x_0}{2}+\sum_{n=1}^{\infty}x_n\sin(2\pi nf_1t+\theta_n) \tag{4-1}$$

式中，$f_1=\dfrac{1}{T}$，为基频；$x_n=\sqrt{a_n^{\ 2}+b_n^{\ 2}}$；$\theta_n=\arctan\left(\dfrac{b_n}{a_n}\right)$。周期信号的离散谱如图4-3 所示。

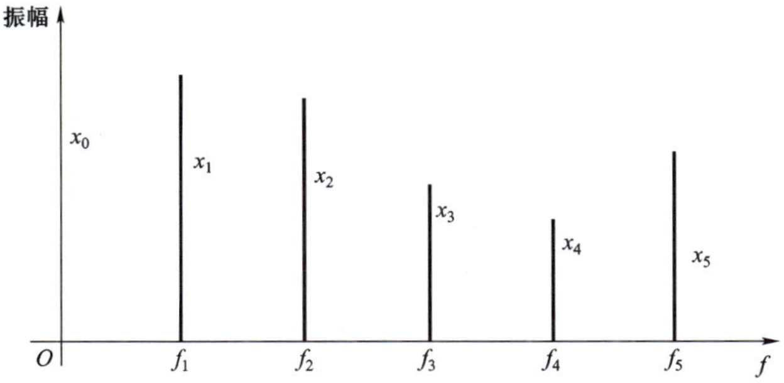

图 4-3　复杂周期型数据的离散谱

准周期信号是非周期信号中的一种，数学表达式为

$$x(t)=\sum_{n=1}^{\infty}x_n\sin(2\pi f_nt+\theta_n) \tag{4-2}$$

式中的任意两个频率之比 f_m/f_n 并不等于有理数，即常常没有公共的整数倍周期。所以，实质上可认为它不是一种非周期性函数。例如：

$$x(t)=x_1\sin(2t+\theta_1)+x_2\sin(3t+\theta_2)+x_3\sin(\sqrt{50}t+\theta_3) \tag{4-3}$$

如果描述系统情态的状态变量可以用确定的时间函数来表述，则称这样的物理过程是确定性的，而描述它们的测量数据就是确定性信号，见图 4-4。

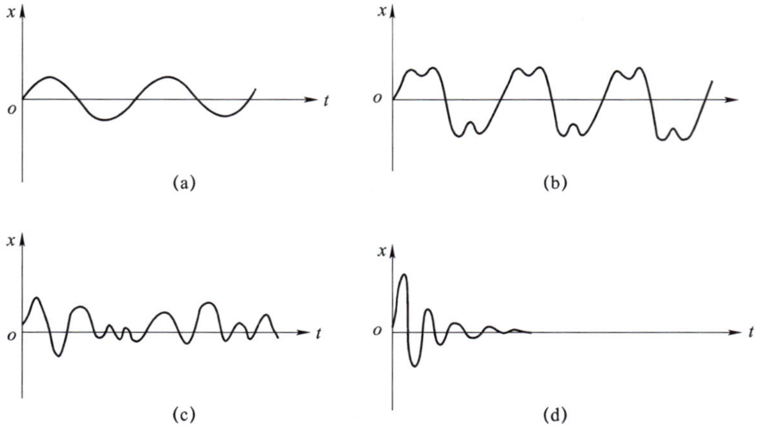

图 4-4　确定性信号

（a）简谐信号；（b）复杂周期信号；（c）准周期信号；（d）瞬态信号

周期信号包括简谐信号和复杂周期信号。表述简谐信号的基本物理量是频率、振幅和初相位；复杂周期信号可借助傅里叶级数展成一系列离散的简谐分量之和，其中任两个分量的频率比都是有理数。

非周期信号包括准周期信号和瞬态信号。准周期信号也是由一些不同离散频率的简谐信号合成的信号，但它不具有周期性，组成它的简谐分量中总有一个分量与另一个分量的频率比为无理数；瞬态信号的时间函数为各种脉冲函数或衰减函数，如有阻尼自由振动的时间历程就是瞬态信号。瞬态信号可借助傅里叶变换而得到确定的连续频谱函数。

如果描述系统情态的状态变量不能用确切的时间函数来表述，无法确定状态变量在某瞬刻的确切数值，其物理过程具有不可重复性和不可预知性时，则称这样的物理过程是随机的，而描述它们的测量数据就是随机信号，在数学上称为随机过程。随机信号虽然具有不确定性，但却具有一定的统计规律性，可借助概率论和随机过程理论来描述。

在工程实践中，通常是在相同的条件下，对某台设备（或同一型号的设备）进行大量的重复试验所得的试验数据进行统计分析，来研究其规律性。随机试验各次观测所得的时间历程函数，这些函数的集合总体（母体、系集）就表达了该随机过程，并记为 $X(t)$。

其中的时间函数称为样本函数（子样，样本），随机过程的随机性是通过各个样本函数之间的区别以及这种区别的不可预测性体现出来的。因此，从理论上讲，要由许许多多乃至无穷的、且时间区间应为无限长的样本函数组成的总体才能完整地表述随机过程。但在信号处理和分析时，我们只能获得有限数目的（N 个）、有限长度的样本记录，即：

$$X(t)=\{x_1(t)x_2(t)\cdots x_n(t)\cdots\} \tag{4-4}$$

若随机信号 $X(t)$ 的概率结构不随时间原点的选取而变化，则称 $X(t)$ 为平稳随机信号，反之，称为非平稳随机信号。

4.1.2　振动信号的特征值

在振动信号处理中常用统计函数来描述它的基本特性，即均方值、自相关函数和自功率谱密度函数。这里，均方值提供了数据强度方面的描述；自相关函数和功率谱密度函数分别在时域和频域上提供了有关信息。

此外，在不少场合下还要描述两个或几个振动信号的一些联合特性，以确定它们描述各个过程之间的相互关系，即互相关函数和互谱密度函数，它们分别描述了幅度域与时域和频率域上的有关联合特性。

（1）均方值（均值和方差）

1）均值在时间历程 T 内的振动信号 x（t）所有值的算术平均值。即

$$\mu_x = \lim_{T\to\infty}\frac{1}{T}\int_0^T x(t)\mathrm{d}t \tag{4-5}$$

如果用有限个离散量来表示，则为

$$\mu_x = \frac{1}{N}\sum_{i=1}^{N} x_i^{\ 2} \tag{4-6}$$

均值 μ_x，主要是用以描述振动过程不变（静止）的分量。

2）均方值，在时间历程 T 内，振动信号 $x(t)$平方值的算术平均值，即

$$\psi_x^2 = \lim_{T\to\infty}\frac{1}{T}\int_0^T x^2(t)\mathrm{d}t \tag{4-7}$$

如果用有限个离散量来表示，则表达式为

$$\psi_x^2 = \frac{1}{N}\sum_{i=1}^{N} x_i^{\ 2} \tag{4-8}$$

均方值 ψ_x^2 用以描述振动过程的平均能量或平均功率。均方值的正平方根 ψ_x 称为均方根值或有效值。

3）方差表示振动信号偏离均值的平方的平均值。即

$$\sigma_x^2 = \lim_{T\to\infty}\frac{1}{T}\int_0^T [x(t)-\mu_x]^2\,\mathrm{d}t \tag{4-9}$$

若用有限个离散量来表示，则数学表达式为

$$\sigma_x^2 = \frac{1}{N}\sum_{i=1}^{N}(x_i-\mu_x)^2 \tag{4-10}$$

方差 σ_x^2 用以描述振动信息离开均值的波动情况或分散程度。方差的平方根称为标准差或均方差 σ_x。

它们之间的关系为

$$\psi_x^2 = \sigma_x^2 + \mu_x^2 \tag{4-11}$$

（2）自相关函数

振动信号的自相关函数用以描述一个时刻 t 的数据值与另一个时刻 $t+\tau$ 的数据值之间的依赖关系，即变量 $x(t)$ 在时刻 t 和 $t+\tau$ 时刻的量值的乘积在观察时间内的平均值

$$R_{xx}(\tau) = \lim_{T\to\infty}\frac{1}{T}\int_0^T x(t)x(t+\tau)\mathrm{d}\tau \tag{4-12}$$

R_{xx} 值可正可负，但恒为偶函数，即 $R_{xx}(-\tau)=R_{xx}(\tau)$，且在 $\tau=0$ 时取最大值 $R_{xx}(0)=\psi_x^2$。

此外，由于任何周期性信号的自相关也是周期性的，因此，可以采用自相关函数特性从噪声中检测周期性的分量。一般随机噪声的自相关函数为0，周期性分量的自相关函数不为0。

（3）功率谱密度函数

功率谱用以表示振动信号在某频段的能量成分，振动信号在时间历程 T 内的平均功率为

$$P=\frac{1}{T}\int_0^T x^2(t)\mathrm{d}t \tag{4-13}$$

振动信号在单位带宽 Δf 内的平均功率称为自功率谱密度函数 $G_{xx}(f)$，即

$$G_{xx}(f)=\frac{1}{\Delta f}\lim_{T\to\infty}\frac{1}{T}\int_0^T x^2(t,f,\Delta f)\mathrm{d}t \tag{4-14}$$

功率谱密度函数有一个非常重要的特性就是它与自相关函数的关系，即两者互为正、逆傅里叶变换：

$$G_{xx}(f)=\frac{1}{2\pi}\int_{-\infty}^{+\infty} R_{xx}(\tau)\mathrm{e}^{-\mathrm{j}\omega\tau}\mathrm{d}\tau \tag{4-15}$$

$$R_{xx}(\tau)=\frac{1}{2}\int_{-\infty}^{+\infty} G_{xx}(f)\mathrm{e}^{\mathrm{j}2\pi f\tau}\mathrm{d}f \tag{4-16}$$

称为维纳-辛钦关系式。

显然，这里 $x^2(t)$ 可用以表示时间历程 $x(t)$ 的平均能量或平均功率，$G_{xx}(f)$ 描述了平均能量或平均功率随频率 f 分布的分布密度，故称为功率谱密度。而 $G_{xx}(f)$ 和 f 轴间所包围的面积等于 $x(t)$ 的均方值，称 $G_{xx}(f)$ 为均方功率谱密度函数。

（4）互相关函数

互相关函数 R_{xy} 是表示两个振动信号 $x(t)$、$y(t)$ 相关性的统计量。其定义为

$$R_{xy}(\tau)=\lim_{T\to\infty}\frac{1}{T}\int_0^T x(t)y(t+\tau)\mathrm{d}t \tag{4-17}$$

如果 $x(t)=y(t)$，则 $R_{xy}(\tau)$ 成为自相关函数 $R_{xx}(\tau)$。$R_{xy}(\tau)$ 虽也是可正可负的实值函数，但不定在 $T=0$ 时有最大值，也不一定是偶函数。但其在 x 和 y 互换时，$R_{xy}(\tau)$ 是对称于纵轴的，即

$$R_{xy}(\tau)=R_{xy}(-\tau) \tag{4-18}$$

而且

$$\left.\begin{array}{l}\left|R_{xy}(\tau)\right|\leqslant\dfrac{1}{2}[R_{xx}(0)+R_{yy}(0)]\\ \left|R_{xy}(\tau)\right|^2\leqslant R_{xx}(0)R_{yy}(0)\end{array}\right\} \tag{4-19}$$

图4-5给出了一对振动信号记录分析的互相关函数与时差 τ 的关系图（称为互相关图），图上出现的尖峰表明 $x(t)$ 与 $y(t)$ 在时差为某值时具有相关性。

互相关函数有着许多重要的应用，例如可以用其确定滞后时间和确定传递通道等。

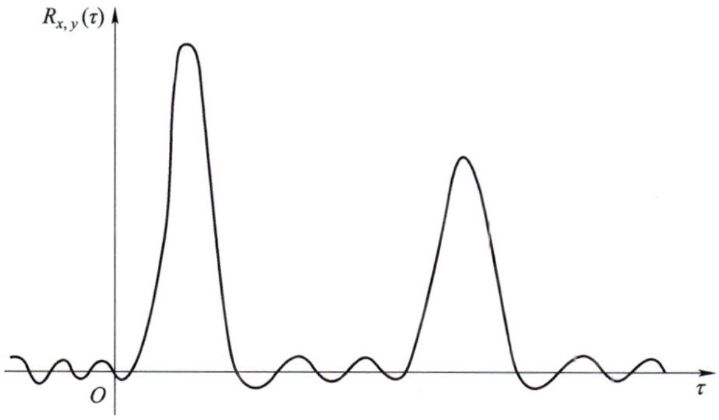

图 4-5　互相关函数与时差 τ 的关系图

（5）互功率谱密度函数

两组振动信号的互功率谱密度函数定义为相对应的互相关函数的傅里叶变换

$$G_{xy}(f)=\frac{1}{\Delta f}\lim_{T\to\infty}\frac{1}{T}\int_0^T x(t,f,\Delta f)y(t,f,\Delta f)\mathrm{d}t \tag{4-20}$$

或

$$G_{xy}(\omega)=\frac{1}{2\pi}\int_{-\infty}^{+\infty}R_{xy}(\tau)\mathrm{e}^{-\mathrm{j}\omega\tau}\mathrm{d}\tau \tag{4-21}$$

反之，可写成

$$R_{xy}(\tau)=\int_{-\infty}^{+\infty}G_{xy}(\omega)\mathrm{e}^{\mathrm{j}\omega\tau}\mathrm{d}\omega \tag{4-22}$$

因为互相关函数不是偶函数，所以，互功率谱密度函数一般是复数形式，即

$$G_{xy}(f)=E_{xy}(f)-jQ_{xy}(f) \tag{4-23}$$

式中，实部 $E_{xy}(f)$ 称为共谱密度函数；虚部 $Q_{xy}(f)$ 称为重谱密度函数。互功率谱密度函数在工程上也有许多应用，例如确定系统的传递函数，即

$$H_{xy}(\omega)=\frac{G_{xy}(\omega)}{G_{xx}(\omega)} \tag{4-24}$$

即两点 x 、 y 之间的传递函数等于互功率谱密度函数与点 x 的功率谱密度函数之比。

（6）相干函数

相干函数也是一个在频域中描述两个振动信号相关特性的函数。其定义为

$$\gamma_{xy}^2(\omega)=\frac{G_{xy}(\omega)^2}{G_{xx}(\omega)G_{yy}(\omega)} \tag{4-25}$$

如果在某个频域上 $\gamma_{xy}^2(\omega)=0$，则 $x(t)$ 和 $y(t)$ 在此频率上是不相干的；如果对所有频率的 $\gamma_{xy}^2(\omega)=0$，都成立，则 $x(t)$ 和 $y(t)$ 在统计意义上是独立的。

相干函数在工程上也有许多应用，例如：

1）检验互谱和传递函数测量的有效性，在相干函数为 1 时，充分有效；

2）确定许多单独信号源对一给定测点信号的贡献大小，γ^2 越大，说明由 $x(t)$ 引起的

$y(t)$ 的成分越大。$\gamma^2=1$ 表示 $y(t)$ 全部由 $x(t)$ 引起。$\gamma^2=0$ 表示 $y(t)$ 全部由噪声 $n(t)$ 所引起。因而，可以用来分离噪声。

（7）卷积

卷积是在时域上对系统进行分析的主要参数，其定义为

$$y(t)=x(t)*h(t)=\int_{-\infty}^{+\infty}h(\tau)x(t-\tau)\mathrm{d}\tau \tag{4-26}$$

式中，$h(\tau)$ 称为权函数，为系统在任意时刻对单位脉冲输入的输出响应。

（8）倒频谱分析

从一个具有周期波形的复杂振动的时间历程中很难直接看出其中的周期信号，但进行功率谱分析后就很容易看出来。同样，对于一个复杂的频谱图，有时很难直观看出它的一些特点和变化情况。这主要是功率谱图中包含很多大小和周期都不相同的周期成分，在功率谱图上都混在一起，很难分离，即很难直观看出其特点。如果用倒频谱（cepstrum）分析，则能突出频谱图的一些特点。

因为功率谱中的周期分量在谱图中是离散线谱，则对功率谱再做一次谱分析，就能把有关信号分离出来，其高度就反映出原功率谱中周期分量的大小。这就是倒频谱分析。

倒频谱定义为功率谱函数的对数 $\lg G_x(f)$ 的功率谱。若时间历程函数为 $x(t)$，从而倒功率谱为

$$G_x(\tau)=\left|\int_{-\infty}^{+\infty}\lg G_x(f)\mathrm{e}^{-\mathrm{j}2\pi f\tau}\mathrm{d}f\right|^2 \tag{4-27}$$

由于 $\lg|G_x(f)|$ 是频率 f 的函数，所以这里傅里叶正变换的积分变量是频率 f 而不是时间 τ。因此倒频谱 $G_x(\tau)$ 的自变量 τ 具有时间的量纲。我们称 τ 为倒频率（quefrency），单位为 s 或 ms。

例如，某机器的齿轮箱修理前后的恒带宽振幅谱如图 4-6 所示，可以看出，修理前后两条曲线有一定差别，但不突出，特性不明显。

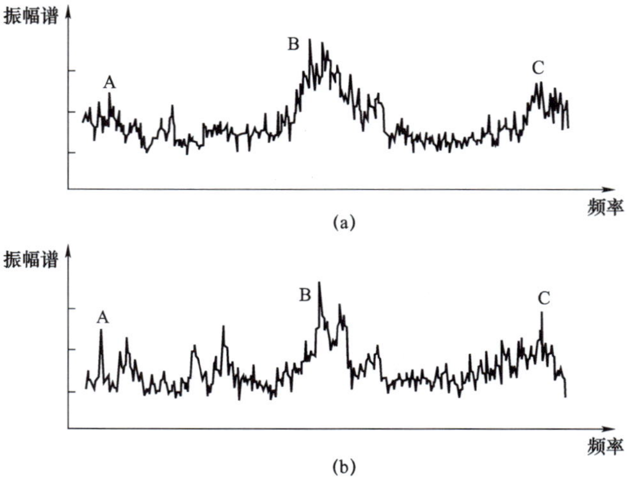

图 4-6　修理前、后的振幅谱

图 4-7 表示齿轮箱修理前后振动响应信号的倒频谱，图上横坐标单位是 ms。从图上可以明显地看出修理前 85 Hz 的信号很强，从修理后的倒频谱曲线可以看出，85 Hz 的分量就很小了，修理后齿轮箱振动谱中的振动信号已大幅度地变小了。

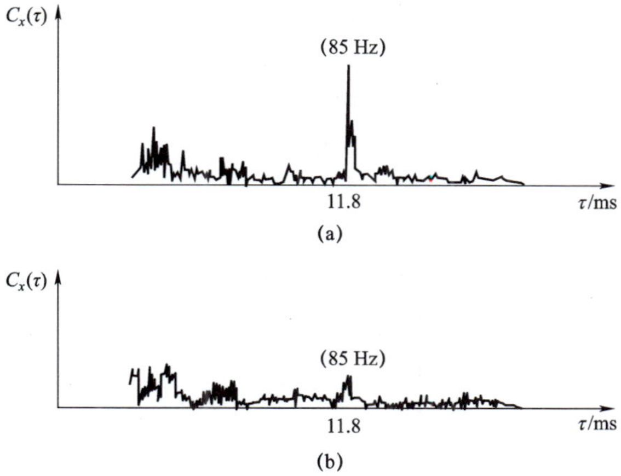

图 4-7 修理前、后的倒频谱

总的来讲，使用倒频谱分析可以很清楚地检测和分离振幅谱和功率谱中含有的周期分量。

4.2 振动信号的傅里叶分析

4.2.1 傅里叶变换

复杂周期振动数据可按公式展开成傅里叶级数，如

$$x(t)=\frac{a_0}{2}+\sum_{n=1}^{\infty}(a_n\cos 2\pi nf_1t+b_n\sin 2\pi nf_1t) \tag{4-28}$$

其中，$x(t)$ 为一个时间域的周期函数，$f_1=\dfrac{1}{T}$，为基频，T 为该周期函数的一个时间周期，a_n 和 b_n 为傅里叶级数的系数，分别为

$$a_n=\frac{2}{T}\int_0^T x(t)\cos 2\pi nf_1t\mathrm{d}t(n=0,1,2,\cdots) \tag{4-29}$$

$$b_n=\frac{2}{T}\int_0^T x(t)\sin 2\pi nf_1t\mathrm{d}t(n=0,1,2,\cdots) \tag{4-30}$$

若假设 $x(t)$ 的均值 $\mu_x=0$，则有 $a_0=0$。傅里叶系数 a_n、b_n 的曲线如图 4-8 所示，其中 $\Delta w=2\pi f_1$。

根据欧拉公式

$$\mathrm{e}^{\mathrm{j}2\pi nf_1t}=\cos 2\pi nf_1t+\mathrm{j}\sin 2\pi nf_1t,\mathrm{e}^{-\mathrm{j}2\pi nf_1t}=\cos 2\pi nf_1t-\mathrm{j}\sin 2\pi nf_1t$$

得

$$\cos 2\pi nf_1t=\frac{e^{j2\pi nf_1t}+e^{-j2\pi nf_1t}}{2},\sin 2\pi nf_1t=\frac{e^{j2\pi nf_1t}-e^{-j2\pi nf_1t}}{2}$$

式中，$j=\sqrt{-1}$。则代入式（4-28）～式（4-30）整理得

$$x(t)=\sum_{n=-\infty}^{+\infty}X(nf_1)e^{j2\pi nf_1t} \tag{4-31}$$

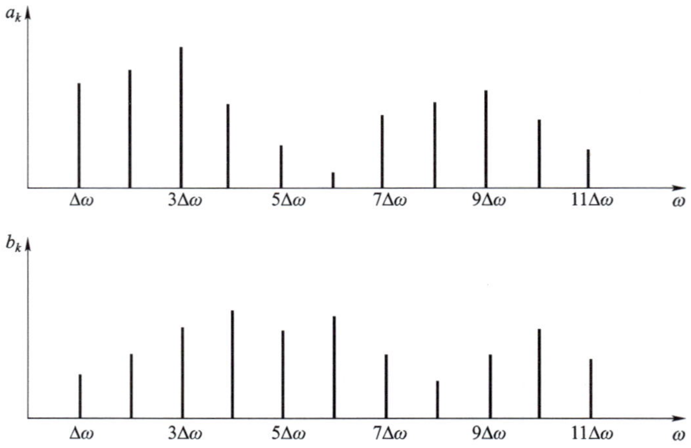

图 4-8　傅里叶系数图

$$X(nf_1)=\frac{a_n-jb_n}{2}=\frac{1}{T}\int_0^{\gamma}x(t)e^{-j2\pi nf_1t}dt \tag{4-32}$$

式中，$X(nf_1)$ 称为 $x(t)$ 的傅里叶变换，是一个复数，因此它也可以表示为

$$X(nf_1)=|X(nf_1)|e^{j\varphi} \tag{4-33}$$

式中，

$$|X(nf_1)|=\frac{1}{2}\sqrt{a_n^2+b_n^2},\varphi=\arctan\left(\frac{b_n}{a_n}\right)$$

$X(nf_1)$ 在正负频率上都有定义，而式（4-29）、式（4-30）所示傅里叶系数只在正频率上有定义。$X(nf_1)$ 的实部是偶函数，在正频率上的值等于图 4-8 所示傅里叶系数 a_n 的 1/2。$X(nf_1)$ 的虚部是奇函数，其在正频率上的值反号后等于图 4-8 所示傅里叶系数 b_n 的 1/2。

如果 $x(t)$ 不是周期函数，那么在时间 t 的有限区间 (t_0,t_0+T) 内，傅里叶级数及傅里叶系数的公式仍然成立：

$$x(t)=\sum_{n=-\infty}^{+\infty}X(nf_1)e^{j2\pi nf_1t}(t\in[t_0,t_0+T]) \tag{4-34}$$

$$X(nf_1)=\frac{1}{T}\int_{t_0}^{t_0+T}x(t)e^{-j2\pi nf_1t}dt(n=0,\pm1,\pm2,\cdots) \tag{4-35}$$

以上所述表明，在有限时间区间上一个复杂波可以分解成为无限个简谐波。

下面讨论非周期函数 $x(t)$ 在无限时间区间 $(-\infty.+\infty)$ 上的分解。先考察有限区间

$\left[-\frac{T}{2},\frac{T}{2}\right]$。由式（4-34）、式（4-35）得

$$x(t)=\sum_{n=-\infty}^{+\infty}X(nf_1)e^{j2\pi nf_1t}\left(t\in\left[-\frac{T}{2},\frac{T}{2}\right]\right) \tag{4-36}$$

$$X(nf_1)=\frac{1}{T}\int_{-\frac{T}{2}}^{\frac{T}{2}}x(t)e^{-j2\pi nf_1t}dt(n=0,\pm1,\pm2,\cdots) \tag{4-37}$$

在傅里叶级数中，$\frac{1}{T}$就是基频f_1，它也等于谱线间隔大小Δf，故有

$$\frac{1}{T}=f_1=\Delta f$$

又

$$nf_1=n\frac{1}{T}$$

据式（4-36）、式（4-37）得

$$x(t)=\sum_{n=-\infty}^{+\infty}\left[\Delta f\int_{-\frac{T}{2}}^{\frac{T}{2}}x(t)e^{-j2\pi nf_1t}dt\right]e^{j2\pi nf_1t}$$

当$T\to\infty$时，$\Delta f\to df$对nf求和变成对f积分。得

$$x(t)=\int_{-\infty}^{+\infty}\left[\int_{-\infty}^{+\infty}x(t)e^{-j2\pi ft}dt\right]e^{j2\pi ft}df$$

由此可得

$$X(f)=\int_{-\infty}^{+\infty}x(t)e^{-j2\pi ft}dt \tag{4-38}$$

$$x(t)=\int_{-\infty}^{+\infty}X(f)e^{j2\pi ft}df \tag{4-39}$$

式（4-38）、式（4-39）称为傅里叶积分，是复数形式的傅里叶变换对。$x(t)$要求满足绝对可积条件。傅里叶积分可看作傅里叶级数的推广，是非周期函数在无限区间上的分解，得到的频率分量是连续频谱。

4.2.2 离散傅里叶变换

傅里叶变换公式（4-38）及其逆变换公式（4-39）都不适用于数字计算机计算。要进行数字计算，必须将连续数据离散化，对模拟信号进行采样处理。而采样只能对有限长度的样本进行，所以首先要进行的是有限离散傅里叶变换（DFT）。

有限离散傅里叶变换是先对样本记录$x(t)$采样，然后对离散值序列进行傅里叶变换。设样本长度为T，采样间隔为Δt，采样点数为N。则周期为$T=N\Delta T$的周期函数，由式（4-28）可得到在$[0,T]$区间内$x(t)$的有限傅里叶级数表达式

$$x(t)=\frac{a_0}{2}+\sum_{n=1}^{\frac{N}{2}}a_n\cos2\pi nf_1t+\sum_{n=1}^{\frac{N}{2}-1}b_n\sin2\pi nf_1t(t\in[0,T])$$

这里 $\frac{N}{2}$ 个 a_n、$\left(\frac{N}{2}-1\right)$ 个 b_n，加上 a_0 总共刚好是 N 个频域数据点。在点 $t=k\Delta t(k=0,1,2,\cdots,N-1)$ 处有

$$x_k = x(k\Delta t) = \frac{a_0}{2} + \sum_{n=1}^{\frac{N}{2}} a_n \cos\frac{2\pi kn}{N} + \sum_{n=1}^{\frac{N}{2}-1} b_n \sin\frac{2\pi kn}{N} (k=0,1,2,\cdots,N-1)$$

式中

$$a_n = \frac{2}{N}\sum_{k=0}^{N-1} x_k \cos\frac{2\pi kn}{N}\left(n=0,1,2,\cdots,\frac{N}{2}\right)$$

$$b_n = \frac{2}{N}\sum_{k=0}^{N-1} x_k \sin\frac{2\pi kn}{N}\left(n=0,1,2,\cdots,\frac{N}{2}-1\right)$$

在做有限离散傅里叶变换的计算时，当 $x(t)$ 是周期函数时，T 就是其周期，当 $x(t)$ 不是周期函数时，T 就是样本长度。二者计算公式相同。

有限离散傅里叶变换常用复数形式表示。因为 $x(t)$ 的傅里叶变换为

$$X(f) = \int_{-\infty}^{+\infty} x(t)\mathrm{e}^{-\mathrm{j}2\pi ft}\mathrm{d}t$$

而计算 $X(f)$ 的离散值时，常在离散频率 $f_n = nf_1 = \frac{n}{T} = \frac{n}{N\Delta t}(n=0,1,2,\cdots,N-1)$ 处计算，所以 $X(f)$ 的离散值定义为

$$X_n(N\Delta f) = X_n = \frac{1}{T}\int_{-\infty}^{+\infty} x(t)\mathrm{e}^{-\mathrm{j}2n\pi ft}\mathrm{d}t = \frac{1}{N}\sum_{k=0}^{N-1} x(k\Delta t)\mathrm{e}^{-\mathrm{j}\frac{2\pi kn}{N}} (k=0,1,2,\cdots,N-1) \quad (4\text{-}40)$$

显然，$\{X_n\}$ 具有周期性。由

$$X_{N+n} = X_n$$

可知周期为

$$f_n = N\Delta f = N\frac{1}{T} = \frac{1}{\Delta t}$$

X_n 是复数，但根据 $X(0)$ 的定义，其实部是偶函数，虚部是奇函数。因而 X_n 也应有这种奇偶特性，但 X_n 又以 $f_n = 1/\Delta t$ 为周期，所以 N 个复数只有 $\frac{N}{2}$ 个是独立的。故这里的频域数据与 N 个时域数据 X_k 对应，也是 N 个数据值。

由 N 个 X_k 值可得到 $X_n(n=0,1,2,\cdots,N-1)$，由 X_n 能否计算 $X_k(k=0,1,2,\cdots,N-1)$ 的回答是肯定的，这称为有限离散傅里叶逆变换（IDFT）。推导如下：

$$x_k = x(k\Delta t) = \int_{-\infty}^{+\infty} X(f)\mathrm{e}^{\mathrm{j}2\pi ft}\mathrm{d}f = \sum_{n=0}^{N-1} X_n(n\Delta f)\mathrm{e}^{\mathrm{j}\frac{2\pi kn}{N}} (k=0,1,2,\cdots,N-1) \quad (4\text{-}41)$$

式（4-40）、式（4-41）称为有限离散傅里叶变换对，适于用数字计算机计算。在工程实际计算处理时，我们不能把无限长时间历程内的整个信号都拿来处理，必须进行截断采样处理。这时傅里叶变换就转化为傅里叶级数，其周期为采样长度，这实际上就是对非周期信

号的离散傅里叶分析，从实质上来讲是一种等效的傅里叶级数分析。也就是说无论处理周期信号或非周期信号，其计算公式与式（4-40）、式（4-41）的形式相同。即

$$x(k\Delta t) = x_k = \sum_{n=0}^{N-1} X_n(n\Delta f)\mathrm{e}^{\mathrm{j}\frac{2\pi kn}{N}}$$

$$X_n(n\Delta t) = X_n = \frac{1}{N}\sum_{k=0}^{N-1} x(k\Delta t)\mathrm{e}^{-\mathrm{j}\frac{2\pi kn}{N}}$$

当 $x(t)$ 是周期函数时，T 就是其周期；当 $x(t)$ 不是周期函数时，T 就是截断的样本长度。

通过以上分析，离散傅里叶变换的真正意义在于：可以对任意连续的时域信号进行抽样和截断，然后进行傅里叶变换得到一系列离散型频谱，该频谱的包络线，即是原来连续信号真实频谱的估计值，当然，也可以对给定的连续频谱，在抽样截断后做傅里叶逆变换，以求得相应时间历程的函数。

从式（4-40）和式（4-41）中可以看出，若计算某一个频谱 X_n，则需进行 X_k 与 $\mathrm{e}^{-\mathrm{j}2\pi nk/N}$ 的 N 次复数乘式运算和 N–1 次的复数加法运算。若将 N 个频谱全部计算完，则需：

（1）复数乘法运算——N^2 次；

（2）复数加法运算——N（N–1）次。

例如：在振动测试中，若信号的样本数据长度取为 N=1 024（210），此时需要进行 2 096 128 次复数运算。在普通微机上进行两百多万次复数运算，计算时间是相当长的，不仅达不到实时分析的要求，而且浪费机时。为了减少计算次数，节省计算时间，很多学者对此进行了研究，1965 年库利-图基（Cooley-Tukey）提出一个新的计算方法——快速傅里叶变换法（FFT）。

4.2.3　快速傅里叶变换

快速傅里叶变换（FFT）的基本思想是巧妙地利用了复指数函数的周期性、对称性，充分利用中间运算结果，使计算工作量大大减少。

下面以式（4-42）为例介绍快速傅里叶变换的时域分解法。它是将一长时间序列 $\{x\}$ 分解成比较短的子时间序列，子时间序列还可再继续分解成更小的子时间序列，递推下去直到最后得到一个最简单的子时间序列：一个数为止。然后利用傅里叶变换计算公式对最后得到的最简单的子时间序列进行傅里叶变换，再将各子时间序列的傅里叶变换结果按一定规则进行组合，最后便得到原时间序列的傅里叶变换结果。为满足分解和组合的需要，时间序列的长度必须满足 $N=2P$（P 为整数）的关系。

以 N=8 为例，时间序列如图 4-9 所示，现将其分解为两个子序列，偶数排成一个序列，用 $\{y_k\}$ 表示，奇数排成一个序列，用 $\{z_k\}$ 表示，两个子序列长度均为 4，即：

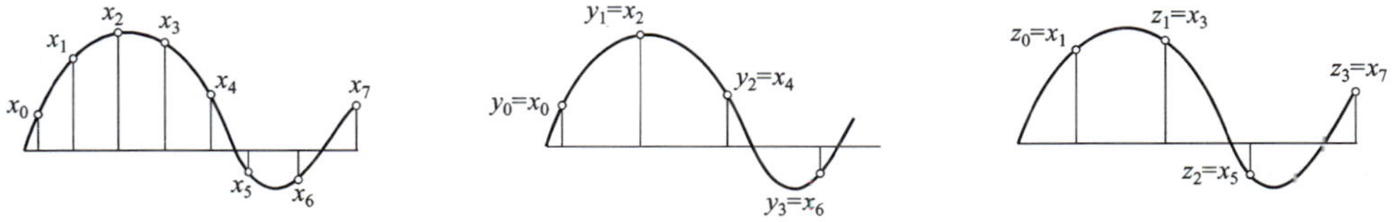

图 4-9　时间序列的分解示意图

$$\begin{cases} y_k = x_{2k} \\ z_k = x_{2k+1} \end{cases} (k = 0,1,2,\cdots,(N/2)-1) \tag{4-42}$$

利用式（4-40），两个子时间序列$\{y_k\}$和$\{z_k\}$的傅里叶变换分别为

$$\begin{cases} Y_n = \dfrac{1}{\dfrac{N}{2}} \sum\limits_{k=0}^{\frac{N}{2}-1} y_k \mathrm{e}^{-\frac{\mathrm{j}2\pi nk}{\frac{N}{2}}} \\ Z_n = \dfrac{1}{\dfrac{N}{2}} \sum\limits_{k=0}^{\frac{N}{2}-1} z_k \mathrm{e}^{-\frac{\mathrm{j}2\pi nk}{\frac{N}{2}}} \end{cases} (n = 0,1,2,\cdots,(N/2)-1) \tag{4-43}$$

为建立两个子时间序列的频谱与原时间序列频谱之间的关系，现将原时间序列的傅里叶变换计算公式的偶数项和奇数项分开写出，则有

$$\begin{aligned} X_n &= \frac{1}{N}\sum_{k=0}^{N-1} x_k \mathrm{e}^{-\frac{\mathrm{j}2\pi nk}{N}} = \frac{1}{N}\left(\sum_{k=0}^{\frac{N}{2}-1} x_k \mathrm{e}^{-\frac{\mathrm{j}2\pi n2k}{N}} + \sum_{k=0}^{\frac{N}{2}-1} x_{2k+1} \mathrm{e}^{-\frac{\mathrm{j}2\pi n(2k+1)}{N}}\right) \\ &= \frac{1}{N}\left(\sum_{k=0}^{\frac{N}{2}-1} y_k \mathrm{e}^{-\frac{\mathrm{j}2\pi n2k}{N}} + \sum_{k=0}^{\frac{N}{2}-1} z_k \mathrm{e}^{-\frac{\mathrm{j}2\pi n(2k)}{N}} \mathrm{e}^{-\frac{\mathrm{j}2\pi n}{N}}\right) \\ &= \frac{1}{N}\left(\sum_{k=0}^{\frac{N}{2}-1} y_k \mathrm{e}^{-\frac{\mathrm{j}2\pi nk}{\frac{N}{2}}} + \mathrm{e}^{-\frac{\mathrm{j}2\pi n}{N}} \sum_{k=0}^{\frac{N}{2}-1} z_k \mathrm{e}^{-\frac{\mathrm{j}2\pi nk}{\frac{N}{2}}}\right) \end{aligned} \tag{4-44}$$

将式（4-43）代入式（4-44）得

$$X_n = \frac{1}{2}\left\{Y_n + \mathrm{e}^{-\frac{\mathrm{j}2\pi n}{N}} Z_n\right\} (n = 0,1,2,\cdots,(N/2)-1) \tag{4-45}$$

如果仅用$n = 0,1,2,\cdots,(N/2)-1$来计算X_n的全部值，并注意到$\mathrm{e}^{-\mathrm{j}\pi} = 1$，则有

$$X_{n+\frac{N}{2}} = \frac{1}{2}\left\{Y_n - \mathrm{e}^{-\frac{\mathrm{j}2\pi n}{N}} Z_n\right\} (n = 0,1,2,\cdots,(N/2)-1) \tag{4-46}$$

令

$$W = \mathrm{e}^{-\frac{\mathrm{j}2\pi}{N}}$$

复变量W称为“旋转因子”。将W代入式（4-45）、式（4-47）得

$$\left.\begin{aligned} X_n &= \frac{1}{2}\{Y_n + W^n Z_n\} \\ X_{n+\frac{N}{2}} &= \frac{1}{2}\{Y_n - W^n Z_n\} \end{aligned} (n = 0,1,2,\cdots,(N/2)-1)\right\} \tag{4-47}$$

同样的道理：子序列Y_n与Z_n的计算也可以重复前面的方法，将$\{y_k\}$和$\{z_k\}$再分成更短的子序列，即 1/4 子序列。以此类推，可得到 1/8 子序列，一直到 1/2P 子序列，对于 N=2P 的时间序列，则最后每个子序列只包含有一项，而单项的傅里叶变换就等于它自己。即

$$X_0=\frac{1}{N}\sum_{k=0}^{N-1}x_k e^{-\frac{j2\pi nk}{N}}=\frac{1}{1}\sum_{k=0}^{1-1}x_0=x_0(N=1,k=0,n=0) \tag{4-48}$$

将每一项最简子序列利用式（4-46）进行傅里叶变换，然后再利用式（4-47）进行组合，最后可得到原时间序列的傅里叶变换结果。因此，式（4-47）、式（4-48）称为快速傅里叶变换的基本计算迭代公式，此计算方法称为 FFT 算法。

该法的复数计算次数公式为

$$\frac{N}{2}\log_2 N(\text{乘法})+N\log_2 N(\text{加法})$$

以 N=1 024 为例，原为 2 096 128 次（两百多万次）。现为 15 360 次（一万五千多次），运算次数减少为原来的 1/136。

下面以 N=22 的 $\{x_k\}$ 时序为例来说明快速傅里叶变换的计算过程，如图 4-10 所示，原时间序列经两次分解后得到 4 个单项子序列，然后利用式（4-48）对单项子序列进行傅里叶变换，将其结果再利用式（4-47）进行两次组合，就得到了原时间序列的傅里叶变换结果。具体计算过程为：

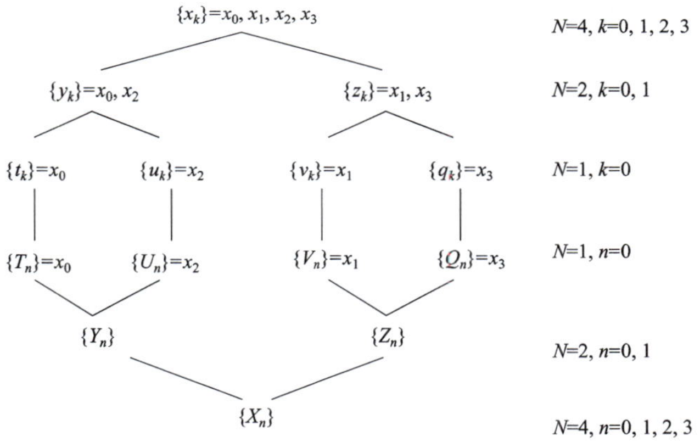

图 4-10　FFT 的分解过程

（1）根据式（4-48）4 个单项 1/4 子序列的傅里叶变换为

$$T_0=x_0,U_0=x_2,V_0=x_1,Q_0=x_3$$

即单个数值的傅里叶变换就是它本身。

（2）两个 1/2 子序列的傅里叶变换。此时，$n=0,1$；$N=2$；$W=e^{-\frac{j2\pi}{2}}$。根据式（4-47），得

$$Y_0=\frac{1}{2}\{x_0+(-1)^0x_2\}=\frac{1}{2}\{x_0+x_2\}(n=0)$$

$$Y_1=\frac{1}{2}\{x_0+(-1)^1x_2\}=\frac{1}{2}\{x_0-x_2\}(n=1)$$

$$Z_0=\frac{1}{2}\{x_1+(-1)^0x_3\}=\frac{1}{2}\{x_1+x_3\}(n=0)$$

$$Z_1=\frac{1}{2}\{x_1+(-1)^1x_3\}=\frac{1}{2}\{x_1-x_3\}(n=1)$$

（3）原时序频谱计算。此时，$N=4$，$W=\mathrm{e}^{-\mathrm{j}2\pi/N}=\mathrm{e}^{-\mathrm{j}\pi/2}=-j$，$n=0,1,2,3$。得

$$X_0=\frac{1}{2}\{Y_0+W^0Z_0\}=\frac{1}{2}\left\{\frac{1}{2}(x_0+x_2)+(-j)^0\frac{1}{2}(x_1+x_3)\right\}$$

则有

$$X_0=\frac{1}{2}\{Y_0+W^0Z_0\}=\frac{1}{4}\{x_0+x_2+x_1+x_3\}(n=0)$$

$$X_1=\frac{1}{2}\{Y_1+W^1Z_1\}=\frac{1}{4}\{x_0-x_2-\mathrm{j}(x_1-x_3)\}(n=1)$$

$$X_2=\frac{1}{2}\{Y_0-W^0Z_0\}=\frac{1}{4}\{x_0-x_2-(x_1+x_3)\}(n=2)$$

$$X_3=\frac{1}{2}\{Y_1-W^1Z_1\}=\frac{1}{4}\{x_0-x_2+\mathrm{j}(x_1-x_3)\}(n=3)$$

上述这种计算过程称为蝶形（Butterfly）计算，可用蝶形交叉图来表示，如图 4-11 所示。每个蝶形有四个数据点，上面两个是参加计算的数据，下面两个是计算的结果，箭头表示参加计算的数与结果之间的联系，蝶形的一边写上“旋转因子”数 W。不管 N 有多长，其蝶形计算流程图是一样的。图 4-11 中共有 2 排，4 个蝶形，其中下排蝶形是交叉的。

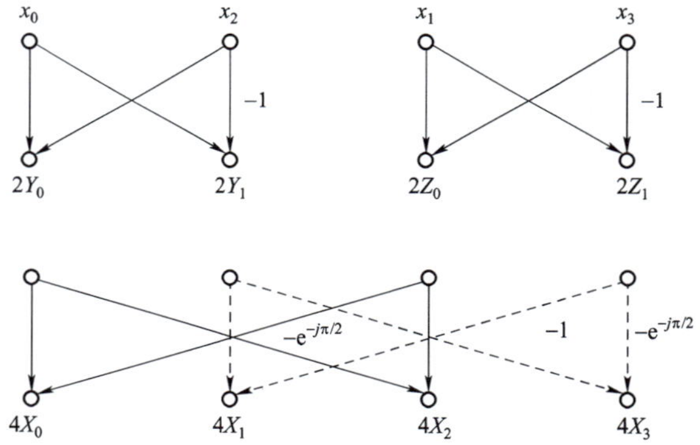

图 4-11　蝶形交叉图

在蝶形计算中，数据是按它的奇偶位置来排列的，每进行一次计算都要排列一次。以 N=16 为例来说明排列情况，因为 N=16，故共有 4 排，数据前后共排列了 4 次，排列情况如表 4-1 所示。

表 4-1　N=16 时的数据排列情况

0	1	2	3	4	5	6	7	8	9	10	11	12	13	14	15
0	2	4	6	8	10	12	14	1	3	5	7	9	11	13	15
0	4	8	12	2	6	10	14	1	5	9	13	3	7	11	15
0	8	4	12	2	10	6	14	1	9	5	13	3	11	7	15

以上是针对式（4-40）在时域离散化后所进行的快速傅里叶变换，对于式（4-41）所进

行的傅里叶逆变换，同理可进行在频域离散化的快速傅里叶逆变换，其基本思想同上。

4.2.4 频率混淆与采样定理

在数字式信号分析的过程中由于计算机不可能对无限长连续的信号进行分析处理，只能将其变成有限长度的离散信号，那么无限长连续信号的傅里叶变换和经过采样后截断的离散信号的傅里叶变换之间是什么关系？它能否反映原信号的频谱关系？这是我们所关心的主要问题。

另外，在数字分析过程中有一些问题也是需要特别注意的，如果处理得不好会引起误差或错误，甚至得到完全错误的结果。诸如波形离散抽样所产生的频率混叠的问题、波形截断所产生的泄漏问题和信号中的信噪比问题等，就是在数字频率分析中所要关心的主要问题。

要把连续模拟信号转换为离散数字信号，需要对连续模拟信号的时间历程 $x(t)$ 进行采样。采样就是将连续模拟信号转换成离散数字信号，并且保证离散后的信号能唯一确定原连续信号，即要求离散信号能恢复成原连续信号。采样一般都是以等间隔 Δt 取值，得到离散信号 $x(k\Delta t)(k=0,1,2,\cdots)$，如图 4-12 所示。

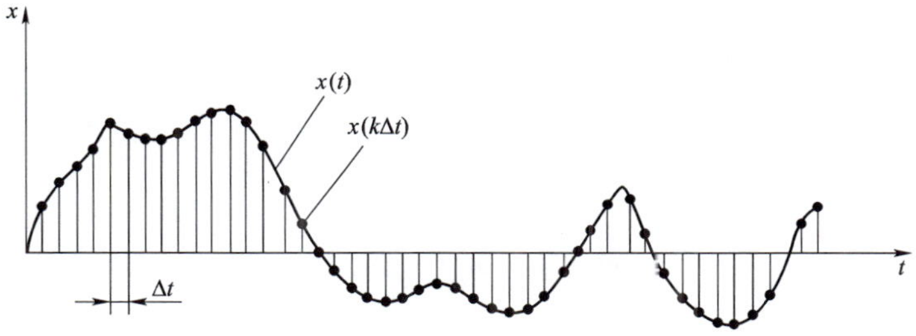

图 4-12 信号的离散化

由于离散信号 $x(k\Delta t)$ 只是 $x(t)$ 的一部分值，即 $\alpha(k\Delta t)$ 与 $x(t)$ 是局部与整体的关系。这个局部能否反映整体，能否由离散信号 $x(k\Delta t)$ 复原到原连续信号 $x(t)$，这与 $x(t)$ 的频率大小和采样间隔 Δt 的大小有关。

设 $x(t)$ 的频谱为 $X(f)$，则 $X(f)$ 的表达式如式（4-40）所示。用时间间隔 Δt 对 $x(t)$ 采样得到的离散信号 $\{x(k\Delta t)\}(k=0,1,2,\cdots)$ 的频谱 $X_n(n\Delta f)$ 的表达式如式（4-40）所示。

下面分析连续信号 $x(t)$ 的频谱 $X(f)$ 与离散信号 $x(k\Delta t)$ 的频谱 $X_n(n\Delta f)$ 的关系，即讨论 $X_n(n\Delta f)$ 能复现原模拟信号 $x(t)$ 的条件。若连续信号 $x(t)$ 如图 4-13a 所示，在物理意义上，采样过程可以看成是周期为 Δt 的采样脉冲对模拟信号的调制。周期性单位脉冲序列记为 $\delta_s(t)$，即

$$\delta_s(t)=\sum_{k=-\infty}^{+\infty}\delta(t-k\Delta t)$$

单位脉冲序列形同梳子，又称梳状函数，如图 4-13b 所示。当原始连续信号 $x(t)$ 按采样频率 f，采样后，采样信号 $x(k\Delta t)$ 可以看成是 $x(t)$ 和脉冲序列 $\delta_s(t)$ 的乘积，即

$$x(k\Delta t)=x(t)\delta_s(t)=x(t)\sum_{k=-\infty}^{+\infty}\delta(t-k\Delta t)$$

如图 4-13c 所示。

单位脉冲序列 $\delta_s(t)$ 为周期函数，可按傅里叶级数展开，由式（4-39），其傅里叶系数 C_n 为

$$C_n = \frac{1}{\Delta t}\int_{-\frac{\Delta t}{2}}^{\frac{\Delta t}{2}} \delta_s(t)\mathrm{e}^{-\mathrm{j}2\pi k f_s \Delta t}\mathrm{d}t = \frac{1}{\Delta t}\int_{-\frac{\Delta t}{2}}^{\frac{\Delta t}{2}} \sum_{k=-\infty}^{+\infty}\delta(t-k\Delta t)\mathrm{e}^{-\mathrm{j}2\pi k}\mathrm{d}t$$

在 $|t| \leqslant \frac{\Delta t}{2}$ 积分区间，只有一个脉冲 $\delta(t)$，故

$$C_n = \frac{1}{\Delta t}\int_{-\frac{\Delta t}{2}}^{\frac{\Delta t}{2}} \delta(t)\mathrm{e}^{-\mathrm{j}2\pi k}\mathrm{d}t = \frac{1}{\Delta t} = f_s$$

由式（4-36）可得 $\delta_s(t)$ 的傅里叶级数的指数形式为

$$\delta_s(t) = f_s \sum_{n=-\infty}^{+\infty} \mathrm{e}^{\mathrm{j}2\pi n f_s t}$$

根据傅里叶变换的时移定理，可得 $\delta_s(t)$ 的频谱为

$$F[\delta_s(t)] = f_s \sum_{n=-\infty}^{+\infty} \delta(f - nf_s)$$

很明显，只有当 $f = nf_s$ 时，$\delta(0)$ 才取值为 1，即频谱的谱线是离散的，谱线间距为 f_s，如图 4-13e 所示。将式（b）代入式（a），采样信号可表示为

$$x(k\Delta t) = \sum_{n=-\infty}^{+\infty} f_s x(t)\mathrm{e}^{\mathrm{j}2\pi n f_s t}$$

经傅里叶变换，其频谱表达式为

$$X_n(n\Delta t) = F[x(k\Delta t)] = F\left[\sum_{n=-\infty}^{+\infty} f_s x(t)\mathrm{e}^{\mathrm{j}2\pi n f_s t}\right] = \sum_{n=-\infty}^{+\infty} f_s F\left[x(t)\mathrm{e}^{\mathrm{j}2\pi n f_s t}\right]$$

根据傅里叶变换的频移定理

$$X_n(n\Delta t) = \sum_{n=-\infty}^{+\infty} f_s X(f - nf_s) \tag{4-49}$$

式中，$X(f)$ 为原始连续信号的频谱，如图 4-13d 中的实线所示。采样信号的频谱 $X_n(n\Delta t)$ 如图 4-13f 中的实线所示。由此可见，采样信号的频谱包含着原信号频谱及无限个经过平移的原信号频谱（频谱的幅值均乘以常数 f_s）。平移量等于采样频率 f_s 及其各次倍频 nf_s。

当连续信号频谱的最大频率 $f_m \leqslant f_s/2$，即 $f_s \geqslant 2f_m$ 时，在 $0 \leqslant f_m$ 频率范围内，采样信号的频谱 $X_n(n\Delta t)$ 与原信号频谱 $X(f)$ 完全一样，即采样信号无失真。

但是，当 $f_m \geqslant f_s/2$ 或 $f_s < 2f_m$ 时，如图 4-13d 中的虚线所示，平移谱将与原信号谱重叠，这种现象称为频率混叠，如图 4-13f 中的虚线所示，两个虚线组合成为虚假的频谱曲线，如图 4-13f 中的点画线所示。其幅值相当于原频谱曲线以 $f_s/2$ 为镜面做的镜面映射，如图 4-13f 中的虚粗线所示。频率混叠使采样信号的频谱图产生失真，造成误差。其物理概念是，采样频率太低，采样点太少，在一个周期内少于两个点，以致不能复现原信号。

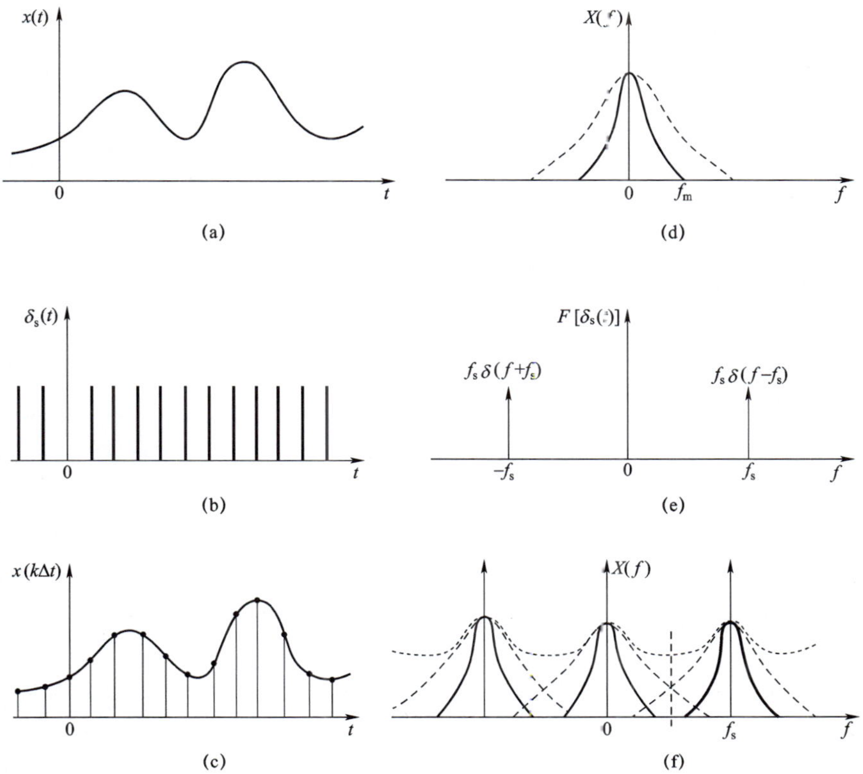

图 4-13　连续信号的离散示意图

(a) 连续信号；(b) 梳状信号；(c) 采样信号；(d) 连续信号的频谱；(e) 梳状信号的频谱；(f) 采样信号的频谱

例如：当信号频率为 $2mf_N \pm f$ 时，若取采样间隔为 $\Delta t = \dfrac{1}{2f_N}$，则 $t = k\Delta t$，振动信号离散结果为

$$x(t) = \sin[2\pi(2mf_N \pm f)t] = \sin(4m\pi f_N t \pm 2\pi ft$$

$$= \sin\left[4m\pi f_N\left(\frac{k}{2f_N}\right) \pm 2\pi ft\right] = \sin(2\pi ft)$$

式中，m 为整数。频率分别为 $(2mf_N \pm f)$ 与 f 时，相应的余弦值是相同的，因此会误把高频分量当作低频分量。如图 4-14 所示，对图中高频信号 $\sin[2\pi(2mf_N \pm f)t]$，按采样间隔 $\Delta t = \dfrac{1}{2f_N}$ 采样后得到的离散信号就会误认为是低频信号 $\sin(2\pi ft)$，这就是频率混淆。

既然 $X_n(n\Delta f)$ 并不等于同一频率范围之内的 $X(f)$，而 $x(t)$ 又由 $X(f)$ 唯一确定。所以 $x(k\Delta t)$ 不能还原到 $x(t)$。

设连续信号 $x(t)$ 的频谱 $X(f)$ 有最大频率成分为 f_m，则以间隔

$$\Delta t \leqslant \frac{1}{2f_m}$$

采样就没有混淆。因为这时满足 $f_m \leqslant \dfrac{1}{2\Delta t}$，即保证了最大频率值信号在一个周期内有

两个采样点。

可见离散信号 $x(k\Delta t)$ 能否恢复原来的连续信号 $x(t)$，与采样频率有关。所以，我们在具体采样时，应做到如下两点。

（1）采样前，对连续信号用一低通滤波器滤波，将不感兴趣或不需要的高频成分去掉，然后再进行采样处理。此法是有效而实用的方法。这里使用的低通滤波器就是常说的抗混淆滤波器。抗混淆滤波器应该有良好的截断特性。

（2）采样点应足够多。但采样点太多也没有必要，而且增加计算工作量。采样频率必须满足采样定理。

采样定理：采样额率 f_s，必须大于被分析信号成分中最高频率 f_m 值的两倍以上。f_m 是原始信号的最大频率值。

$$f_s = \frac{1}{\Delta t} > 2f_m \tag{4-50}$$

在实际采样时，若事先不知道原始连续信号的最大频率值 f_m，可以用任意间隔 Δt_1 和 Δt_2 分别采样，得到频谱 $X_{n1}(n\Delta f_1)$ 和 $X_{n2}(n\Delta f_2)$。设 $\Delta t_1 > \Delta t_2$，比 $X_{n1}(n\Delta f_1)$ 和 $X_{n2}(n\Delta f_2)$。若差别不大，可以认为最大频率 $f_m \leqslant \frac{1}{2\Delta t}$。若差别较大，取 $\Delta t_{31} < \Delta t_2$ 再采样，得 $X_{n3}(n\Delta f_3)$ 和 $X_{n2}(n\Delta f_2)$ 比较。若差别不大，则可认为最大频率为 $f_m \leqslant \frac{1}{2\Delta t}$。否则，以此类推，即可确定最大频率 f_m。如果较为精确地确定 f_m，则需多做几次试采样来进行相对比较。f_m 确定后，就可选取采样频率 f_s。

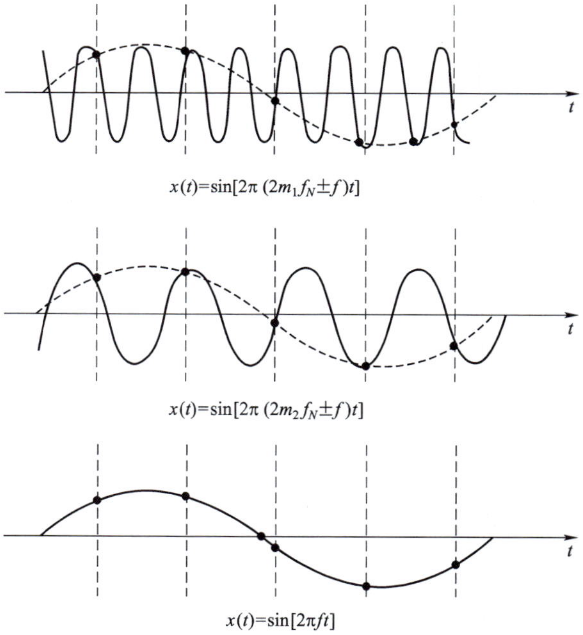

图 4-14　高、低频混淆现象示意图

同理，对于建立在傅里叶变换基础上的所有函数关系都有将产生频率混淆现象的可能。所以在信号处理和分析中要特别注意的。例如功率谱密度函数，若真功率谱密度函数如

图 4-15a 所示，如果采样频率为 f，由于产生频率混淆，则真功率谱密度函数将被折叠进混淆功率谱密度函数，如图 4-15b 所示。

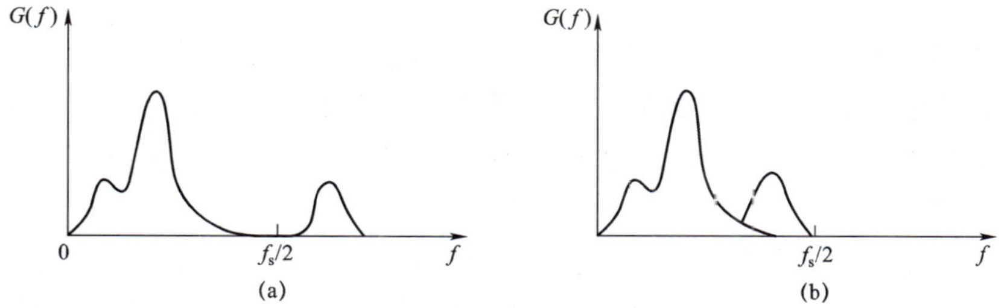

图 4-15 功率谱密度函数的混淆示意图

所以，在振动测试中，为避免高、低频混淆现象产生。必须首先确定采样时间间隔，再设置抗混淆滤波器的高、低频截断开关，抗混淆滤被的工作主要在专门的抗混淆滤波器上进行，也可在前置放大器的高、低通滤波器上进行。

例 4-1 设所分析信号的频率范围为 1 Hz～3 kHz，采用电荷放大器。试确定其采样时间间隔和设置高、低频并断开关。

解：

（1）由信号的最高分析须率 3 kHz，根据采样定理式（4-50），得

$$\Delta t \leqslant \frac{1}{2\times 3\,000\ \text{s}} = 0.000\,166\,7\ \text{s}$$

$$\Delta t = 160\ \mu\text{s}$$

（2）根据信号的区间范围，为达到消除混淆的目的，电荷放大器的高、低频截断开关设置为：低频截断开关置 1 Hz 档，高频截断开关置 3 kHz 档。

例 4-2 设分析信号的振幅为 1.0 mm，频率为 f_m=30 Hz，采样频率为 f_s=50 Hz。求：（1）产生的高、低频混淆频率值；（2）为防止产生高、低频混淆现象应如何选取采样频率。

解： 由信号的最高频率 30 Hz，根据镜面频率折射原理，得高、低频混淆频率应为：

$$f = 25\ \text{Hz} - (30\ \text{Hz} - 25\ \text{Hz}) = 20\ \text{Hz}$$

折射点为 $f_s/2 = 25\ \text{Hz}$，如图 4-16 所示。为避免高、低频混淆频率的产生，为达到抗混淆的目的，采样频率应大于 60 Hz。

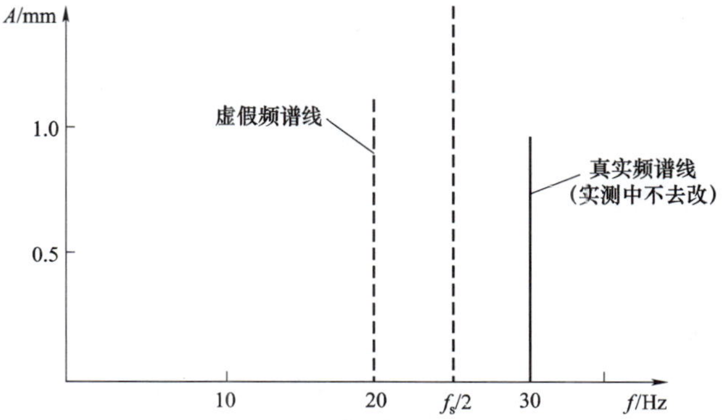

图 4-16 高、低频混淆频率示意图

4.2.5 泄漏与窗函数

用计算机进行测试信号处理时，不可能对无限长的信号进行测量和运算，而是取其有限的时间长度 T 进行分析计算，即对有限时间长度 T 的离散数字信号进行离散傅里叶变换（DFT）运算，这意味着首先要对时域信号进行截断，这相当于用一个高为 1、长为 T 的矩形时间窗函数乘以原时间函数。那么截断的信号能否代表无限长的连续信号呢？为了进行验证，首先对截断信号进行周期延拓，从而可得到虚拟的无限长的连续信号。可看到当截断长度是周期长度 T 时，周期延拓的虚拟无限长信号与原信号相同，如图 4-17 所示。当截断长度不是周期长度 T 时，则周期延拓的虚拟无限长信号与原信号是不同的，如图 4-18 所示。

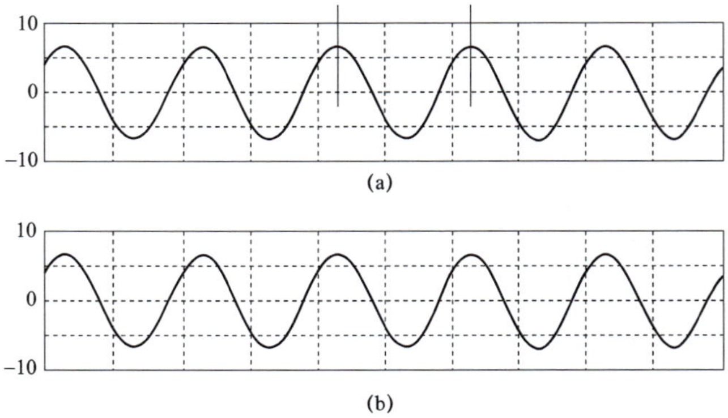

图 4-17 截断长度是周期长度 T 时的虚拟信号示意图

（a）原信号；（b）截断长度是周期长度 T 时虚拟信号

由此可知，当截断长度是周期长度 T 时，虚拟的无限长的连续信号与原信号相同，所计算的结果应该是正确的。当截断长度不是周期长度 T 时，虚拟的无限长的连续信号与原信号不同，其截断部位出现信号突变，从而在傅里叶分析时引起了许多其他的虚假频率成分存在，导致频谱分析出现误差，其效果是使得本来集中于某一频率的功率（或能量），部分被分散到该频率邻近的频域，也就是说，时城的这种信号损失将导致频域内附加一些虚假的频率分量，给傅里叶变换带来误差，这种现象称为“泄漏”现象。

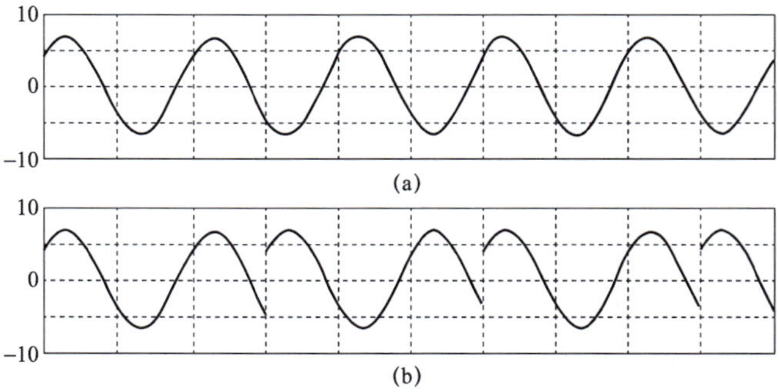

图 4-18 截断长度不是周期长度 T 时的虚拟信号示意图

（a）原信号；（b）截断长度不是周期长度 T 时虚拟信号

众所周知，正弦函数 $x(t)$ 在频域应为 δ 函数，如图 4-19a 所示。若矩形时间窗函数 $\omega(t)$ 的时间区间是 $[-T/2,\ T/2]$ 则 $\omega(t)$ 的傅里叶变换为

$$W(f)=\frac{\sin(\pi Tf)}{\pi f} \tag{4-51}$$

如图 4-19b 所示。而时域两量之积的傅里叶变换等于各自傅里叶变换之卷积，即时域中 $[x(t),\omega(t)]$ 对应在频域中为 $[X(f)\times W(f)]$。又 $X(f)$ 是 δ 函数

$$X(f)\times W(f)=W(f)\times\delta(f-f_0)=W(f-f_0) \tag{4-52}$$

即将 $W(f)$ 曲线在频率轴上向右移动 f_0 就成为 $X(f)\times W(f)$ 的图形，如图 4-19c 所示。

在图 4-19 中的频谱曲线在频率范围 $[-1/T,1/T]$ 之内的图形叫作主瓣，在频率范围 $[-n/T,(n+1)/T]$ $(n=\pm1,\pm2,\cdots)$ 内的图形都叫作旁瓣。因时域被截断而在频域增加很多频率成分（旁瓣），就称为泄漏。

上述是连续函数（正弦函数）进行傅里叶变换时的泄漏。当做离散傅里叶变换时，泄漏情况如图 4-20 所示。从图上可以看出，由于只对长度为 T 的有限长样本做分析，本来应该是单一频率 f 的谱图在 f 周脑变成若干离散频率分量。

但是，如果在截断函数的长度 T 内，$x(t)$ 是周期函数，且有 n 个完整周期波形（n 是整数），则做有限离散傅里叶变换时可以避免泄漏。这只是一个极为理想的状态，要在工程中做到很难。

为了抑制泄漏，需采用特种窗函数来替代矩形窗函数。这一过程，称为窗处理，或者叫加窗。加窗的目的，是使在时域上截断信号两端的波形突变变为平滑，在频域上尽量压低旁瓣的高度。

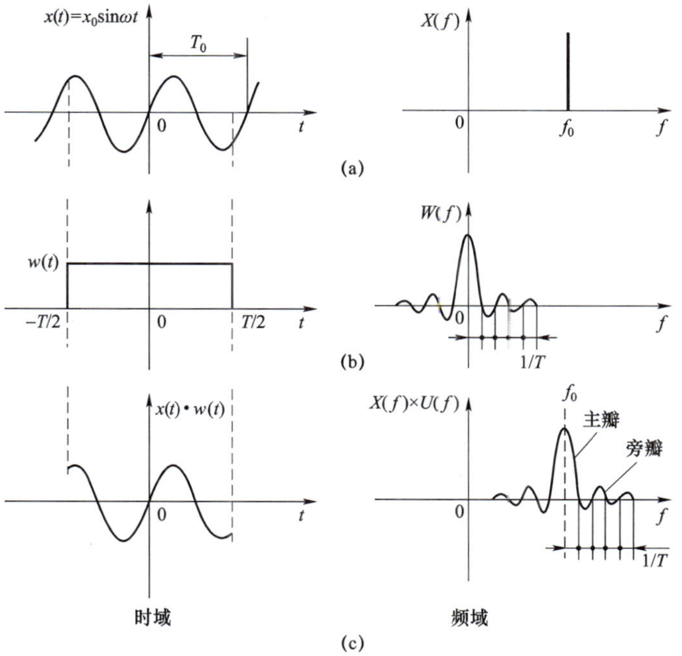

图 4-19　正弦信号被矩形窗截断形成的泄漏

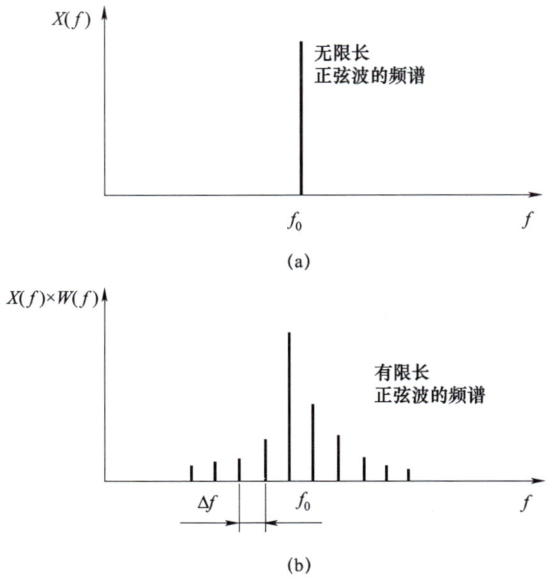

图 4-20 泄漏示意图

在一般情况下，压低旁瓣通常伴随着主瓣的变宽，但是旁瓣的泄漏是主要考虑因素，然后才考虑主瓣变宽的泄漏问题。

在数字信号处理中常用的窗函数如下：

（1）矩形（Rectangular）窗

$$w(t)=1(0\leqslant t\leqslant T) \tag{4-53}$$

（2）汉宁（Hanning）窗

$$w(t)=1-\cos\frac{2\pi}{T}t(0\leqslant t\leqslant T) \tag{4-54}$$

（3）凯塞-贝塞尔（Kaiser-Bessel）窗

$$w(t)=1-1.24\cos\frac{2\pi}{T}t+0.244\cos\frac{4\pi}{T}t-0.003\,05\cos\frac{6\pi}{T}t(0\leqslant t\leqslant T) \tag{4-55}$$

（4）平顶（FlatTop）窗

$$w(t)=1-1.93\cos\frac{2\pi}{T}t+1.29\cos\frac{4\pi}{T}t-0.388\cos\frac{6\pi}{T}t+0.032\,2\cos\frac{8\pi}{T}t(0\leqslant t\leqslant T) \tag{4-56}$$

图 4-21 给出了上述四种窗函数的时域图像，为了保持加窗后的信号能量不变，要求窗函数曲线与时间坐标轴所包围的面积相等。对于矩形窗，该面积为 $T\times1$，因此，对于任意窗函数 $w(e)$，必须满足积分关系式

$$\int_0^T w(t)\mathrm{d}t=T \tag{4-57}$$

图 4-22 分别给出了上述四种窗函数的频谱。

在数字信号频率分析中要求对不同类型的时间信号选用不同的窗函数。例如，对随机信

号的处理，通常选用汉宁窗。因为它可以在不太加宽主瓣的情况下，较大地压低旁瓣的高度，从而有效地减少了功率泄漏，图 4-23 表示宽带随机信号用汉宁窗加权后的波形。对本来就具有较好的离散频谱的信号，例如周期信号或准周期信号，分析时最好选用旁瓣极低的凯塞-贝塞尔窗或平顶窗。图 4-24 表示一简谐信号被平顶窗加权后的波形。加窗以后的波形似乎发生了很大的变化，但其频谱却能较准确地给出原来信号的真实频谱值，因为这两种窗的频谱主瓣较宽，对下文所述“栅栏效应”导致的测量误差较小。

冲击过程和瞬态过程的测量，一般选用矩形窗而不宜用汉宁窗、凯塞-贝塞尔窗或平顶窗，因为这些窗对起始端很小的加权会使瞬态信号失去其基本特性。因此，通常将截短了的矩形窗应用于冲击过程中力的测量（称为力窗），指数衰减窗用于测量衰减变动过程（称为指数窗）。从频域看，窗函数的作用就像带通滤波器，窗函数的傅里叶频谱就相当于带通滤波器的滤波特性。N 条谱线，就相当于 N 并联的恒带宽滤波器，它们的中心频率各等于相应的频率采样 $n\Delta f$（n=1，2，3，…，N–1）。如果信号中某频率分量的频率 f_i 恰好等于 $n\Delta f$，即 f_i 恰好与显示或输出的频率采样完全重合，那么该谱线可给出精确的谱值；反之，若 f_i 与频率采样不重合，就会得到偏小的谱值。这种现象则称为“栅栏效应”，四种常用窗函数的栅栏效应如图 4-25 所示。由此可知，由于频谱图中的曲线由 N 条谱线组成，若被测频率 f 正好是在 f_n 点，则测试数据没有偏差，若被测频率 f 在 $f_n<f<f_{n+1}$ 之间，则存在误差，最大误差为点。四种常用的窗函数由于栅栏效应可能产生的最大误差值如下。

（1）矩形窗：–3.92dB 或–36.3%。

（2）汉宁窗：–1.42dB 或–15.1%。

（3）凯塞-贝塞尔窗：–1.02dB 或–11.1%。

（4）平顶窗：–0.01dB 或–0.1%。

由图 4-21 所示，平顶窗的偏度误差最小，但它的主瓣带宽很宽，等于 3.77Δf。所以，选用平顶窗时要求被测信号之间的间隔不小于 5Δf，否则难以分辨。

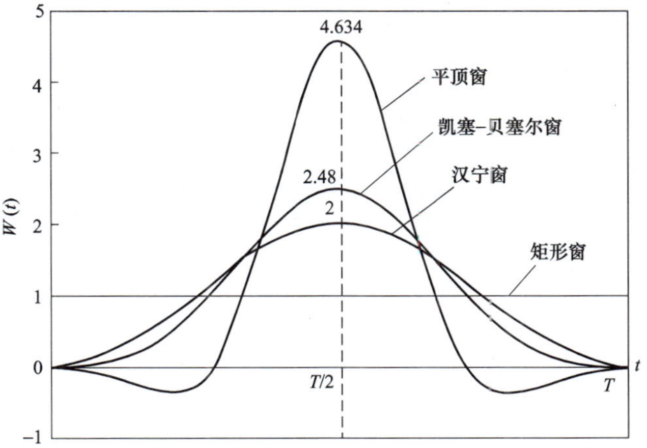

图 4-21　常用窗函数的时域图

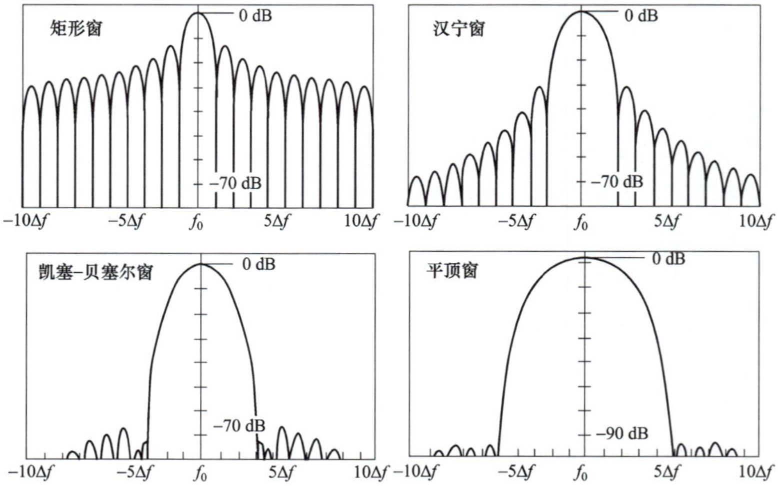

图 4-22　常用窗函数的频谱图

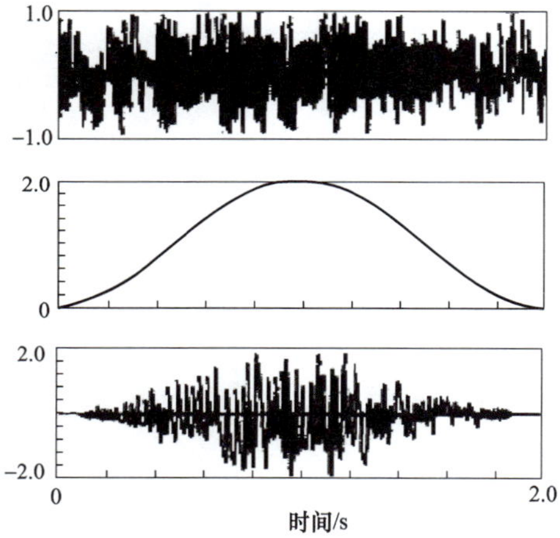

图 4-23　宽带随机信号加汉宁窗前后的波形

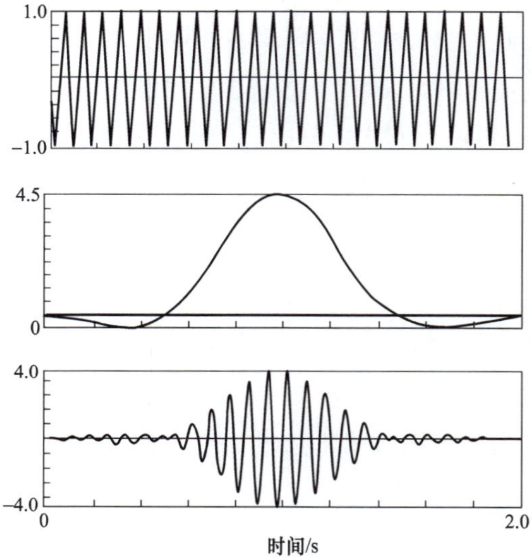

图 4-24　简谐信号加平顶窗前后的波形

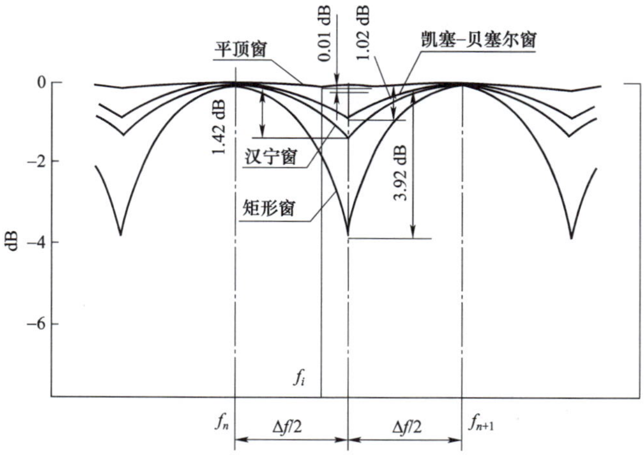

图 4-25　常用窗函数的栅栏效应

4.3　振动信号的小波分析简介

4.3.1　小波分析

小波分析是另一种基于小波族分解信号的时频域分析方法。小波分析通过变量谱图将信号信息定位在时频域，是一种较好的非突变信号分析方法，可以替代 STFT 方法。与 STFT 使用的窗口不同，小波族具有固定的形状，小波函数具有固定的形状，这意味着小波变换可以适应各种基于频率和时间的分辨率。母波 $\psi(t)$ 的数学表达式为：

$$\psi_{s,\tau}(t)=\frac{1}{\sqrt{s}}\psi\left(\frac{t-\tau}{s}\right) \tag{4-58}$$

其中 s 为尺度参数，τ 为变换参数，t 为时间。原始母波有 $s=1$ 和 $\tau=0$。小波分析中的三种主要变换是连续小波变换（CWT）、离散小波变换（DWT）和小波包变换（VPT）。

小波变换是 Fourier 变换的扩展，它将原始信号从时域映射到时频域。小波基函数由母波 $\psi(t)$ 经过扩展和平移得到。所得到的小波函数往往具有与母波相同的形状，但不同的维数和位置。小波分析中的三种主要变换是小波变换 CWT，DWT 和 WPT。

4.3.2　连续小波变换（CWT）

时域振动信号 (x)、$W_{x(t)}(s,\tau)$ 的连续小波变换（CWT）可以用下式表示：

$$W_{x(t)}(s,\tau)=\frac{1}{\sqrt{s}}\int x(t)\psi^{*}\left(\frac{t-\tau}{s}\right)\mathrm{d}t \tag{4-59}$$

其中 ψ^{*} 表示 $\psi(t)$ 的共轭复数它是用 s 和 τ 缩放和平移的。平移参数 τ 与小波窗口的位置有关，当窗口在信号中移动时，尺度参数 s 与小波的缩放作用有关。积分比较了信号的局部形状和小波的形状。因此，使用公式（4-59）得到的系数描述了波形与小波在几个平移和尺度上的相关性。换句话说，我们可以说得到的系数是一系列小波的振幅经过一定的尺度和平移得到的。以下是计算信号 CWT 的五个简单步骤。

（1）选择一个小波，并将其与信号开始处的线段匹配；

（2）计算 CWT 系数来测量小波和被分析的信号段之间的相似度；

（3）通过平移参数 τ 将小波右移，重复步骤 1 和 2，计算所有平动的 CWT 系数；

（4）缩放小波，重复步骤 1—3；

（5）对所有的量表重复步骤 4。

小波系数经常显示在量图中，这是一种规模和波长的函数。使用 CWT 最常见的小波是 Morse 波，分析说明，以及凸起小波，以图 4-26 为例。图 4-27 中显示了一个全新的、内场（IR）故障条件下滚子轴承振动的量图。在这个图中可以看到，通过小波系数的多分辨率能力，在 IR 故障和正常条件下的振动波形的差异，即新的条件，可以定位。

CWT 的另一个重要方面是它能够在时间频率中重建被操纵的信号，回到原始信号的近似，使用逆 CWI。逆 CWT 重新构造了它的小波系数的原始信号 $\hat{x}(t)$，传统上是在二维积分中呈现的，即双积分形式，除以尺度参数 s 和翻译参数 τ，这可以用下面的方程来表示：

$$\hat{x}(t)=\frac{1}{C_{\psi}}\int_{-\infty}^{\infty}\mathrm{d}\tau\int_{-\infty}^{\infty}\frac{1}{s^{2}}W_{x(t)}(s,\tau)\psi_{s,\tau}(t)\mathrm{d}s \tag{4-60}$$

其中 C_{ψ} 是基于所选小波类型的常数。

连续小波变换的两个主要应用是时间法和小波法，定时频率成分的时频分析和筛选诊断使用 CWT。

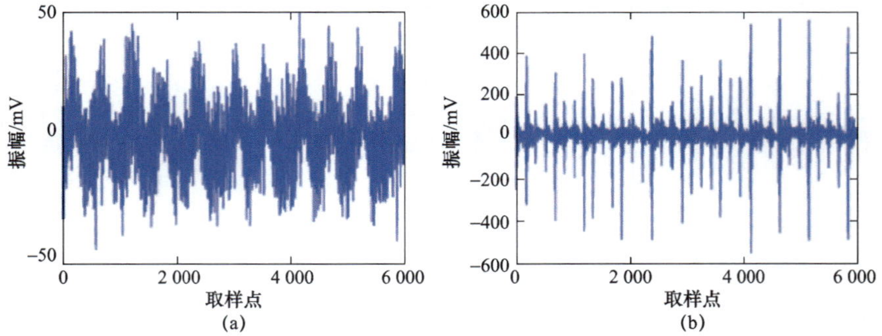

图 4-26　（a）全新滚动轴承的典型时域振动信号；（b）滚动轴承的内圈（IR）故障状态

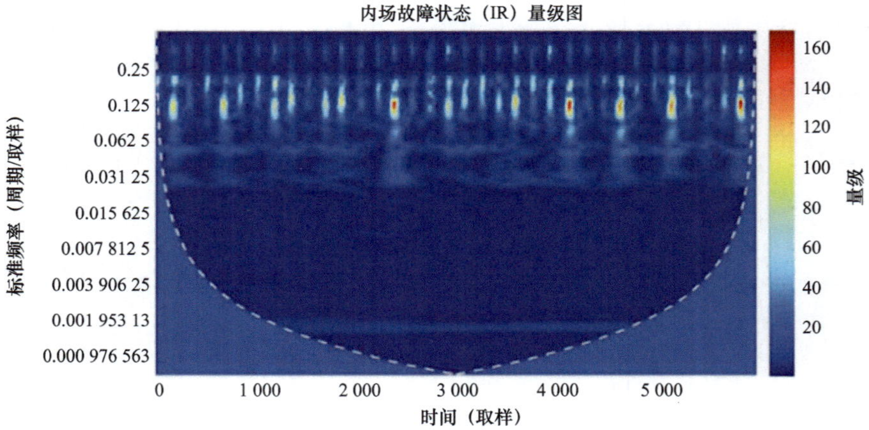

图 4-27　全新滚动轴承内圈故障条件下振动量图

4.3.3　离散小波变换（WT）

在小波变换的计算机化实现和分析过程中，常常需要离散的方法。时域振动信号 (x) 的 DWT，$W_{x(t)}(s,\tau)$ 可以用下式表示：

$$W_{x(t)}(s,\tau)=\frac{1}{\sqrt{2^{j}}}\int x(t)\psi^{*}\left(\frac{t-k2^{j}}{2^{j}}\right)\mathrm{d}t \tag{4-61}$$

DWT 表示连续小波变换的离散形式，其中 $\psi_{s,\tau}(t)$ 采用二元尺度离散化，即 $s=2^{j}$，$\tau=k2^{j}$，其中 j 和 k 为整数。在实际应用中，DWT'常采用低通尺度滤波器 $h(k)$ 和高通小波滤波器 $g(k)=(-1)^{k}h(1-k)$ 来实现。这些过滤器从尺度函数 $\phi(t)$ 和 $\psi(t)$ 分离出来，可由以下方程：

$$\phi(t)=\sqrt{2}\sum_{k}h(k)\phi(2t-k) \tag{4-62}$$

$$\psi(t)=\sqrt{2}\sum_{k}g(k)\psi(2t-k) \tag{4-63}$$

利用小波滤波器将信号分解成一组低频和高频信号：

$$a_{j,k}=\sum_{m}h(2k-m)a_{j-1,m} \tag{4-64}$$

$$b_{j,k}=\sum_{m}g(2k-m)a_{j-1,m} \tag{4-65}$$

其中，h 和 g 分别为小波函数 $\psi(t)$和尺度函数 $\phi(t)$的高通滤波器和低通滤波器；$a_{j,k}$ 和 $b_{j,k}$ 分别表示信号的低频分量和高频分量的系数。利用离散小波变换技术对信号进行分析时，产生的幅值系数较小，但信号中的噪声使幅值系数较小，是信号去噪和压缩的理想方法。简而言之，为了对给定的离散信号 x 进行 DWT（也称为多分辨率分析），DWT 的过程如下。

（1）使用特殊的低通滤波器（L）和高通滤波器（H）对信号进行滤波，在第一层产生低和高亚带的两个向量。第一个向量是近似系数（A1），第二个是详细系数（D1），对于分解的下一层；

（2）近似系数，即低通子带，使用 L 和 H 滤波器进行进一步的过滤，在第二层产生进一步的近似系数（A2）和详细的系数（D2）。每一层系数的长度是前一层系数的一半。图 4-28 展示了 DWT 的 5 个分解级别。

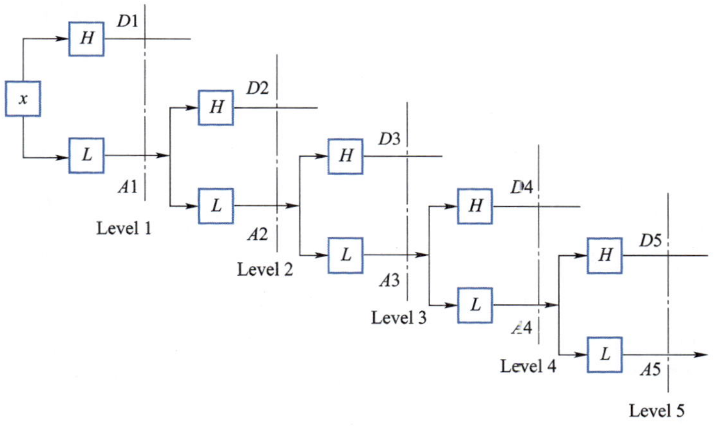

图 4-28 DWT 的 5 个分解级别图示

就振动信号中的噪声而言，离散小波变换在机器故障诊断中的主要应用之一是对振动信号进行时域和频域的去噪。一种方法是使用阈值缩放详细系数。在硬阈值和软阈值两种阈值技术中，幅度 (m) 值小于阈值 (τ) 的系数都设置为零，这两种阈值的唯一区别在于它们如何处理系数的幅值大于 τ 的情况。在硬阈值化中，幅值大于 τ 的系数保持不变；而在软阈值化中，系数减少 $(\tau-m)$ 。各种类型的小波被广泛地用于分析许多旋转机械的振动信号。

4.3.4 小波包变换（WPT）

WPT 是 DWT 的改进，它将 DWT 获得的每个信号细节进一步分解为近似信号和细节信号。因此，时域振动信号 $x(t)$ 可以用下列公式进行分解：

$$d_{j+1,2n}=\sum_{m}h(m-2k)d_{j,n} \tag{4-66}$$

$$d_{j+1,2n+1}=\sum_{m}g(m-2k)d_{j,n} \tag{4-67}$$

其中，m 为系数的个数，$d_{j,n}$，$d_{j+1,2n}$ 和 $d_{j+1,2n+1}$ 分别为 $2n$ 和 $2n+1$ 子带的小波系数，与其他类型的小波变换相比，WPT 的主要优点是对分解后的信号进行精确而详细的表示。此外，小波包的基本功能时局部的时间，提供更好的信号逼近和分解。

为了对给定的离散信号 x 进行 WPT，其步骤为：首先使用一个特殊的低通滤波器（L）和高通滤波器（H）对信号进行滤波，在第一层产生低和高子带的两个向量。第一个载体是近似系数 (A_L)，第二个是细节系数 (D_H)（见图 4-29、图 4-30）。其次，对于分解的下一层，A_L 和 D_H 都使用 L 和 H 过滤器进行进一步过滤，从而产生进一步的近似系数（AA_L 和 AD_H）和详细系数（DA_L 和 DD_H）在第二层，以此类推，图 4-31 描述了 WPT 的三层分解等级。

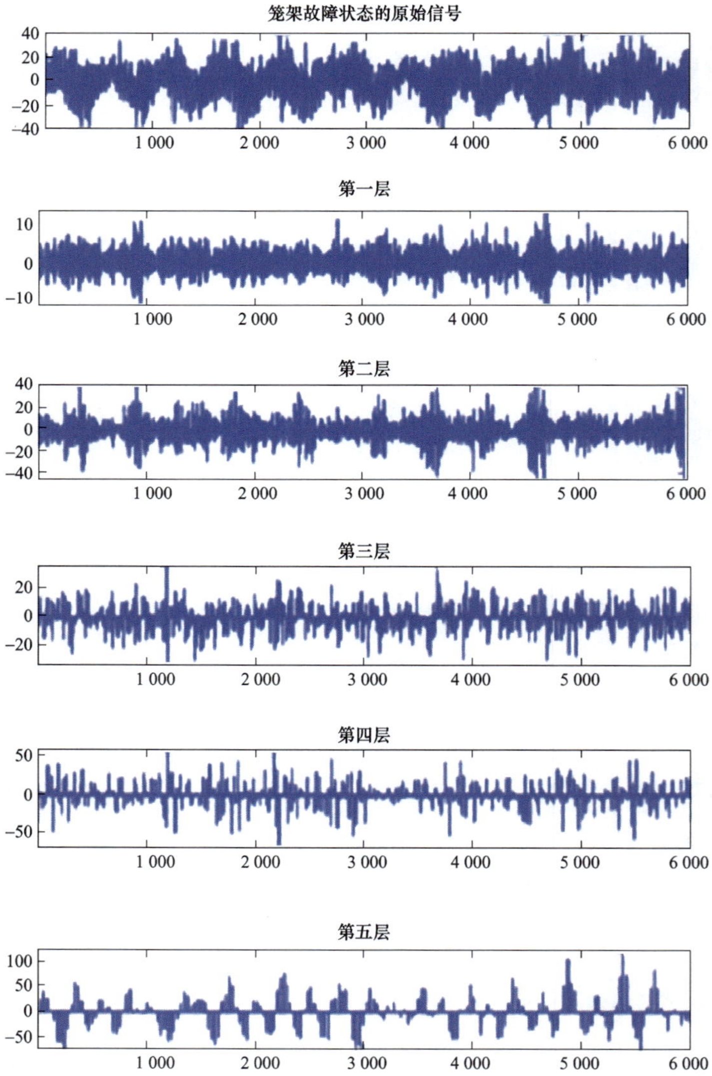

图 4-29　笼架故障振动信号和对应的第一层到第五层详图

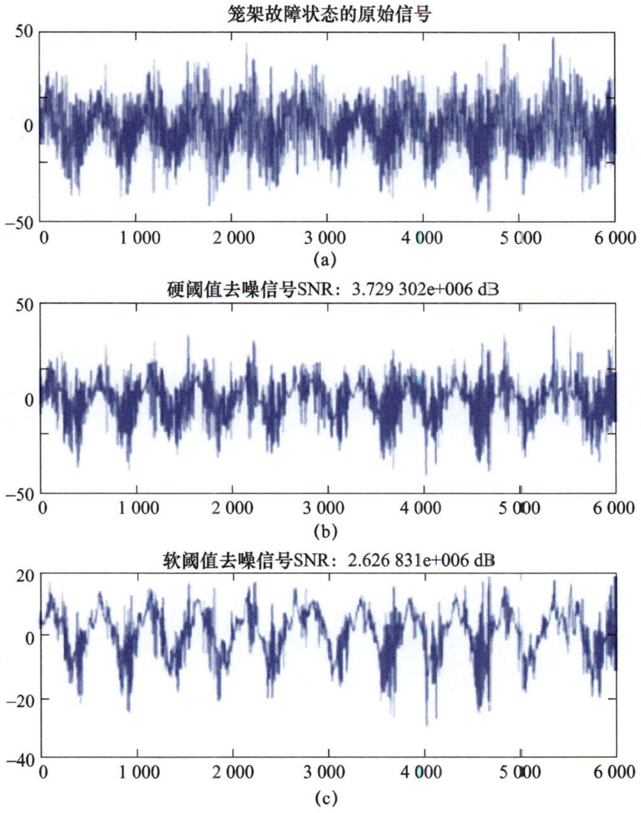

图 4-30　小波去噪示例

（a）笼架故障状态的原始信号；（b）硬阈值去噪信号；（c）软阈值去噪信号

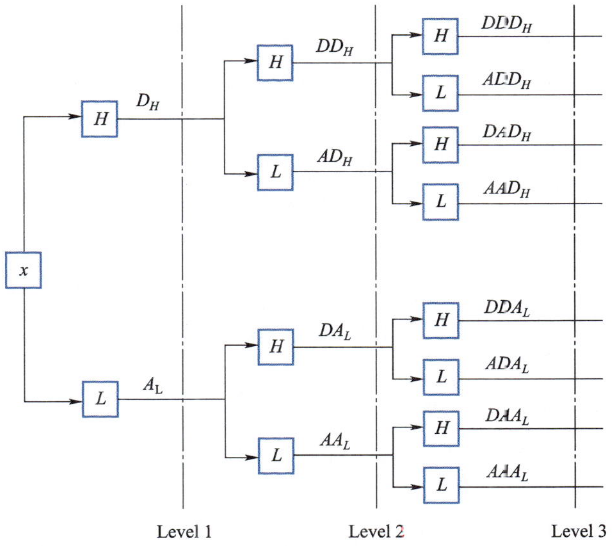

图 4-31　WPT 的 5 个分解级别图示

4.4 振动信号的其他处理

4.4.1 数字滤波器

滤波器分为模拟滤波器和数字滤波器两种。模拟滤波器适用于连续时间系统，在前面章节已进行了介绍。数字滤波器是指输入、输出均为数字信号，它适用于离散系统，可用计算机软件实现，也可用大规模集成数字硬件实现。

数字滤波的概念和模拟滤波的概念基本相同，只是信号的形式和实现滤波方法不同。但模拟滤波器的效果有受电压漂移、温度漂移和噪声影响等问题，而数字滤波器不存在这些问题，因而它可以达到很高的稳定度。另外，数字滤波器实现滤波更加灵活，并能同时完成信号的存储。一般数字滤波器从功能上分类与模拟滤波器一样，可以分成低通、高通、带通和带阻等滤波器。

（1）数字滤波器的分类

数字滤波器按照不同的分类方法，有许多种类，可以分成两大类。一类称为经典滤波器，即一般的滤波器，特点是输入信号中有用的频率成分和希望滤除的频率成分各占有不同的频带，通过一个合适的选频滤波器达到滤波的目的。例如，输入信号中除常规信号外，还含有干扰信号，如果常规信号和干扰信号的频带互不重叠，可滤除干扰信号得到纯信号。但对于一般滤波器，如果信号和干扰的频带互相重叠，则不能完成对干扰信号的有效滤除，这时需要采用另一类所谓的现代滤波器，例如维纳滤波器、卡尔曼滤波器、自适应滤波器等最佳滤波器。这些滤波器可按照随机信号内部的一些统计分布规律，从干扰中最佳地提取信号。根据滤波计算原理的不同，数字滤波器又可以分为 IIR（Infinite Impulse Response）数字滤波器和 FIR（Finite Impulse Response）滤波器。

IIR 数字滤波器的系统函数可以写成封闭函数的形式，采用递归型结构，即结构上带有反馈环路，它的运算结构通常由延时、乘以系数和相加等基本运算组成，可以组合成直接型、正准型、级联型、并联型四种结构形式，都具有反馈回路。由于运算中的舍入处理，误差不断累积，有时会产生微弱的寄生振荡。在进行 IIR 数字滤波器设计时，可以借助成熟的模拟滤波器的成果，如巴特沃斯、切比雪夫和椭圆滤波器等，有现成的设计数据或图表可查，其设计工作量比较小，对计算工具的要求不高。在设计一个 IIR 数字滤波器时，可以根据指标先写出模拟滤波器的公式，然后通过一定的变换，将模拟滤波器的公式转换成数字滤波器的公式。另外需要注意的是，IIR 数字滤波器的相位特性不好控制，对相位要求较高时，需加相位校准网络。

FIR 滤波过程是一个信号逐级延迟的过程，将各级延迟输出加权累加，得到滤波输出，其中最主要的运算是乘累加运算。FIR 每完成一次滤波过程需要进行 N 次乘法和 N-1 次加法运算，其中 N 为滤波器的阶数。所以，滤波器的运算量完全取决于 N 的大小，当 N 很大时，延迟将非常长，无法实现高速信号处理。FIR 滤波器的设计方法有多种，如窗函数设计法、频率采样法和切比雪夫通近法等。窗函数设计方法是 FIR 滤波器的一种基本设计方法，它的优点是设计思路简单，性能也能满足常用选频滤波器的要求。最常用的窗函数有矩形窗、三角形（Bartlett）窗、汉宁（Hanning）窗、汉明（Hamming）窗、布莱克曼（Black-man）窗和凯塞（Kaiser）窗等。

从两种滤波器的名称就能知道，IIR 数字滤波器的单位响应为无限脉冲序列，FIR 数字滤波器的单位响应为有限脉冲序列。IIR 滤波器的幅频特性精度高，不是线性相位的，可以应用于对相位信息不敏感的信号上；FIR 滤波器的幅频特性精度比 IIR 低，但是线性相位的，即不同频率分量的信号经过 FIR 滤波器后的时间差不变，这是它最大的优势。

（2）数字滤波器的技术要求

我们通常用的数字滤波器一般属于选频滤波器。假设数字滤波器的传输函数 $H(f)$ 用下式表示：

$$H(f)=\left|H(f)\right|e^{j\varphi(f)} \tag{4-68}$$

式中，$\left|H(f)\right|$ 称为幅频特性；$y(f)$ 称为相频特性。幅频特性表示信号通过该滤波器后各频率成分衰减情况，而相频特性反映各频率成分通过滤波器后在时间上的延时情况。因此，即使两个滤波器幅频特性相同，而相频特性不一样，对相同的输入，滤波器输出的信号波形也是不一样的。一般选频滤波器的技术要求由幅频特性给出，相频特性一般不做要求，但如果对输出波形有要求，则需要考虑相频特性的技术指标。

表示低通滤波器的幅频特性如图 4-32 所示，f_p 和 f_s 分别称为通带截止频率和阻带截止频率。通带频率范围为 $0\leqslant f\leqslant f_p$，在通带中要求 $(1-\delta_1)<H(f)\leqslant 1$，阻带频率范围为 $f_s\leqslant f$，在阻带中要求 $H(f)\leqslant\delta_2$，从 f_p 到 f_s 称为过渡带，一般是单调下降的。但通带内和阻带内允许的衰减一般用 dB 数表示。当幅度下降到 $\sqrt{2}/2$ 时（衰减 3dB），称 f_c 为 3dB 通带截止频率，其物理意义与模拟式滤波器相同。f_p、f_s 和 f_c 统称为边界频率，它们在滤波器设计中是很重要的。

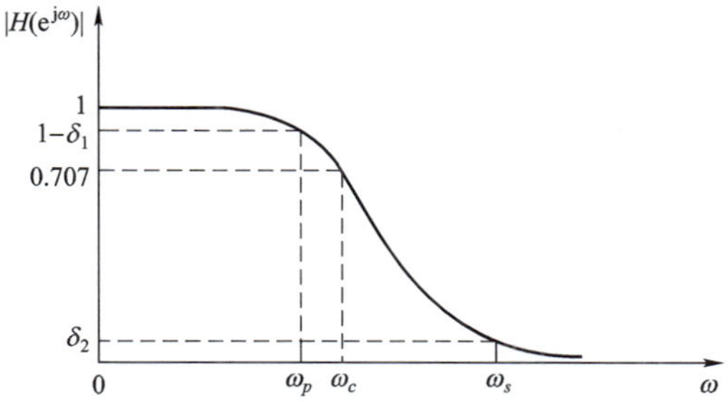

图 4-32　低通滤波器的幅频特性示意图

（3）数字滤波方法

当振动信号中同时具有高频、低频等多种信号时，若要分离振动信号频率分量中的各种成分或评定各频率区间的性质时，可以通过滤波器进行工作。图 4-33 所示是某振动离散信号进行高通、低通滤波时后的结果示意图。高通滤波器可以通过高频噪声，而低频滤波器可以对基础正弦波进行平滑。这就是对数据进行滤波的目的。

线性滤波器输入 $x(t)$ 和输出 $y(t)$ 之间的一般关系可以用式（4-69）的卷积形式表示，即

$$H(f)=\int_{-\infty}^{+\infty}h(\tau)x(t-\tau)\mathrm{d}\tau \tag{4-69}$$

式中，$h(t)$是滤波器的权函数。滤波器的频率响应函数$H(f)$是$h(t)$的傅里叶变换，即

$$H(f)=\int_{-\infty}^{+\infty}h(\tau)\mathrm{e}^{-\mathrm{j}2\pi f\tau}\mathrm{d}\tau \tag{4-70}$$

与模拟滤波器不同之处就在于数字滤波器的设计并不一定要求在物理上是可以实现的，也就是不必要求$h(t)$在$t<0$时为零。因为计算机可以储存数据，然后再把相反的数据送回到滤波器中。

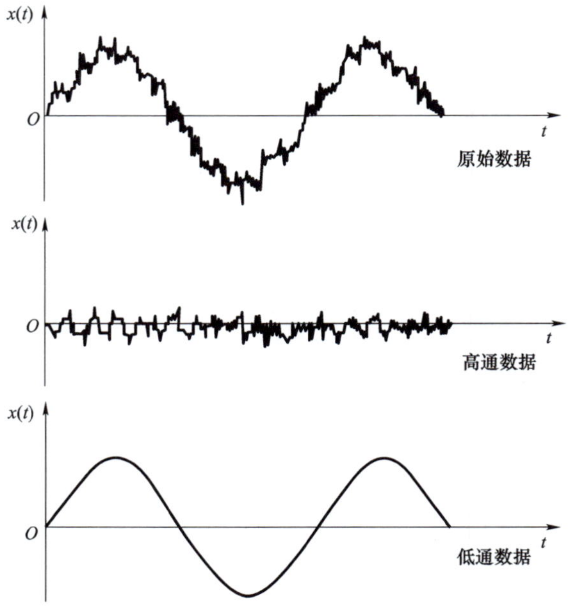

图 4-33　滤波器的作用

1）　非循环数字滤波器

用一个对称滤波器可以把式（4-61）表示为$t=k\Delta t(h=1,2,\cdots,M)$的等价有限和形式：

$$y_n=\sum_{k=1}^{M}h_k(x_{n+k}+x_{n-k})\ (n=1,2,\cdots,N) \tag{4-71}$$

其中，$h_k=h-k$。注意，式（4-71）包含有未来的输入值。为了方便起见，采样区间t通常包括在滤波器权重中。对于对称滤波器，可利用式（4-70）的等效有限和表示成一个具有零相位的滤波器，即

$$H(f)=2\sum_{k=1}^{M}h_k\cos(2\pi fk\Delta t) \tag{4-72}$$

物理上非零相位的特性可以用非对称滤波器得到。注意，式（4-71）和式（4-72）总共具有M个系数h_k，它们称为滤波器的权。第k个权值可以用式（4-72）的逆傅里叶变换得到，即

$$h_k=\int_{-\infty}^{+\infty}H(f)\cos(2\pi fk\Delta t)\mathrm{d}f \tag{4-73}$$

这类滤波器，不管是对称的或不对称的，都称为非循环数字滤波器。因为它们的输出仅仅是有限个输入项之和的结果。

例 4-3　设滤波器的理想频率响应函数 $H(f)$ 为

$$H(f)=\begin{cases}1, & -f_0 \leqslant f \leqslant f_0 \\ 0, & 其他\end{cases} \tag{a}$$

求此对称非循环低通滤波器的权函数。

解：将式（a）带入式（4-73），则滤波器的权函数 $\{h_k\}$ 为

$$h_k=\int_{-\infty}^{+\infty} H(f)\cos(2\pi fk\Delta t)\mathrm{d}f=\frac{\sin(2\pi f_0\Delta t)}{\pi k\Delta t} \tag{b}$$

因此，滤波器的权函数正比于（1/k）。在这些权变成很小以前要求 h 值很大。在实践中，这类非循环滤波器通常要求有很多的权（100 或更多），一般不能作为很有效的滤波方法。而且，权函数 hp 所确定的 $H(f)$与理想 $H(f)$之间有很大的截断误差。因为 $H(f)$从零到 1 的突变会在截断频率附近区域引起吉勃斯（Gibbs）现象。

还有一些其他类型非循环滤波器的研究。它们在 $H(f)$从 1 变到零时，突变要比式（4-65）小，因此可以减少截断误差的影响。

2）　循环数字滤波器

循环数字滤波器的输出结果，不仅来自有限项输入之和，而且也用了以前的输出作为输入，这在工程上称为反馈。简单的标准循环滤波器可由下式确定：

$$y_n=cx_n+\sum_{k=1}^{M}h_k y_{n-k} \tag{4-74}$$

这里用了 M 个以前的输出和一个输入，更一般的循环滤波器包含 M 个输出和较多的输入。对式（4-66）做傅里叶变换，得

$$Y(f)=cX(f)+Y(f)\sum_{k=1}^{M}h_k \mathrm{e}^{-\mathrm{j}2\pi fk\Delta t} \tag{4-75}$$

将指数 $\mathrm{e}^{-\mathrm{j}2\pi fk\Delta t}$ 用字母 z 表示就可以得到数字滤波器分析中的所谓 z 变换理论。由式（4-67）知，整个系统的频率响应函数为

$$H(f)=\frac{Y(f)}{X(f)}=\frac{c}{1-\sum\limits_{k=1}^{M}h_k \mathrm{e}^{-\mathrm{j}2\pi fk\Delta t}} \tag{4-76}$$

因此，$H(f)$性质的研究可以简化为确定式（4-76）分母中的极点位置和性质的研究。

例 4-4　试求由 $y_n=(1-a)x_n+ay_{n-1}$ 定义的循环低通滤波器的幅频特性，并证明在连续情况时与模拟式低通 RC 滤波器相似。

解：设 $a=\exp\left(-\dfrac{\Delta t}{RC}\right)$，代入式（4-76），有

$$H(f)=\frac{1-a}{1-a\mathrm{e}^{-\mathrm{j}2\pi f\Delta t}}$$

因此，滤波器频率响应函数的平方为

$$\left|H(f)\right|^2 = \frac{(1-a)^2}{(1+a^2)-2a\cos 2\pi f\Delta t}$$

如果 $RC \gg \Delta t$，则 $a=\exp\left(-\frac{\Delta t}{RC}\right)\approx 1-\frac{\Delta t}{RC}$，$1-a=-\frac{\Delta t}{RC}$，如果 $2\pi f\Delta t \ll 1$，则 $e^{-j2\pi f\Delta t}$ 可以用 $-j2\pi f\Delta t$ 来近似。故有

$$H(f)\approx \frac{1}{1+j2\pi fRC}$$

和

$$\left|H(f)\right|^2 \approx \frac{1}{1+2\pi fRC^2}$$

这就是通常的低通模拟 RC 滤波器的结果。

由此可知，利用式（4-68），求出一组权函数值{hk |和系数 c，即可组成一个能很好近似巴特沃思（Butterworth）滤波器的循环数字滤波器。它的 $\left|H(f)\right|^2$ 具有如下形式：

$$\left|H(f)\right|^2 \approx \frac{1}{1+\left(\frac{\sin \pi f\Delta t}{\sin \pi f_0\Delta t}\right)^{2M}}\left(0\leqslant f\leqslant \frac{1}{2\Delta t}\right)$$

当 $f=0$ 时，$\left|H(f)\right|^2=1$；当 $f=f_0$ 时，$\left|H(f)\right|^2=1/2$，由此可知，f_0 相当于模拟滤波器的截止频率，因此 0～f_0 的范围是数字滤波器的通频带，其作用就像一个形如

$$\left|H(f)\right|^2 \approx \frac{1}{1+\left(\frac{f}{f_0}\right)^K} \tag{4-77}$$

的低通巴特沃斯滤波器。其中 f_0 是半功率点，K 确定斜率。

所以，在振动信号测试过程中，要充分掌握各种数字滤波器的特性，才能做到正确地选用并得到真实的实验结果。

4.4.2 噪声与平均技术

在数字信号的采集和处理过程中，都有不同程度的被噪声污染的问题，如电噪声、机械噪声等。这种噪声可能来自试验结构本身，也可能来自测试仪器的电源及周围环境的影响等。

通常采用平均技术来减小噪声的影响，一般的信号分析仪都具有多种平均处理功能，它们各自有不同的用途，我们可以根据研究的目的和被分析信号的特点，选择适当的平均类型和平均次数。

（1）谱的线性平均

这是一种最基本的平均类型。采用这一平均类型时，对每个给定长度的记录逐一做 FFT 和其他运算，然后对每一频率点的谱值分别进行等权线性平均，即

$$\bar{A}(n\Delta f)=\frac{1}{n_d}\sum_{i=1}^{n_d}A_i(n\Delta f)(n=0,1,\cdots,N-1) \tag{4-78}$$

$A(f)$可代表自谱、互谱、有效值谱、频响函数、相干函数等频域函数，i 为被分析记录的序号，rna 为平均次数。

对于平稳随机过程的测量分析，增加平均次数可减小相对标准偏差。

对于平稳的确定性过程，例如周期过程和准周期过程，其理论上的相对标准差应该总是零，平均的次数没有意义。不过实际的确定性信号总是或多或少地混杂有随机的干扰噪声，采用线性谱平均技术能减少干扰噪声谱分量的偏差，但并不降低该谱分量的均值，因此实质上并不增强确定性过程谱分析的信噪比。

（2）时间记录的线性平均

增强确定性过程的谱分析信噪比的有效途径是采用时间记录的线性平均，或称时域平均。时域平均首先设定平均次数 n_d ，对于 n_d 个时间记录的数据，按相同的序号样点进行线性平均，即

$$\overline{x}(k\Delta t)=\frac{1}{n_d}\sum_{i=1}^{n_d}x_i(k\Delta t)(n=0,1,\cdots,N-1) \tag{4-79}$$

然后对平均后的时间序列再做 FFT 和其他处理。

为了避免起始时刻的相位随机性使确定性过程的平均趋于零，时域平均应有一个同步触发信号。例如，在分析转轴或轴承座的振动时，可用光电传感器或电涡流传感器获得一个与转速同频的键相脉冲信号 $u(t)$，如图 4-34 所示，以该信号作为转轴（或轴承的振动信号）的触发采样信号，便可使每一段时间记录都在振动波形的同-相位开始抽样。对于冲击激励时某一测点的自由振动响应信号的平均，可以采用自信号同步触发采样，如图 4-35 所示，虽然各段记录的起始相位会稍有偏差，但求和及平均的结果不丧失确定性过程的基本特征，如衰减振动的周期和振幅衰减系数等。

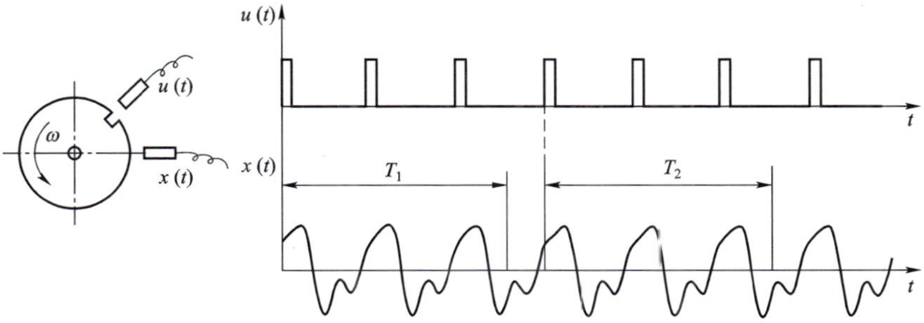

图 4-34 转轴振动信号的同步触发时域平均

$u(t)$——键相同步触发信号；$x(t)$——转轴（或轴承）振动信号；T——平均周期

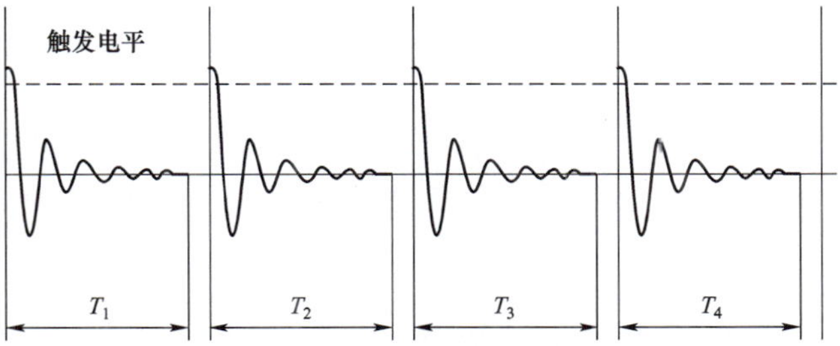

图 4-35 冲击瞬态过程的自信号同步触发时域平均

时间记录平均可以在时域上抑制随机噪声，提高确定性过程谱分析的信噪比。由于数字信号分析中，占有机时较多的是 FFT 运算，采用时域平均只需最后做一次 FFT，与多次 FFT 的谱平均相比，可以节省机时，提高分析速度。然而，随机过程的测量，一般不能采用时域平均。

（3）指数平均

上述功率谱平均和时间记录平均都是线性平均，其参与平均的所有 n_d 个频域子集或时域子集赋予相等的权，即 $1/n_d$。

指数平均与线性平均不同，它对新的子集赋予较大的加权，越是旧的子集赋予越小的加权。例如，HP3582A 谱分析仪的指数平均就是对最新子集富裕 1/4 加权，而对比此前经过指数平均的谱再富裕 3、4 的加权，二者相加后作为新的显示或输出的谱。也就是说，在显示或输出的谱中，最新的一个谱子集（序号 m）的权是 1/4，从它往回数序号为 $m-n$ 的子集的权是 $\frac{1}{4}\cdot\frac{3}{4}n$，如图 4-36 所示

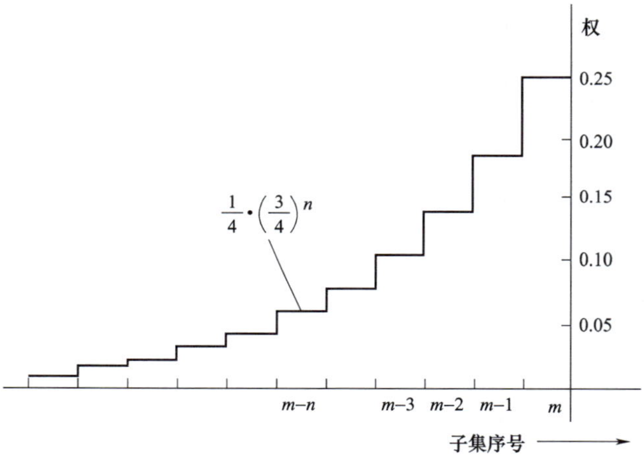

图 4-36　指数平均中各个子集的权

一般连续进行的线性平均可用公式表为

$$A_m = A_{m-1} + \frac{Z_m - A_{m-1}}{m} = \frac{(m-1)A_{m-1} - Z_m}{m} \tag{4-80}$$

式中，Z_m 为第 m 个子样的值；A_m 为前 m 个子样的线性平均值。而指数平均则可表示为

$$A_m = A_{m-1} + \frac{Z_m - A_{m-1}}{K} = \frac{(K-1)A_{m-1} - Z_m}{K} \tag{4-81}$$

式中，Z_m 为第 m 个子样的值；A_m 为前 m 个子样的指数平均值；K 为衰减系数，由操作者进行设定。

指数平均常用于非平稳过程的分析。因为采用这种平均方式，即可考察“最新”测量信

号的基本特征，又可通过与“旧有”测量值的平均（频域或时域）来减小测量的偏差或提高信噪比。

有关的平均技术还有许多种，如峰值保持平均技术、无重叠平均技术、重叠平均技术等，它们各有其特点和用途，如何选择平均技术是振动测量中的一个重要手段，在实际测量中要依据所选用的数字信号分析仪功能，选用相适应的平均技术，以提高振动测量的结果。

第五章

振动分析仪器及振动监测装置系统

5.1 数字信号分析仪的工作原理及简介

（1）数字信号分析仪的一般原理和功能

整个过程是通过数字运算来完成频谱分析的专用分析设备称为数字信号分析仪。数字信号分析仪的基本过程如图 5-1 所示。输入信号经过抗混滤波、波形采样及数模转换、加窗、FFT，最后可将分析结果——信号的频谱显示在 CRT 屏幕上。其中，抗混滤波是在输入信号数模转换前首先由一个模拟式低通滤波器进行抗混滤波。然后再进行采样数据处理。

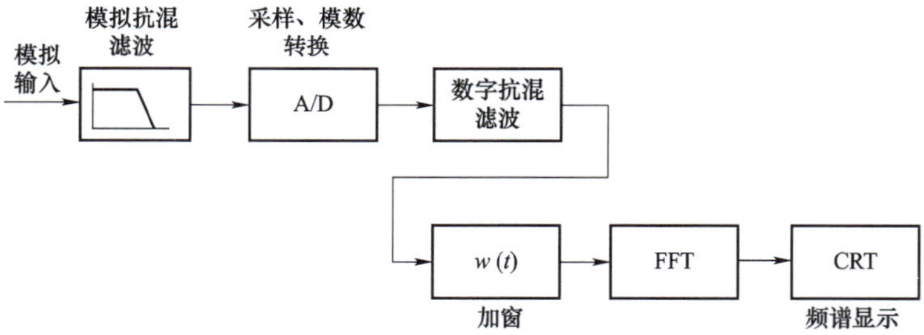

图 5-1　数字频率分析的基本流程

一般在 FFT 分析的基础上，扩充其他的运算和处理功能，便可构成一台多功能的数字信号分析仪。这种仪器也被称为信号处理机或 FFT 分析仪。图 5-2 表示一种双通道数字信号分析仪的数据处理流程图。信号 $x(t)$ 和 $y(t)$ 分别从两个通道（CHA 和 CHB）输入，经过上面讨论过的时域处理（抗混滤波、A/D 和加窗等）和 FFT 分析后，通过平均技术处理，求得两个信号的自谱和互谱，再通过其他运算处理，求得信号的自相关函数、互相关函数、频响函数、相干函数、冲激响应函数和倒频谱等。现将其一般原理分述如下。

（2）功率谱估计

在 FFT 分析的基础上，可按下面的关系式求得自功率谱估计 $Gx(f)$、$Gy(f)$和互功率谱估计 $Gxy(f)$：

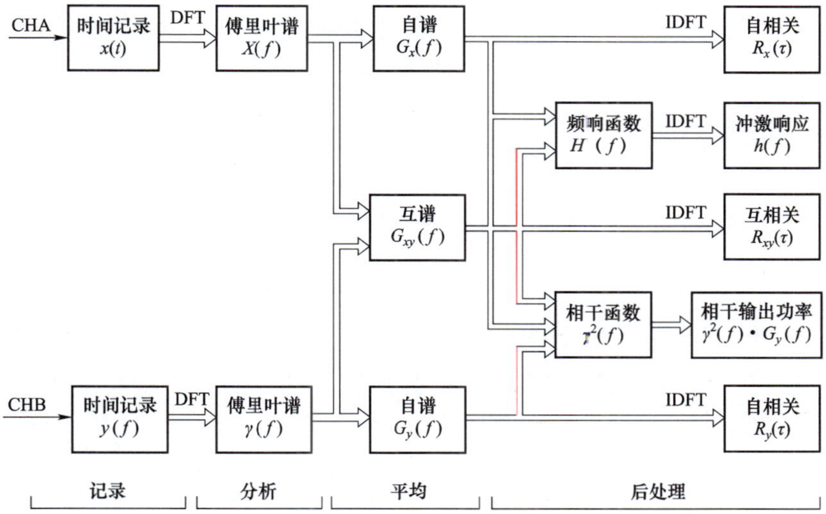

图 5-2　典型双通道信号分析仪的信号流程图

$$\bar{G}_x(f)=\frac{k_c}{n_d}\sum_{i=1}^{n_d}X_i^*(f)X_i(f) \tag{5-1}$$

$$\bar{G}_y(f)=\frac{k_c}{n_d}\sum_{i=1}^{n_d}Y_i^*(f)Y_i(f) \tag{5-2}$$

$$\bar{G}_{xy}(f)=\frac{k_c}{n_d}\sum_{i=1}^{n_d}X_i^*(f)Y_i^*(f) \tag{5-3}$$

其中 $X_i(f)$ 和 $Y_i(f)$ 是信号 $x(t)$ 和 $y(t)$ 第 i 个时间记录经 FFT 计算的傅里叶变换，$X_i^*(f)$ 和 $Y_i^*(f)$ 是它们的共轭复数，k 为标尺系数，n_d 为平均次数。平均次数越多，谱估计的相对标准偏差越小。

（3）相关函数估计

离散数据的自相关估计和互相关估计，有两种计算途径：一种是时域抽样数据的直接卷积运算；另一种是利用功率谱估计的数据做有限离散傅里叶变换的逆变换（IDFT）。一般数字信号分析仪多数采用后者，即

$$\widetilde{G_x}(f)\xrightarrow{IDFT}\widetilde{R_x}(\tau) \tag{5-4}$$

$$\widetilde{G_y}(f)\xrightarrow{IDFT}\widetilde{R_y}(\tau) \tag{5-5}$$

$$\widetilde{G_{xy}}(f)\xrightarrow{IDFT}\widetilde{R_{xy}}(\tau) \tag{5-6}$$

自相关函数常用于检测信号中的周期分量，互相关函数常用于探寻信号来源及信号源的传播途径。

（4）频响函数、相干函数和冲击响应函数估计

当信号 $x(t)$ 和 $y(t)$ 分别为某系统的输入（激励）信号和输出（响应）信号时，数字信号分析仪通常按下面关系式求得系统的频响函数估计 $H(f)$和相干函数估计 $\gamma^2(f)$。

$$\tilde{H}(f)=\frac{\widetilde{G_{xy}}}{\widetilde{G_x}(f)} \tag{5-7}$$

$$\gamma^2(f)=\frac{\left|\widetilde{G_{xy}}(f)\right|^2}{\widetilde{G_x}(f)\widetilde{G_y}(f)} \tag{5-8}$$

相干函数的值总是在 0～1 之间。当它接近于 1 时，说明 $x(t)$ 与 $y(t)$ 有良好的线性因果关系；当它明显小于 1 时，说明信号受到干扰噪声的“污染”。或者系统具有非线性特性。

通过频响函数估计数据的傅里叶逆变换，得到系统的冲激响应函数估计 $h(t)$，即

$$\tilde{H}(f)\xrightarrow{IDFT}\tilde{h}(t) \tag{5-9}$$

冲激响应函数表示了系统的一种固有属性。结构模态试验中利用冲激响应函数数据最小二乘拟合曲线，然后再进行模态参数识别的方法称为复指数拟合法。

（5）数字式信号分析仪的特点及类型

数字分析系统的主要部分是一个数字计算机，能用软件程序实现各种计算功能。所以，数字式信号分析仪被广泛地成用，并且具备以下几个显著的特点。

1）运算功能多。数字式分析仪一般都具有十几种或者几十种乃至几百种功能。常用的运算功能有：正反傅里叶变换、自相关函数、互相关函数、自谱密度函数、互谱密函数、概率密度与概率分布函数分析、多种加权窗函数、多种平均方式，以及频率响应函数、相干函数和数字滤波等。此外还可以作冲击谱、模态分析和功率谱场、振幅频次统计、细化 FFT 分析。同时它还有许多其他的运算功能，如时域函数的相加减、频域函数的相加减或相乘、时域与频域的微分和积分运算，各种曲线拟合等。另外，数字式信号分析仪能表示的坐标参数也是极其丰富的，可以是时域（t）、时差域（r）、频域（f）、幅值域（x）；坐标尺度可以是线性（L）、百分比（%）、对数（log）、开方（√）、阶次（order），也可以是频率（f）、转速频率（r/min）、倍频程（octave）、分贝（dB）等各种工程单位。图像显示有平面和立体的各种表示方法，除了各种常规的图像外，还有乃氏图、临界转速图、各阶模态运动图，以及各种阻抗导纳图等。

2）运算速度快，实时分析能力强。现代数字式信号分析仪大多配有高速硬件乘法器和高速 FFT 处理器，所以分析速度一般都很高。

3）分辨能力高。由于采用数字滤波，滤波器的带宽可以设计得很窄，特别是细化 FFT 的出现，能在不扩大计算机容量的情况下极大提高所感兴趣段内的频率分辨率，目前最高的频率分辨率可达到几十微赫兹，这对于振动模态分析中密集频率的分离，故障诊断中密集边频的分析都是十分重要的。

4）小信号、高分析频率范围。现代的数字式信号分析仪的电压灵敏度都在毫伏级，有些甚至到微伏级，而能够分析的最大频率已突破声频，接近 100 kHz。因此它们都在设计精密的大倍率放大衰减器和高精度快速模数转换器。

5）分析精度高，数字精度可达十进制 5 位。

6）操作简便，显示直观，复制与存储、扩展与处理等均很方便。每一种功能的运算只要一次或几次键接触就可以完成，运算要求和程序调配可实现人机对话。

7）小型化和仪器化。现代的数字式分析仪一般都较小，重不过 20～30 kg，大部分用简单的按键输入各种参数和选择所需的功能，即使不熟悉计算机，用户也能很快掌握其使用方法。由于功能多、参数范围广，为了减少面板上的按键数，常采用组合键及树状控制结构。

8）结构模块化、产品系统化。为了满足不同用户的要求，现代的数字分析仪在其产品设计中，都采用模块化积木式结构，运用不同的功能模块，可以得到不同档次的设备。

目前，各种型号的数字式信号分析仪大致可分为以下几种类型。

1）以通用数字计算机为中心的综合分析系统。它是以微型机或小型机为中心，配以模数变换器和其他相应的外围设备。FFT 由软件实现，对常用的据动分析项目备有专门的标准程序。其优点是可根据需要自编程序，改变处理内容，使用比较灵活，缺点是分析速度慢，对使用人员要求的技术水平较高。

2）以 FFT 硬件为中心的分析仪。它的主要特点是其 FFT 运算由硬件实现。这样就大大地提高了分析速度，扩大了实时分析的频率范围。同时，许多分析功能实现键盘化，操作简单、使用方便、体积小、重量轻。缺点是只能进行有限的固定处理方式，使用不够灵活。

3）比较先进的数字式信号分析仪是把软件与硬件结合起来。这种分析仪的处理功能全面，分析速度很快，能进行各种谱分析、特征分析和模态分析等。而且还能用于振动的实时控制，既有专用程序，又能进行自编程序处理分析数据，使用方便。

5.2 振动数据采集与信号处理的综合应用

5.2.1 振动数据测量与数据采集应用

获得合适的振动数据是有效的设备监测、故障诊断、状态评估的关键。其主要内容包括选择参数（位移、速度或加速度）、传感器、传感器的安装方式及位置。同时还要考虑采样时间和采样长度以保证分析和评价提供合适的显示，合适的测量和数据采集方案是振动领域高质量工作的关键。

（1）选择参数

参数指测量的单位或标准，它提供评估数据的一种手段，振动参数有三种即位移、速度和加速度。理想情况是传感器能直接给出所需要的参数，但因其局限性经常不允许以合适的参数直接测量振动。如之前所述，选择测量参数根据振动的频率成分、设备的设计特性、执行的分析类型（如故障、状态、设计信息）等决定。

绝对位移，用于低频（0～20 Hz）结构振动测量，与应力（轴或结构）有关，通常用加速度传感器两次积分测量。绝对轴位移必须用一个接触或非接触式传感器结合一个地震式传感器测量。相对位移，用电涡流传感器测量，是轴和轴承运动的差，表示振动占用间隙的程度，可以用在很宽的频率范围。

速度，对于 10～1 000 Hz 频率范围的一般设备监测分析，是默认的测量参数。速度是位移的时间变化率，取决于频率和位移，与疲劳有关。速度被证明在 10 ～1 000 Hz 频率范围内是一个很好的测量参数，因为单一的速度有效值或峰值可以用于简单状态评估，而不用考虑频率因素的影响，实际应用中大部分采用加速度积分得到速度。

加速度，是在 1 000 Hz 以上使用的测量参数，他与力有关，用来测量高频振动诸如齿轮啮合和滚动轴承缺陷等。加速度和速度是绝对参数，在轴承座或尽可能接近轴承座处测取。

表 5-1 给出了测量参数的一些典型应用及其适用的频率范围。

表 5-1　设备振动参数选取

参数	适用频率范围	物理参数	应用
相对位移	0～1 000 Hz	应力/运动	轴承/壳体内的相对运动
绝对位移	0～10 Hz	应力/运动	机器和结构的运动
速度	10～1 000 Hz	能量/疲劳	一般机器的状态，中频振动
加速度	>1 000 Hz	力	一般机器的状态，中高频振动

（2）安装与采集频率范围设定

传感器的安装方法会影响频响曲线，其选择应对研究的频率范围提供平坦的频响。之前介绍了传感器的安装规范要求，因为加速度传感器的固有频率可能会降低，表 5-2 的值可以作为试用指南，每种安装方式的加速度传感器都有特定的固有频率和可用的频率范围。由表中可知，用螺栓安装在良好打磨的干净平面时，频率范围最高，胶水和磁铁安装逐渐减小，手持的加速度传感器可靠度最低。另外在任何情况下传感器都要安装在最贴近轴承的点上。

表 5-2　100mv/g 加速度传感器大概的频率范围

安装方法	频率限制
手持	500 Hz
磁铁	2 000 Hz
胶水	2 500～4 000 Hz
蜂蜡	5 000 Hz
螺栓	6 000～10 000 Hz

大部分振动数据采集器的采集频谱作为其筛选功能的一部分，频率范围必须能正确的反映样本。齿轮装置可能产生的啮合频率及明显的谱频成分，会由于速度传感器 2 kHz 以上的响应陡降而丢失，因此测量必须基于加速度传感器，频谱的频率范围低于振动的最大频率时也会造成信号的丢失。

谱能量值明显低于通频值时，说明频率范围缺失。然而频率范围过宽，可能会分辨率太低而得不到离散频率的信息。如果默认的频率范围达不到足够的分辨率，必须采集和分析多个数据采样。合适的设置要有足够高的分辨率分析工作频率和边带，并且频率范围包括高的轴承和齿轮啮合频率。可以做到的办法是，把数据测点分解成两个或三个带宽，或者增加谱线以提高分辨率。这样，在一个测点就需要几个采样，或者数据采集器能对单个样本做几个带宽处理。表 5-3 包括了旋转机械监测和分析采集频谱推荐的频率范围，它基于转速和其他机器频率。表 5-4 列出各类机器特定的测量参数和采集，可供选择和使用参考。

表 5-3　采集器的默认频率范围

成分	频率范围	备注
轴承振动	10×r/min	10 倍转频
齿轮箱	3×GM	3 倍啮合频率
滚动轴承	10×BPFI	10 倍内圈频率
泵	3×VP	3 倍流道通过频率
电动机/发电机	3×2LF	3 乘 2 倍风扇频率
风机	3×BP	3 倍风扇叶片频率
滑动轴承	10×r/min	10 倍转频

表 5-4　部分设备类型的测量参数[1]

设备类型	负荷	转速 r/min 频率/Hz	轴承类型	参数	传感器
齿轮箱-单级	9 MW	7 500 r/min 输入 1 200 r/min 输出 GM=3 000 Hz	油膜	位移-轴[2] 加速度-壳体[3]	涡流探头 加速度传感器
齿轮箱-两极	300 kW	1 800 r/min 输入 200 r/min 输出 GM=375 725 Hz	15 滚动体	加速度 速度	加速度传感器 积分加速度计或速度计
蒸汽透平	13.4 MW	5 000 r/min	油膜	位移-轴	涡流探头
蒸汽透平	500 MW	3 600 r/min	油膜	位移-轴	涡流探头
大型感应电机	3 MW	3 600 r/min	油膜	位移-轴	涡流探头
感应电机	150 kW	1 800 r/min	8 滚动体	速度-壳体	积分加速度计或速度计
柴油机	300 kW	1 800 r/min	油膜	速度-壳体	积分加速度计或速度计
高性能离心泵	13.4 MW	5 000 r/min	油膜	速度-壳体 位移-轴	积分加速度计或速度计
离心泵	150 kW	1 800 r/min	12 滚动体	速度-壳体	积分加速度计
往复泵	150 kW	300 r/min	15 滚动体	速度-壳体	积分加速度计或速度计
离心压缩机	750 kW	5 000 r/min	油膜	位移-轴	涡流探头
往复压缩机	375 kW	480 r/min	油膜	速度-壳体	积分加速度计或速度计
干燥辊		300 r/min	26 滚动体	速度-壳体	积分加速度计或速度计

1：只有传统测量，不包括 HFD，包络检测和其他特殊技术。

2：轴=相对轴振动。

3：壳体=轴承座。

5.2.2 振动数据处理应用

振动数据处理一般是通过专用的电子数据采集器、FFT 分析仪或在线监测和诊断系统模件来实现。FFT 分析仪是基于计算机的数字化仪器，经 A/D 转换后进行快速傅里叶变换，得到频谱。时间波形从数字化后的数据块进行重构。FFT 分析仪具有高分辨率，但可能会牺牲幅值精度，也取决于设置。一般来讲分析仪用来获得稳态数据而不是瞬时数据。电子数据采集器获取和存储可选择的振动参数，如通频振动、选定频段的通频振动，频谱，时域波形，轴心轨迹，瀑布图，高频测量和包络谱。通频振动通常以速度峰值或有效值存储，关联到可包含很多设备的预设路径中的测点。数据导入电脑，能够利用之前信息做趋势预测，从而可以确定记住状态的变化。

一般数据采集器可选谱线数是 100、200、400、800、1 600、3 200 和 6 400。数据采集时采样数与选择的线数是 2.56 倍的关系。分析仪通过调整采样率得到选定后的采集时间（N/F_{max}）内需要的采样数。最大分析频率 N 与采样时间的关系是：F_{max}=N/数据采集时间。在分析仪上设定好 F_{max} 值，时间显示在仪器上自动具有合适的范围。例如：F_{max}=800 Hz，线数是 400，那么采样时间 $T_s=N/F_{max}=400/800=0.5$ s，采样数=2.56×400=1 024 个点。

FFT 算法将缓存的采样——数字化的时间波形——变换成频谱时间。假定数据在采样前和采样后是相似的，因此 FFT 算法要求采样数据起始和截止幅值均为 0，也就是通过窗函数强行将数据两端归零。每种窗的实际分辨率可以使用表 5-5 提供的窗系数计算。

表 5-5 窗系数

窗函数	应用	幅值精度	窗系数（WF）
矩形窗	敲击试验	56.5%	1
汉宁窗	故障诊断	16%	1.5
平顶窗	状态评价	1%	3.8

分辨率=2×带宽=2×频率范围×窗因子（WF）/线数

分析仪的分辨率等于 2 倍频率范围乘以窗系数再除以所选谱线数。频谱的分辨率取决于 FFT 计算使用的线数（它与数据采样有关）、频率范围还有选择的窗函数相关。被处理的数据块的采集时间取决于线数和频率范围，最小可视频率是数据采集时间的倒数。

FFT 分析仪（见图 5-3）设置的目的是产生能够诊断故障和评价机器状态的数据，从而制定符合成本效益的决策。关于机器的知识是必要的，比如故障频率、固有频率和故障的临界幅值，一般来说第一次监测和分析一台机器时都没有这些数据。但随着时间推移，分析师对机器的逐渐了解，获取的经验将提供有关什么振动水平将会产生缺陷导致失效的信息。在开始监测或分析前应该了解关于转频故障、轴承频率、叶片或流道通过频率、啮合频率等频率信息，因此，只根据机器的涉及信息就能做合理的仪器设置。两个必须考虑的原则性问题是分辨率（频率）和动态范围（幅值）。

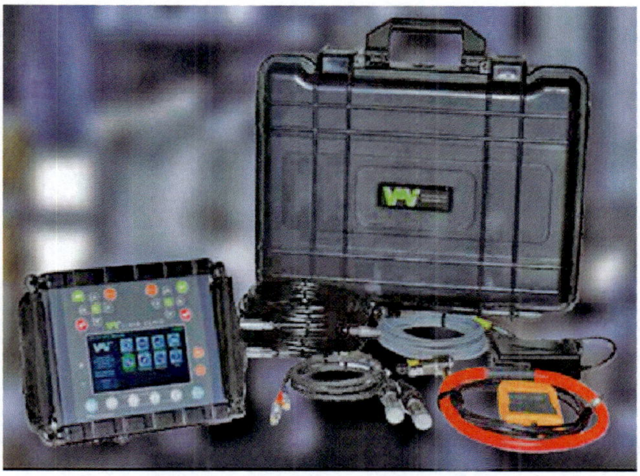

图 5-3　某型号振动 FFT 分析仪

5.3　振动诊断的数据分析

5.3.1　振动信号分析

（1）时域分析

时域分析法是将传感器采集的原始振动信息与异常时的振动特征信息相比较，从而对振动故障做出初步判断，通常包括波形分析、轴心轨迹分析和轴心位置分析等方法。

1）波形分析：在对原始振动波形分析中，除可观察到振动的瞬态峰值振幅和稳态振幅外，还可以确定其振动周期（频率）。有些振动，如拍振，通过波形可很容易判定。另外，根据波形的形状亦可初步判定一些振动故障原因。

2）轴心轨迹分析：在转子上同一径向轴承互成 90° 安装的涡流传感器的输出振动信号经放大器放大后，在示波器上所显示的轨迹表示转轴中心线的实际动态路径。轴心运动轨迹的形状是有关机械运转状态的一个很重要的信息。当系统在 X、Y 方向刚度对称时，则轴心轨迹为圆，此时安装在同一截面不同方向的传感器所测得的轴振动幅值均相同。但在汽轮发电机组上，转子及其支承系统在 X 和 Y 方向刚度一般不对称，所以实际轴心轨迹为椭圆，表明 X 和 Y 方向测得的轴振动幅值有一定的差异，有时相差很大。

3）键相分析：键相器通常是由一个单独的涡流传感器所提供的，该传感器可观测转轴上每转一次的不连续点，即转轴上的凹槽（键槽）或凸槽。当转轴上不连续点每次经过键相器时，传感器就会感受到在间隙距离上的变化，因而输出的电压值也会有相应的变化。输出电压的变化，发生在不连续点出现的很短时间内，因而表现为每转一次所产生的电压脉冲（见图 5-4）。转轴旋转时电压脉冲为一连串正向电压升（凸槽）或负向电压降（凹槽或键槽）。

键相器的主要作用是测量振动相位角。相位角定义为从键相器脉冲到振动信号的下一个正峰值之间转轴转过的角度。为了能测到相位角，振动信号的频率表现和转轴转动的频率相同或为其整数倍。因此要精确地测量相位角，必须对转动信号按转速频率进行滤波。由于转轴每转一圈就会产生一个键相器脉冲，故键相器亦可用来测量转轴转速（旋转频率）或转动周期。

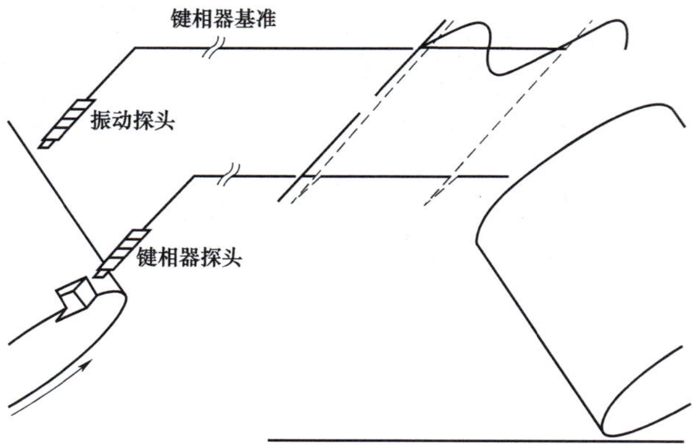

图 5-4　键相器工作原理示意图

4）直流分量及浮起分量分析：在采用涡流传感器测量转轴振动的同时，其输出直流电压（间隙电压）与转轴和传感器之间的平均间隙成正比。在油膜轴承中该平均间隙可以根据测试系统灵敏度换算成轴颈在油膜中的浮起量，亦可称之为偏心位置。

（2）频域分析

频域分析法是振动故障诊断最常使用的方法。它利用频谱分析技术将时域振动信号变为频域振动信号，将构成振动信号的各种频率成分都分离出来，以便进行振源的识别。常用的振动频谱是幅值谱和功率谱。幅值谱表示对应于各个频率的谐波振动分量的振幅，应用时比较直观，幅值谱上各频率下谱线的高度就是该频率分量振幅的大小。功率谱表示振动功率随振动频率的分布状况，物理意义比较清楚。

5.3.2　振动数据特征分析

振动数据特征分析就是将振动信号时域分析和频域分析的结果用一定的图形或曲线表示出来。常用的分析图形有波特图、奈奎斯特图、频谱瀑布图、极坐标图、轴心轨迹图、振动变化趋势图等。

（1）波特图

波特图定义为基频振动的幅值 A 及相位 ϕ 随转速的变化曲线，即幅、相频特性曲线。以转速 n 为横坐标，分别以 A 及 ϕ 为纵坐标描绘的两条曲线，如图 5-5 所示。波特图是最常使用的振动分析工具之一，其一般用来确定机器的临界转速及过临界转速时的振幅和相位，还可判断轴系中不平衡质量所处的轴向位置及不平衡形式，为制定转子动平衡方案提供依据。相位信息可对怀疑的共振频率提供进一步的检查。在线性系统中当转速接近共振频率时除了振幅会出现共振响应峰值外，振动相位也会出现 180° 的变化。因此，在波特图中如果某一振动响应峰值怀疑对应于一个共振频率，但振动相位并未明显变化，则可以排除发生共振。（见图 5-6）

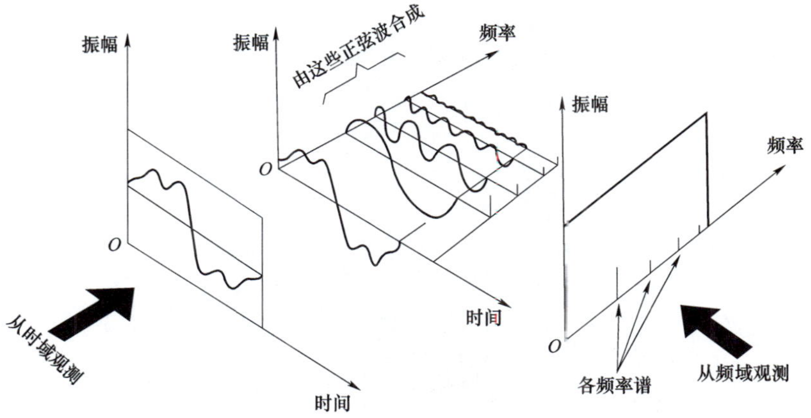

图 5-5　振动信号的时频域分析

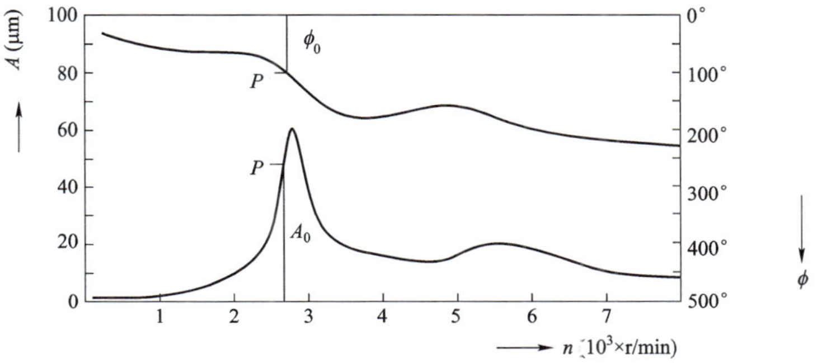

图 5-6　波特图示意

由于除测量主系统的自然频率外，还通常测量局部辅助设备或结构的共振频率，因此对波特图的解释要求具有一些经验和直观判断。波特图除反映基频振动随转速的变化，还可扩展到通频振动以及各谐波振动分量与转速的关系。

测量振动值绘制波特图时，可以分别或同时采用轴承振动、转轴相对振动和转轴绝对振动。采用轴承基频振动所得波特曲线比较平滑，临界转速值及其相应的振幅和相位受外界干扰的影响很小，但是当轴承座动刚度较大或转子质量较小时，例如一般汽机高压转子，其轴承振动不能很好地反映转轴振动状态。再者转子上较小的振动故障信号也不能在轴承上检测到，例如转子存在横向裂纹时，1/2×、2×振动分量信号很小，因此对于某些振动故障，测取波特图时，除采用轴承振动，还应采用转轴振动或转轴绝对振动。当然采用转轴振动或转轴绝对振动，必须将转轴晃摆值扣除，否则会使波特图上叠加一个虚值，从而造成错觉。

（2）极坐标图

将各转速下基频振动信号的振幅和相位在极坐标平面上表示时则称为极坐标图或振型圆图，又称为乃奎斯特（Nyquist）图，此时各转速下基频幅值 A 为向径的模，相位 ϕ 为向径的幅角，如图 5-7 所示。极坐标图实际上是波特图在极坐标上的另一种表现形式，是基频振动矢量随转速变化的向量端图。与波特图一样，极坐标图可用于确定轴系临界转速及其过临界转速时的振幅和相位，帮助判断转子的不平衡轴向位置及其不平衡型式。通过最大振幅，可以看见转子的实际临界转速，通过有无小圈，可以看到转子以外的元件振动，如管道、联轴节、机壳、基础等对转子产生的谐振作用。

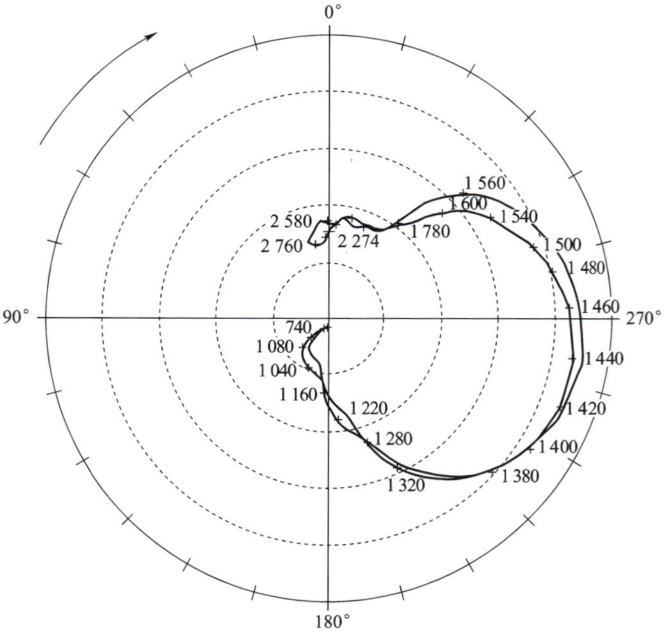

图 5-7 极坐标图示意

（3）振动波形及频谱图

振动波形图表示在某一时间采样周期内由振动传感器采集的振动原始波形。对振动波形进行 FFT 分析则得到振动的频谱分布，即频谱分析图，该图反映了振动的频谱分布构成。图 5-8 所示某 1 000 MW 核电机组额定负荷工况运行时 2 号轴承转子相对振动的频谱图。

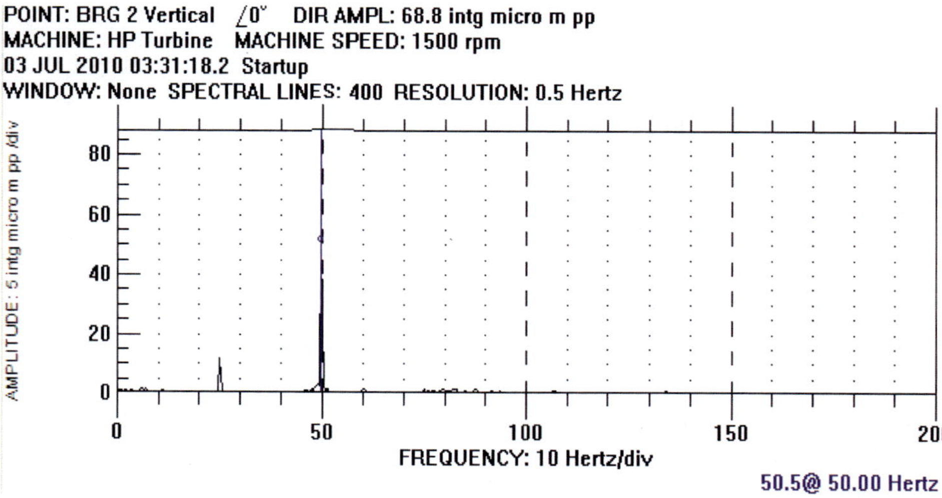

图 5-8 #2 轴承箱振动频谱图

机组振动常见的振动频率成分如下。

1）1×——与转速频率同步的振动分量，也称基频振动分量。

2）2×——两倍转速频率的振动分量。

3）n×——转速频率的高倍频（n=2，3，4…）振动分量。

4）1/n×——转速频率的分频（n=2，3，4…）振动分量。

振动频谱是振动故障诊断最重要的依据之一。一方面它可对发生的振动进行科学和严密的分类；另一方面依据频谱值可以直接判明某些故障及其严重程度。因此，在振动故障的分析与预测中，频谱图是目前使用最为普遍的图形。应该注意的是，旋转机械的类型极多，它们的动力特性各异，轴承的类型、干扰源和工作介质也各不相同，因此振动的原因也极其复杂繁多。通常一种频率特征可能对应于几种振动原因，因此，并不是在任何时候都能单凭频谱图即可做出唯一的判断。

（4）三维频谱图

三维频谱图是分别以转速、时间参数变化作为第三维绘制的频谱曲线集合，三维频谱图形象地展现了振动信号频谱随上述各种参量变化的规律。当以转速作为第三维时，则称为级联图。级联图可用来评价机组启停机过程中振动频率特性的变化趋势，如确定转子临界转速及其振动幅值、半速涡动或油膜振荡的发生和发展过程等。（见图 5-9）若以时间为第三维时，称之为瀑布图。它可评价定速下，振动频率特性随时间的变化趋势，可以确定工作转速下振动变化趋势、半速涡动或油膜振荡的发生和发展过程等。（见图 5-10）

（5）轴心轨迹图

轴心轨迹图是指在给定的转速下，轴心相对于轴承座在其与轴线垂直平面内的运动轨迹，它描述的是转子在轴承中的运转情况。轴心轨迹是由两个互为正交的电涡流传感器在某一采样时间周期的输出信号叠加而成。（见图 5-11）

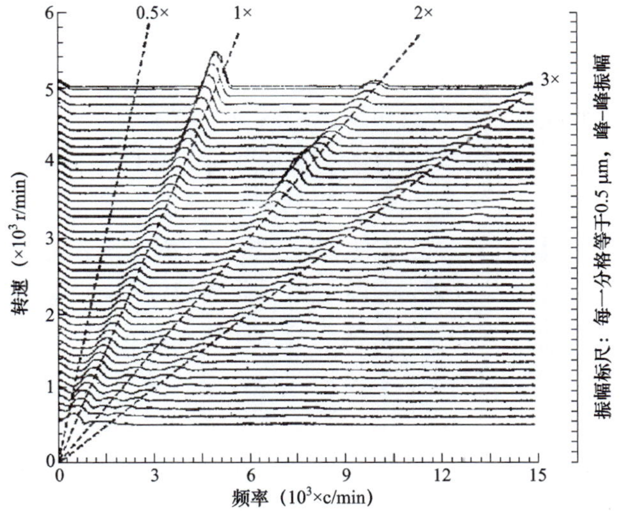

图 5-9 以转速作为第三维的启动三维频谱图

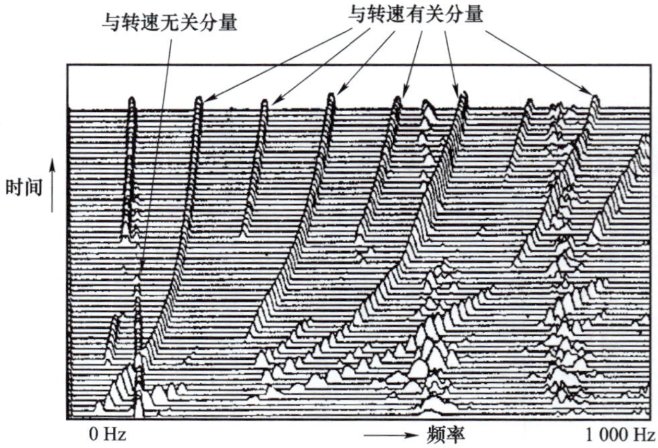

图 5-10　以启动时间作为第三维的三维频谱图

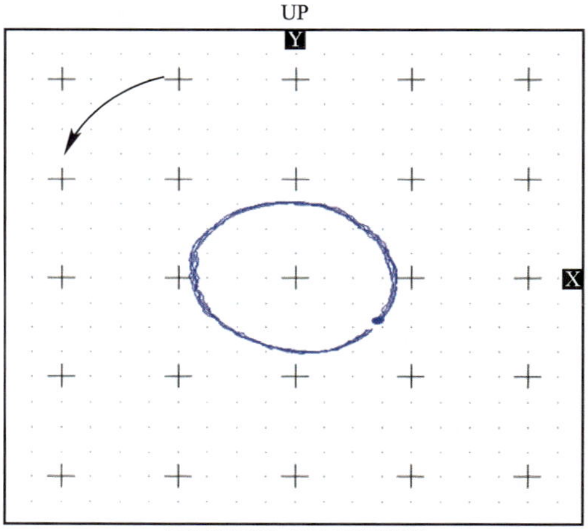

图 5-11　轴心轨迹图示意

根据经验统计，一些振动故障反映出的轴心轨迹具有其各自的特点。因此，将实测的轴心轨迹与这些典型振动故障时的轴心轨迹图形比较，可以有助于分析振动产生的原因。在圆盘绕转轴转动的同时，转轴的挠曲线本身又绕铅垂轴 z 转动。转轴的挠曲线与轴承中心线所构成的平面的转动定义为转轴的涡动（或称为进动），即涡动是轴心的运动。转轴涡动有其运动方向，该方向变化是由于互为正交的两个振动曲线相位不同所致。转轴涡动的方向一般由键相信号来测量。当转轴涡动方向与转轴旋转方向相同时，称之为向前涡动（或正进动），反之称之为向后涡动（或反进动）。

大多数情况下机组都呈正进动的动态运动，如转子不平衡或油膜不稳定引起的涡动，但有些机械故障也会产生反进动的现象，如动静部件的摩擦。此外，在一般情况下，轴心的运动除了由不平衡响应引起的同步正进动外，还存在非同步的正进动和反进动，这时轴心轨迹即具有较复杂的形状。所以，轴心轨迹的形状及其运动方向对于旋转机械故障的诊断非常重要。

（6）轴心位置图

轴心径向平均位置是指在轴心没有径向振动时轴心相对于轴承座的位置（简称轴心位

置）。轴心位置图显示了轴的中心位置随转速或时间的变化趋势，图 5-12 为某 1 000 MW 核电机组满负荷工况各瓦轴心位置图。它可以识别出无振动变化时轴的中心位置是否可能发生变化。通过观察较长时间的轴心位置图，可看出轴的中心位置变化趋势，从而可以了解转轴在轴承的运动以及轴承承载变化情况。

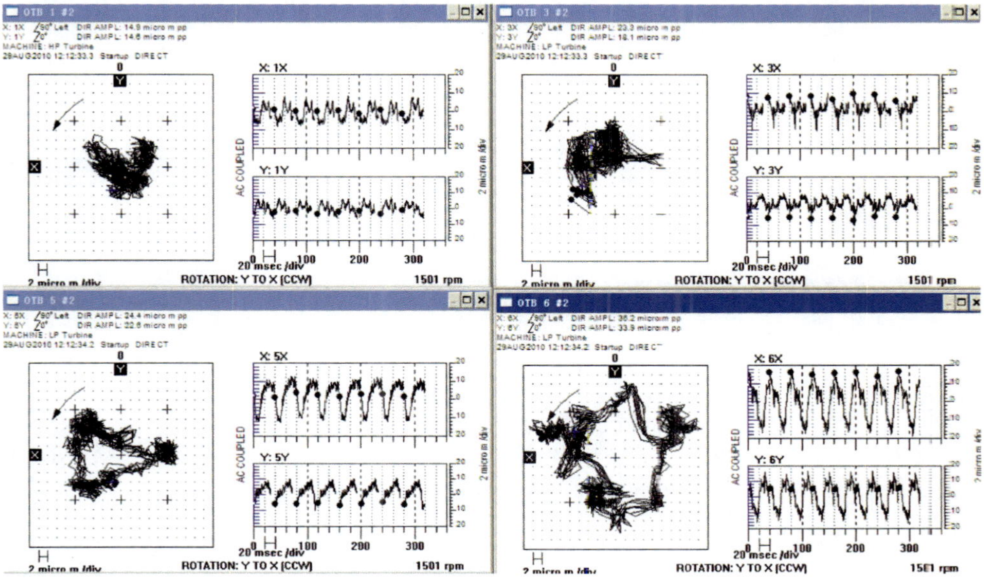

图 5-12　满负荷工况各瓦轴心轨迹及时域波形图

轴心位置图也叫轴心静态轨迹，和轴心轨迹图是两个不同的概念。轴心位置图是通过监测电涡流探头的直流电压的长期变化趋势得到的，而轴心轨迹图是通过监测电涡流探头的交流电压得到的，机组每转一圈就能得到一个轴心轨迹图，两者关系相当于地球的公转和自转（见图 5-13）。

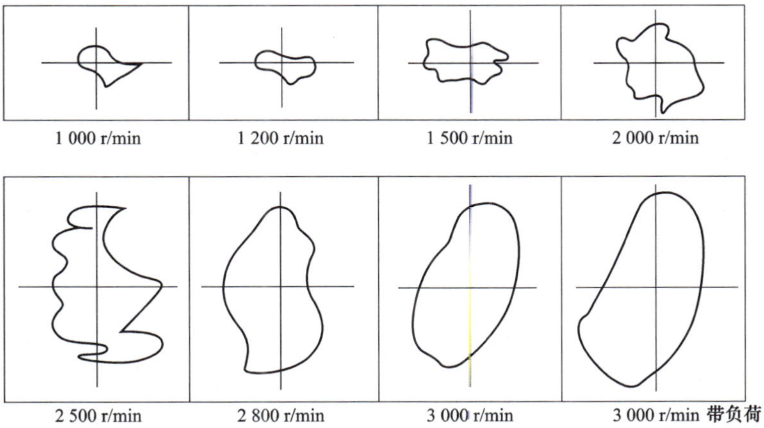

图 5-13　轴心轨迹图

轴心位置和轴心轨迹测量原理如图 5-14 所示，用涡流传感器的静态部分表征轴心位置，用动态间隙电压表征轴心轨迹，其图形可由振动采集分析装置的工具绘制出来。

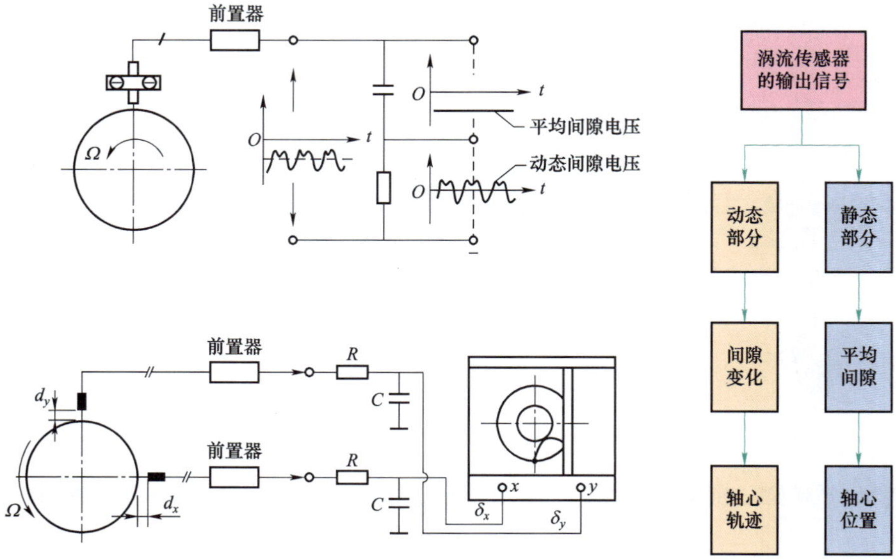

图 5-14　轴心位置的测量

在机器运行中应密切注意偏心位置的变化，因为测量的偏心位置实际反映轴承中转轴的稳态位置。一旦机器承受一定的外部或内部的预加负荷（稳态力），轴承内的轴径就会出现位置的变化。所以轴颈在轴承中的偏心位置是判断轴承有无过大的预负荷（如由不对中原因引起的等）或轴承是否会发生过分磨损的一种依据。对于可能发生中心线偏移或其他预加负荷的情况下，必须密切地监测偏心位置甚至于需要连续监测，以收集机组的“冷态”偏心位置和“热态”偏心位置的数据，并建立一个参考系统。这对以后比较偏心位置是很重要的。图 5-15 所示为某汽轮发电机组由静态到运行的轴心位置监测变化和故障征兆。

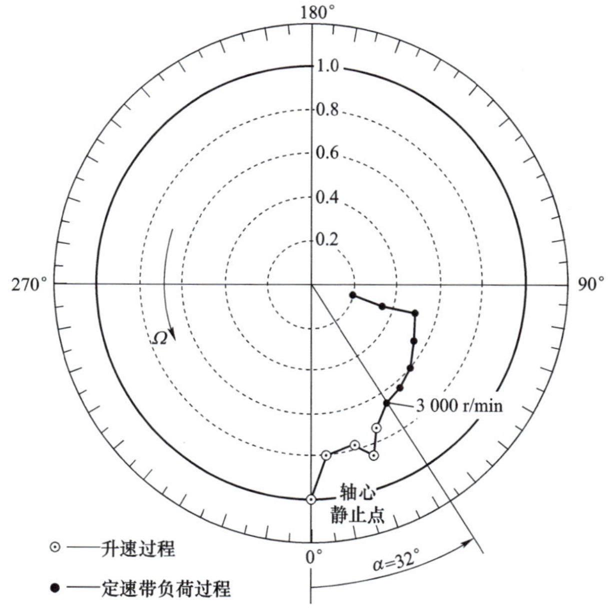

图 5-15　轴心位置监测图

机组静态时轴心静止点在轴颈与轴瓦的结合部位正下方，启动升速时轴心位置逐渐升高，到工作转速时，偏心率为 0.66；偏位角 32°，属正常。以后数月，轴承基础下沉，导致轴心上浮，偏心率减少，偏位角接近 90°，发生了油膜振荡。通过监测轴心位置有助于发现轴系的故障。

（7）振动变化趋势图

该图表示振动幅值、相位以及相关的其他参数随时间变化的变化趋势。它是以时间为横坐标，以振动或其他参数为纵坐标而绘制的曲线。在振动监测、故障诊断中，通过观察振动水平的发展趋势，（图 5-16），作为分析判断设备状态的一种依据。

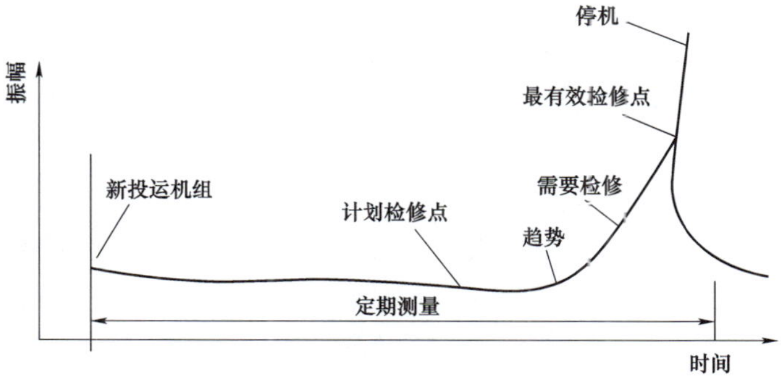

图 5-16　设备运行振动监测趋势图

由于振动可能与有功负荷、发电机转子电流等参数有关，所以振动趋势图有时也扩展为振动随有功负荷或发电机转子电流等相关参数变化的函数关系。图 5-17 所示的是某 1 000 MW 核电机组变负荷过程 4 号轴承 *Y* 方向轴振并网前后变化趋势图。

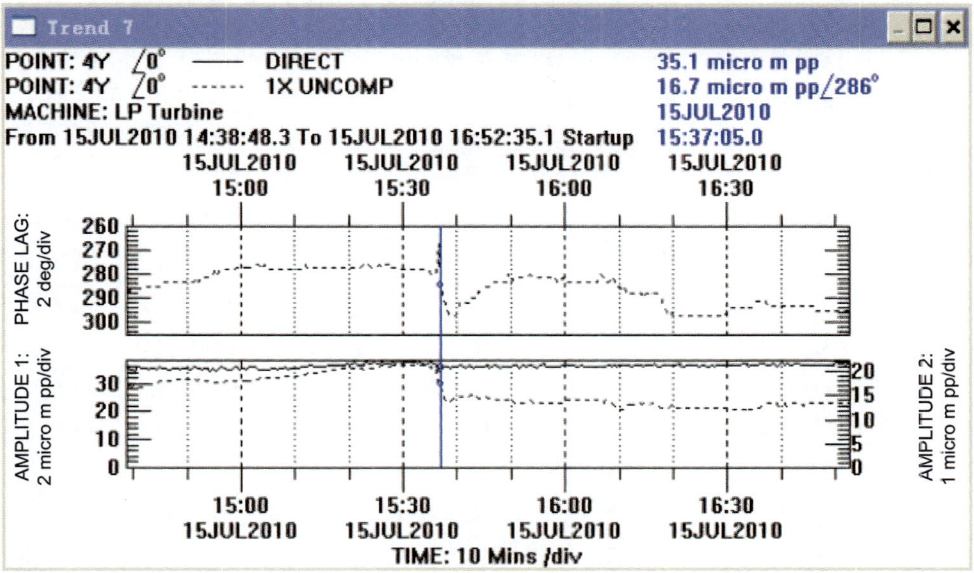

图 5-17　并网前后轴承 *Y* 向振动变化趋势图

5.4 振动在线监测和故障诊断系统简介

5.4.1 系统发展历史及其作用

汽轮发电机组一般配置有专用的调节系统和TSI仪表监测系统。TSI系统在机组的振动监测和保护方面起到极其重要的作用，然而TSI系统仅能监测振动的幅值，不能提供分析振动故障所必需的频谱、相位的重用信息和采样速度相对较慢、不能捕捉某些瞬态振动过程以及没有事故追忆等功能，因此不便进行振动故障诊断。为弥补TSI系统的不足，国内众多火电厂自20世纪90年代初开始陆续安装机组振动在线监测和故障诊断系统（TDM），或称为振动瞬态数据管理系统，核电厂也在项目建造期间将TDM作为标准配置用以监测机组轴系振动。

TDM系统最初是国外为降低运行成本，利用较为成熟的振动数据采集和分析技术、结合不断完善的轴系振动故障振动诊断技术以及快速发展的计算机和通信网络技术开发的集振动监测与频谱分析（振动表及频谱仪）、振动数据通信与管理（记录仪和通信工具）和振动故障诊断（诊断仪）于一身的综合性系统。通过TDM系统的运行，电力试验院所及专业咨询公司正在逐渐改变机组发生振动问题后，专业技术人员再赶赴现场利用振动表进行离线振动监测、故障诊断、振动处理的传统服务模式，而是利用TDM系统记录的数据进行远程诊断。因此，节约了大量的机组检修、运行成本和人工开支，提高了振动故障诊断效率。

最初进入国内电力企业的TDM系统是美国本特利公司生产的DM2000系统，美国恩泰克公司、CSI公司产品也在石化等行业应用。但由于种种原因，国外TDM系统并不像TSI产品那样在国内占主导地位，直至目前在国内汽轮发电机组上应用得并不多。20世纪80年代后期国内一些高等院校（如哈工大、西交大、清华等）和科研机构（西安热工院、上海成套所、山东中试所等）陆续开发成功TDM系统，并在许多电厂投运。随后一些专业化公司（如华科同安、英华达、创为实等）也开发出TDM系统。TDM系统能够及时预告故障的存在和发展，捕获振动故障信息，提供预知性状态检修信息；能够建立机组振动数据库和振动故障信息库，便于积累故障特征；使机组动平衡所需的启、停次数减至最少，减少重复性试验；可进行事故追忆和再现，便于事故原因分析；现场和远程进行振动故障诊断，及时发现和解决机组振动问题。TDM系统运行实践表明，它在振动故障的诊断和处理、保证机组安全稳定运行方面发挥重要作用。目前TDM系统已被电力建设规范列入300 MW及以上容量机组必须安装的系统，在国内大机组上广泛应用。在核电领域自2007年自主化核电技术建造高峰以来，工程设计建造期间TDM的应用也成为标准配置。

总体而言，目前在国内投运TDM系统有两种结构。一种是结构是下位机为工控机，内部装有A/D板、预处理板等，利用计算机控制对所监测机组振动参数和直流量等进行数据采集和FFT分析，然后通过交换机将相关数据传输到上位机进行数学处理，生成振动特征分析所需的图形和表格，并与电厂的MIS/SIS局域网相连，还可通过Intranet/Internet网或电话线与远方振动诊断中心连接。（见图5-18）

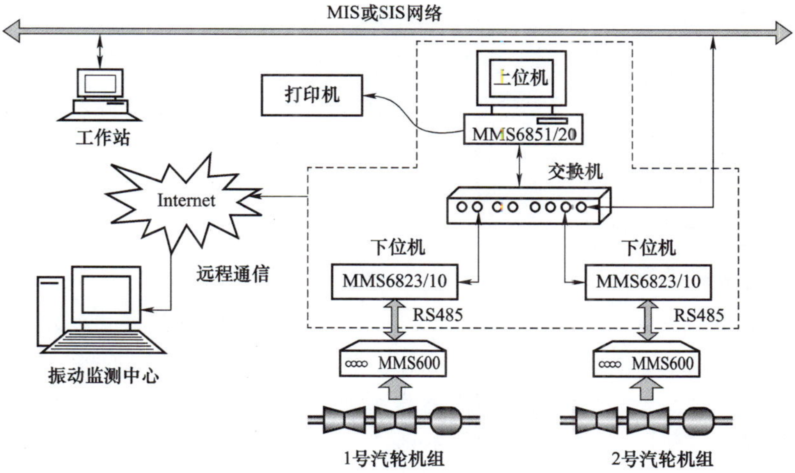

图 5-18 MMS6851 汽轮机监测与诊断系统结构

另一种结构是下位机为与工控机无关的独立数据采集器，其采集的振动信号经过处理后通过网络传输给上位机（服务器）。（见图 5-19）

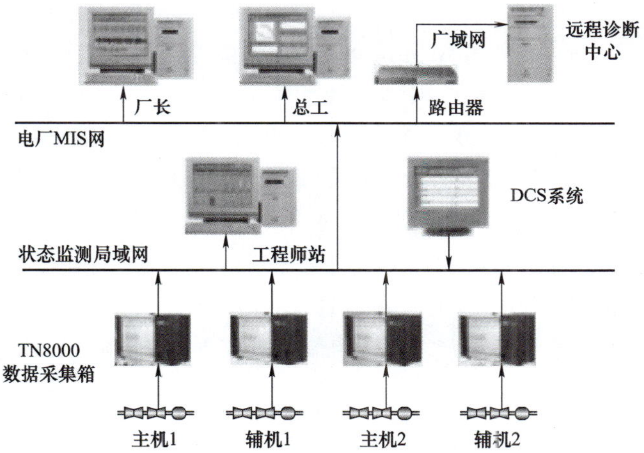

图 5-19 S8000 汽轮机监测与诊断系统结构

5.4.2 TDM 的主要功能和信号要求及连接

（1）主要功能

目前各公司 TDM 产品的功能基本一致，主要包括以下功能。

1）机组日常运行（稳态）和升降速（瞬态）振动数据采集、FFT 分析、显示和存储自动根据机组运行情况实现不同的采样速度和方式，对机组升降速、定速、带负荷或正常运行会自动识别，并进行振动的采样、分析，并实时显示（包括幅值和相位）和存储。

2）历史资料存储和查询自动识别运行状态、时间，并进行压缩存储，按年、月、日、时、分存储数据文件，供以后做趋势分析。对存储的振动数据可方便进行查询、重现。

3）振动特征分析和例行报告和报表输出根据需要可对实时和历史振动数据进行特征

分析，生成包括波形图、频谱图、波特图、极坐标图、轴心轨迹图、级联图、瀑布图、轴心位置图、振动变化趋势图等。根据设置要求定期可打印报表及相关的特征分析图表。

4）报警、危急识别和事故追忆能够识别振动超限和危急二级报警，并会自动转入超限和危急采样、存储，这时存储的是振动故障的原始波形的动态信号，可供进行详细的频谱分析，绘制波形图、三维频谱图、轴心轨迹图、趋势分析图。及时地捕获振动故障的原始信息，为查找振动故障提供极其重要的数据。

5）转子平衡重量计算系统装有多平面、多测点、多转速的最小二乘法振动平衡重量的计算程序。它可进行转子的轴振动和轴承座振动的同相和反相分量分析，提供轴系没有影响系数和轴系有影响系时振动平衡重量计算，并估算加重后的残余振动。

6）振动故障自诊断装有“专家系统”诊断软件，可对常见的振动故障进行初步自诊断。如转子不平衡、初始弯曲、热弯曲、对中不良、轴瓦不稳定（油膜涡动、油膜振荡）、蒸汽激振、电磁激振、动静碰摩、轴瓦松动、共振或高次谐波共振等。

7）通讯管理可将振动数据送至电厂 MIS 网或 SIS 网上，供有关职能部门的计算机监测机组运行情况。也可通过网关与远离电厂的中心站形成远程通信网络。

（2）信号要求和连接。

TDM 系统主要接入的是振动信号（包括键相信号）。但是为了进行相关分析和故障诊断，有时也接入一些直流量信号，如发电机有功功率、无功功率（或转子电流）、轴向位移、汽机胀差等。TDM 系统的键相信号、振动信号和轴向位移、胀差等可通常通过硬接线取自 TSI 系统的交流信号输出端子（BUF）。但对有些 TSI 系统，如与美国本特利公司 3500 系统可采用如下方式连接：轴振动、轴瓦振动、键相等信号由 3500/20 模块（如为 3500/22M，可以从 BNC 缓冲输出接口接入）后背板的 2 个 25 针 Dynimatic 插口通过预制电缆引入。而机组发电机有功功率、无功功率和其他直流量工艺参数，若已进入 DCS 系统，则采用 TDM 系统与电厂 DCS 系统通讯的方式来获取信号，否则也可以采用 4～20 mA 模拟量信号引入。对于未安装 TSI 系统的机组，应在现场加装轴振、瓦振和键相测点等，接入振动数据采集器。

5.4.3　系统的应用及发展

（1）TDM 应用中的不足

尽管 TDM 系统在现场振动故障诊断和处理方面发挥了重要作用，但实际应用中也存在一些不足之处。首先，TDM 系统的使用效果与热控人员的维护管理水平、汽机（或振动）人员的专业技术水平密切相关，许多电厂因维护水平低或缺乏专业技术人员使用，未能发挥其应有的作用；其次 TDM 系统接入的振动信号、直流量有限，不可能监测所有影响机组振动的参数，如轴向振动、基础振动、汽缸膨胀等，因此会影响振动诊断结果的准确性；另外，TDM 系统仅是一台机器，其“专家系统”诊断仅是对常见一些振动故障的初步诊断，不可能包罗万象，有时也会因信号等方面的问题出现明显的诊断错误，而用户在得到振动故障诊断结果的同时，也希望能及时得到消振方案，但 TDM 系统不能满足要求；最后，机组振动原因复杂，涉及因素较多，特别是一些疑难振动问题，往往需要振动专家进行会诊，做进一步的诊断，来确定真正的振动原因，提出针对性的处理意见。

（2）系统的进一步发展

为了解决上述问题，促使 TDM 系统发挥更大的作用，远程振动中心的建立应运而生。远程振动中心就是在电力（集团）公司所在的中心城市建立大型工作站，将远方电厂 TDM 系统监测的众多机组的振动数据（特征分析后的）通过网络手段上传输到工作站，对辖区机组振动进行集中的专业化管理，建立每台机组振动数据库及故障数据库，有经验的振动专家在办公室即可随时了解机组的振动情况，对机组进行二次诊断，提供进一步的诊断意见和消除振动方案，及时反馈现场。实际上，在北美和欧洲国家，电力公司远程振动诊断中心建设几乎是与 TDM 系统的研发同步进行的。通过远程振动诊断中心，可以及时掌握机组短期和长期的振动变化规律，为机组的状态检修提供技术依据；可以将振动专业人员与电厂机组时刻联系起来，为电厂机组的振动问题提供快捷的咨询服务；可以减少振动分析人员在到现场路途上的颠簸和时间消耗，减少了振动诊断和处理的工作量，提高工作效率，降低人员成本；可以对疑难振动问题进行网上会诊，有助于进行技术交流，提高振动诊断技术水平；可以利用不断积累的振动故障数据库不断完善已有的“专家”系统，提高诊断准确性。目前国内一些电力（集团）公司已建立并投运了远程振动中心。

参考文献：

[1] 刘习军，张素侠. 工程振动测试技术［M］. 北京：机械工业出版社，2016.

[2] 熊诗波. 机械工程测试技术基础［M］. 4 版. 北京：机械工业出版社，2018.

[3] 汪荣鑫. 随机过程［M］. 西安：西安交通大学出版社，2000.

[4] 黄长艺，严普强. 机械工程测试技术基础［M］. 2 版. 北京：机械工业出版社，1995.

[5] 樊尚春，周浩敏. 信号与测试技术［M］. 北京：北京航空航天大学出版社，2002.

[6] 杨振江，孙占彪，王曙梅，等. 智能仪器与数据采集系统中的新器件及应用［M］. 西安：西安电子科技大学出版社，2001.

[7] 张发启. 现代测试技术及应用［M］. 西安：西安电子科技大学出版社，2005.

[8] 史习智. 信号处理与软计算［M］. 北京：高等教育出版社，2003.

[9] 陈志强，陈旭东，李川，等. 齿轮故障智能诊断技术［M］. 北京：科学出版社，2018.

[10] 寇胜利. 汽轮发电机组的振动及现场平衡［M］. 北京：中国电力出版社，2007.

[11] 丁玉美，高西全. 数字信号处理［M］. 西安：西安电子科技大学出版社，2001.

[12] 徐长发，李国宽. 实用小波方法［M］. 武汉：华中科技大学出版社，2001.

[13] 李德葆，陆秋海. 实验模态分析及其应用［M］. 北京：科学出版社，2001.

第三篇　应用篇

振动的故障诊断应用

第六章

旋转机械振动诊断的一般方法

各类旋转机械都由转动和非转动部件两部分组成。转动部分主要有旋转轴（或转子）、联轴器；非转动部件主要有轴承、轴承座、机壳及基础等。转子是旋转机械的核心部分，是机械振动、噪声和故障的主要来源。对转子的运行状态进行监测和故障诊断关系到整台机器是否正常运行。

6.1　振动的故障诊断基本技术

基本的振动故障诊断技术，是利用时间波形、轴心轨迹、频谱相位等信息进行综合分析，频域信号是分析的关键。利用频谱分析，将从轴位移和壳体安装的传感器上获得的频率，与已知的机械频率相关联。通过时间波形的形状和频率，以及轴心轨迹可深入了解轴和轴承座运动的物理特性。相位表示从机器不同位置测得的振动和时间关系，即相对相位；相位还可以提供一个机器位置的振动和轴或轴承座上的固定参考之间的时间关系，称为绝对相位。频谱是设备上特定位置的振动运动的幅值相对于频率的记录（见表 6-1）。

表 6-1　旋转设备振动诊断技术

技术	用途	描述	仪器设备
时域波形分析	解调、脉冲、相位、削波、划痕	幅值相对于时间	模拟或数字示波器、FFT 分析仪、振动监测装置
轴心轨迹分析	轴运动、亚同步涡动	转子-轴承 X、Y 方向的相对位移	数字矢量滤波器、示波器、FFT 分析仪、振动监测装置
相位分析	力/运动关系、振动/空间关系	力与振动信号或两个及更多振动信号间的相对时间	频闪仪、数字矢量滤波器、模拟和数字示波器、FFT 分析仪或振动监测装置
频谱分析	直接频率，固有频率，边带，拍频，次谐波，和差频率	幅值对频率	FFT 分析仪、电子数据采集器

频谱分析是振动诊断过程的主要方面，频谱分析主要的步骤如下。

（1）识别设备转速及其倍频。

（2）识别占主导地位的转速倍频，包括风扇的叶片通过频率、泵的流道通过频率和齿轮的啮合频率等。

（3）识别转速的非同步倍频，如轴承频率。

（4）识别拍频——两频率成分相近；在节拍周期内它们的幅值相加或相减。

（5）识别不直接依赖于转速的频率，如固有频率或相邻机械的频率。

（6）识别边带，设计一个低频振动成分（调制）高频振动的幅值，边带指频谱中围绕一个主频率如啮合频率出现的频率成分。例如不均匀磨损对齿轮箱的啮合振动的改变，如果边带频率是某个设备部件的转速，则可以确定故障的位置。

6.2 旋转机械常见的故障及其特点

6.2.1 旋转轴的振动分类

旋转机械振动按机械振动性质可以分为三类。

（1）强迫振动

强迫振动又称同步振动，是由外界持续周期性激振力作用而引起的振动。强迫振动从外界不断地获得能量来补偿阻尼所消耗的能量，使系统始终保持持续的等幅振动。该振动反过来并不影响扰动力。产生强迫振动的主要原因有转子质量的不平衡、联轴器不对中、转子与静摩擦、机械部件松动、转子部件或轴承破损等。强迫振动的特征频率总是等于扰动力的频率。例如，由于转子质量不平衡引起的强迫振动，其振动恒等于转速频率。

（2）自激振动

机器运行过程中由机械内部运动本身产生的交变力引起的振动叫自激振动，一旦振动停止，交变力也自然消失；自激振动频率即机械的固有频率（或临界频率），与外来激励的频率无关。旋转机械中常见的自激振动包括油膜涡动和油膜振荡。它主要由转子内阻、动静部件的刚摩擦等引起。与强迫振动相比，自激振动出现比较突然，振动的强度比较严重，短时间内就会对机器造成严重破坏。

（3）非定常强迫振动

非定常强迫振动是由外来扰动力引起的一种强迫振动。其特点是与扰动力具有相同的频率；振动本身反过来会影响扰动力的大小与相位；振动的幅值和相位都是变化的。比如转子轴上某一部位出现不均匀的热变形，就相当于给转子增加了不平衡质量，它将会使振动的幅值和相位都发生变化。反过来，振动幅值和相位的变化又影响不均匀热变形的大小与部位，从而使强迫振动连续不断地发生变化。

6.2.2 旋转机械常见故障及其特点

（1）不平衡

转子不平衡是旋转机械的常见故障之一。在制造与维修过程中，虽都要对转子作仔细平衡，使不平衡小于限定值。但经过一段时间的运行，不平衡会逐渐增大。由于转子处于高速运行状态，偏心量的少许增加，都会使惯性离心力剧增，使机器的功能下降，甚至无法继续运行。

转子不平衡引起的振动有以下特点。

1）振幅随转速的上升而增加。

2）振动的频率与转子的旋转频率相同。

3）振动的方向以径向为主。

4）振动相位常保持一定角度。

当不平衡重量只存在于一个平面内时，这种不平衡称为静不平衡；而当在多个平面内有不平衡情况时，就是动不平衡。

（2）不同轴

旋转轴不同轴是指用联轴节连接起来的两根轴的中心线有偏移。存在不同轴时，容易发生轴向振动使转子发生暂时或永久变形，轴承和联轴节工作情况恶化、机械寿命缩短等。不同轴较轻时，其频率成分为旋转基本频率；不同轴严重时，会产生旋转基本频率的高次成分。引起它的主要原因有制造精度差、安装不良、热变化不均匀、联轴节松动、地基下沉等。对于不平衡引起的振动，振幅的增大与转速的平方成比例；对于不同轴引起的振动，振幅大体为一常数，与转速的变化无关。

（3）松动

松动现象是由螺栓紧固不牢或由于基础松动、过大的轴承间隙引起的。松动会使转子发生严重振动。松动引起的振动特征如下。

1）动方向常表现为上下方向的振动。

2）振动频率除旋转基本频率 f_r 外，可发生高次谐波成分，也会发生分数谐波和共振。

3）振动相位无变化。

4）振动形态使转速增减、位移突然变大或减小。

（4）自激振动

自激振动的产生不是由于机械受到外来周期性持续激振力，而是由于机械内部运动本身所产生的交变力。一旦振动停止，交变力自然消失。在自激振动情况下，振动无特殊方向性；振动频率是机械的固有频率或临界频率，与转速或外来激励的频率无关；相位会发生变化，在某一转速下振动形态也会发生变化。旋转机械常见的自激振动有涡动、振荡（油膜振荡、密封振荡、摩擦振荡等）、韵振、参数失稳等。与强迫振动相比，自激振动出现比较突然，振动强度比较严重，短时间内就会对机械造成严重破坏。

（5）油膜涡动和油膜振荡

图 6-1 为圆柱轴承油膜涡动和油膜振荡的幅频特性曲线。其中图 6-1 中（a），（b），（c）分别为轴承在轻载、中载、重载下的振幅 A、频率 f 的特征曲线，是转子的临界转速。

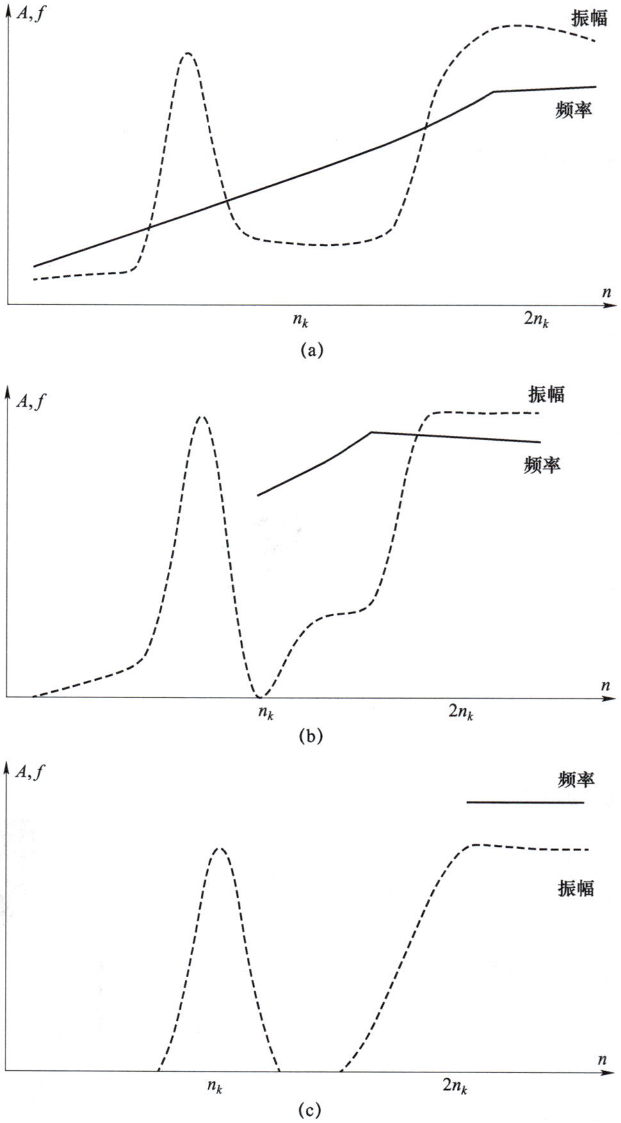

图 6-1　圆柱轴承油膜涡动和油膜振荡幅值频率特征

6.3　旋转机械故障信息的来源

为诊断旋转机械故障，须获取旋转机械的故障信息。旋转轴如果发生故障，就会引起转子振动的异常变化，通过对振动信号的分析，就会发现这种异常变化。同时，还要对旋转机械的结构、特性、运行记录等做详细了解，才有把握根据振动的异常变化来推断故障原因。图 6-2 为转子故障诊断过程示意图。可见，事前调查阶段就要掌握与旋转机械有关的丰富信息。机器设计、制造和现场维护人员常会给我们提供十分有用的信息。我国现行的管理水平、转子监测系统的引入并不排斥和取代现场操作人员的经验和智慧。相反二者有机结合信息共享，才有利于设备管理和故障诊断工作更好开展。

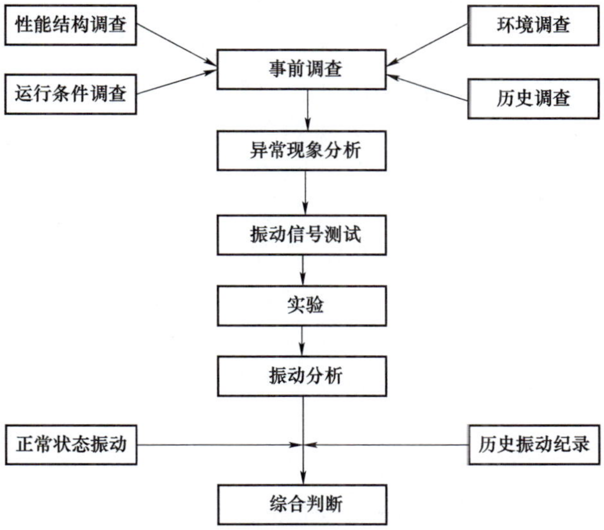

图 6-2　转子振动故障诊断流程图

6.3.1　机器现场情况

要得到正确的诊断结论，就必须拥有大量的有关机器的信息。其中包括机器的结构性能、操作运行情况、外界环境影响、机器维修使用记录等。

（1）机器的结构性能

1）机器的工作原理，机器在整个生产过程中的作用和地位。

2）机器的动态参量。主要指设计的额定运行指标和工艺参数范围，如驱动机的功率，各工艺段流量、压力、温度、转子转速及变化范围，机器的工作介质等。

3）机器结构。如轴承型式、密封结构、转子与其他部件之间联轴节的结构。若是齿轮联轴节则还须知道其齿数、转子工艺段数、转子上叶片数目及其共振频率，转子临界转速等。

（2）操作运行情况

操作运行情况指机器运行时工艺参数的大小及变化，机器输入引起的变化，是否感觉到性能的变化和故障征兆等。

（3）外界环境的影响

1）环境温度、湿度等的影响。

2）周围其他机器、管道振动造成的影响。

3）地基沉降、变形对机器性能的影响。

4）输入电压波动的影响。

（4）维修使用情况

1）机器运转以来发生过的故障及处理情况。

2）上次维修日期。

3）维修时对机器做过哪些调整，调整量各为多少。

4）对本机器来说，发生什么样的故障可能性最大，或哪些部件容易发生故障及机器的薄弱环节。

5）机器使用以来出现过的哪些设计和制造上的不足。

6）同一型号、同一工作条件下，其他机器发生故障的情况。

上述有关信息，可由计算机进行管理，以便需要时随时调用。

6.3.2 振动信号的测试与分析

振动信号是转子故障信息的一个十分重要来源。振动信号的测试与分析，是当前故障诊断技术中发展、应用最广的分支，因为振动信号中包括了丰富的转子故障信息。

一、振动检测的基本参数

（1）动态参数

1）振幅。振幅是表示旋转机械严重程度的一个重要指标。通过对振幅的检测，可以判断机器是否平稳运转。振幅一般以峰-峰位移值表示。

2）频率。旋转机械的振动频率一般用转速的倍（分）数表示。

1 倍（1×）转速频率：振动频率与机器转速相同。

2 倍（2×）转速频率：振动频率为机器转速的二倍。

1/2 倍（1/2×）转速频率：振动频率为机器转速的 1/2。

3）相角。相角测量是描述转子在某一瞬间所在位置的一种方法。精确的相角测量在转子平衡中及分析机器故障是非常重要的。对于确定转子的固有平稳响应，即临界转速是很有用的。

4）振动形式。分时基形式和轴心轨迹两种。时基形式是振动信号经变换器输入显示器，并以时基模式显示在荧光屏上。轴心轨迹是由两只互成 90 度的传感器将感受的信号分别输入到示波器的 X、Y 轴，再用李沙育图形方式显示在荧光屏上。所显示的图形便是两传感器轴截面中心线的运动。

5）振型。振型是转轴在一定转速下沿轴向的一种变形。通过振型检测可以估算转子与固定部件之间的内部间隙。

（2）静态参数

1）偏心位置。转轴空载时将在设计位置浮动；加有一定负荷时，就会出现偏心。偏心位置是轴承磨损、重负荷状态（如不对中）的一种指示。

2）轴向位置（轴位移）。轴向位置是止推环对止推轴承的相对位置测量值。通过轴向位置检测可以避免转子与定子之间产生轴向摩擦。

3）偏心度（挠度）。偏心度是转轴在静态时弯曲的度量。

二、振动信号的测试

安装了转子检测系统，可以不断地测试、记录转子的振动信号。相邻两次记录之间的时间间隔可以依需要而定。对于在线检测方式，时间间隔甚至长达十多天。时间间隔越短，振动信号的数量就越大，相应地要求微机有更快的运算速度和更大存储空间。时间间隔越长，则对微机的要求就越低，或者由一台微机检测更多的振动测点，但有可能会漏检一些突发性故障。实际应用中要综合考虑各方面因素以确定合适的时间间隔。

在转子检测和诊断工作中，一般要求测试转子径向振动和轴向振动。轴向振动根据实际需要有时安装一个探头（电涡流位移传感器），有时安装两个探头，以便能得到某一横截面上振动的全部信息。对于径向振动，为了计算方便，两径向探头的方向应相互垂直，如图 6-3 所示。

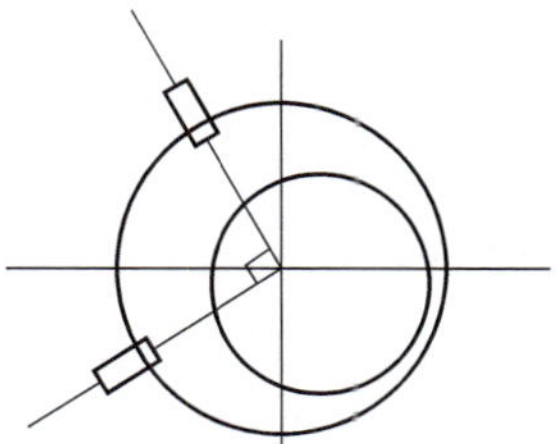

图 6-3　径向探头安装方向

实际应用中一般要测量几个重要横截面的径向振动信号，以便大体了解转子的振动情况，这就需要在径向的不同部位安装几组探头。转子的轴承处是测量的一个理想截面。因为此处探头安装方便，转子的振动对机器总体振动影响最大，而且振动信号还反映出轴承的某些状态变化。另外，转子的相位信号也是十分重要的来源，也应该安装测量相位信号的探头。

三、振动信号分析

振动信号分析是识别故障性质、寻找故障源的关键手段。由它可得到大量的机器振动状态信息。频谱分析只是振动分析的一种重要手段。为能较全面了解转子振动状态的变化，应从以下几方面分析观察转子振动信号。

（1）研究和获得转子正常运行状态下的振动参数。包括基频的幅值、相位；2 倍频等高次谐波的幅值、相位；次谐波、半倍频幅值、相位；正常运行振动谱上的其他重要成分的频率幅值；时域波形的形状，统计特性；轴心轨迹的形状、大小、旋转方向。

（2）对当前转子振动信号进行频谱分析、相位分析、轴心轨迹和时域波形的观察、统计分析等，提取出当前转子振动信号的特征参数，并将这些特征参数与正常运行状态下的振动参数进行比较，得到哪些参数不变，哪些参数发生变化，变化程序等结论。例如，当基频分量变化不大，但 2 倍频振动幅值有明显增加，就可以初步判断为转子不对中加剧，结合一些其他特征（如轴心轨迹等）就可进一步作出明确判断。

（3）对各个探头的振动状况进行联合分析。包括探头振动的相似性分析；哪些探头振动是不变的，或与其他探头不同；哪些探头（水平、垂直、轴向、机壳）变化明显等。例如对于喘振来说，轴向振动变化明显，而平衡增大则引起水平方向和垂直方向振动的同步增长等。

（4）进行趋势分析。在进行趋势分析中，不但要分析峰-峰值变化趋势，还要分析基频、1/2 倍频、2 倍频等的变化趋势；不但要分析幅值的变化趋势，还要分析相位的变化趋势；同时还要将它们联系起来，分析彼此之间的相互关系。从趋势图上能得到，振动是稳定不变，还是逐渐上升、逐渐下降、或升（降）是否突然增大等信息。例如，对于转子结构将会引起的不平衡增加，在趋势图上，其振动幅值一般随时间的增加而缓慢稳定上升；若有叶片从转子上脱落，则会引起振动的突然增大。

（5）对一些特殊情况，为进一步说明问题和得到更多有用信息还须进一步实验。主要是：调节转速实验，得到转速与振动变化的关系；改变工艺参数，得到振动与负荷变化的关系；改变润滑系统的油温、油压等参数。

6.3.3 其他故障信息来源

除了从振动信号中获得转子的故障信息外，还可以从噪声信号、声发射信号、红外分析、油液分析等辅助信号中获得转子的故障信息。从众多信号的综合分析中，就可以对转子故障作出准确判断。

转子运行时不仅产生振动，还伴有大量噪声。噪声信号与振动信号相似，也是种连续波动的动态信号，所以也可用波形分析、频谱分析和其他一些方法分析处理。噪声信号频谱的频率成分与机器故障间的对应关系不能照搬振动分析的结果，但分析方法基本相似。国内外已有不少利用噪声信号检测和诊断转子故障的成功例子。

机器部件受到力作用或出现裂纹时会发出弹性波，即声发射。声发射的波动频率一般高于声音频率范围，只能用有关仪器才能检测出来。当转子内部出现微裂纹或变形时就会产生声发射信号，此时其他方法往往检测不出任何变化，这是声发射检测的显著优点，也决定了它在线检测方式。

机器运行时，各个部件的温度及其变化情况是有一定模式可循的，如果这个模式被破坏，就预示着运行状态的改变。转子轴承处温度过高，就会造成烧瓦；温度过低，就会影响润滑特性。启动过程中，总是让机器先空载或轻载运行一段时间，使温度分布达到热平衡。利用红外成像技术，就可以看到机器各部位温度的高低和分布情况，然后与正常状态的温度分析情况相比较，就可以判断出转子的异常部位。

油样分析技术是监测润滑油，以其中携带机器磨损残余物的成分、多少、形态等判断机器磨损的部位、磨损程度，并对故障和剩余寿命进行预报。为了准确地监测和诊断转子，最好汇集各方面信息进行综合分析，以准确及时地发现故障，但相应的仪器费用和投入的人力也随之增加。

6.3.4 振动监测中虚假信号的判别

（1）转子制造不良可能造成假信号

大型机组中常用电涡流位移传感器进行振动测量。根据楞次定律，传感器输出的电压信号是与传感器到被测面的距离有关的一个变量。工程中用被测表面与探头的相对位移来反映转子振动情况。如果转子表面有缺陷或同心度有偏差，就会造成测量误差从而导致假信号。对于这种情况应分析振动的历史数据，摸清转子制造中的各项参数指标，找出振动的原因。

（2）探头松动造成的假信号

如果探头与连接电缆发生松动，随着旋转轴的振动就会产生一系列时间间隔不同的脉冲信号，它们与正常的振动信号叠加在一起就会使振动幅值大幅度增加，经过 FFT 变换后，低频部分就会出现许多杂乱无序的信号，由此就可以判断探头发生了松动。此外，如果探头松动，也会使探头的间隙电压发生变化。这样，利用频谱分析仪研究信号的频率成分，同时辅以测定间隙电压的办法就可以判断是否是探头松动造成的假信号。除了上述两种情况外，测量仪器连接不可靠、转子同心度不良或表面磁化不均匀等也可能产生虚假信号。虚假信号常会引起误报警。为了防止误报，有时采用多台仪表同时进行监测分析，可以有效地识别虚假信号。

6.4 旋转机械故障的诊断方法

6.4.1 幅值谱诊断方法

幅值谱诊断的方法就是利用振动信号与频率的对应关系来对转子的故障进行诊断。对于转子，振动信号中的很多频率分量都与转子转速关系密切，常是转速频率的整数或分数倍，所以用幅值谱容易诊断出转子的故障。在转子幅值谱上，不同的振动频率分量对应不同的振动原因。如果知道了振动信号中所包含的频率分量，就比较容易找到故障源。例如，转子不平衡可能导致频谱中的工频分量过大；对中不良导致 2 倍频分量过大；当低于工频分量的幅值过大时，则可能是油膜振动或转子上有裂纹。

得到幅值谱以后，下一步就是分析。首先，大致看一下频谱中有哪些频率分量，每个分量的大小和多少。在这里，我们应重视幅值变化较大的谱峰，它们的值对振动总水平影响较大，需要进一步分析产生这些频率分量的可能因素并观察它们随时间发展的变化情况。

在机器振动中，有些振动分量虽然较大，但很平稳，这些振动对机器正常运行不会产生多大的威胁。而那些原来在谱图上不存在的或比较微弱的频率分量的突然出现，可能会在比较短的时间内破坏机器的正常工作，更应引起我们的重视。因此，分析幅值谱时不仅要注意各分量绝对值的大小，还要注意其发展变化的情况。

为了发现和诊断故障，还要对幅值谱在一段时间以来的变化情况进行分析比较。分析比较可以从以下几个方面进行。

（1）某个谱峰变化情况是单调增大、单调减小，还是波动而无固定趋势；

（2）哪些波峰是同步变化，哪些波峰不发生变化；

（3）谱图上是否有新的频率分量出现；

（4）转子同一部位的各测点振动方向，或相近部位各测点振动之间幅值谱上的相互关系及变化快慢。

一般来讲，监测诊断工作开展的时间越长，积累的数据的经验就越丰富，取得的效果就越明显。

图 6-4 为核电厂通风系统某台气压缩机主轴承处转子振动的幅值谱。该转子回转频率为 168Hz。从图上可以看出，工频分量及其倍频的振幅都比较小，也比较稳定。而在 84Hz 频率周围，有一片复杂的振动成分，幅值相对来说也比较大。这是否也要像上例中的那样紧急报警而停车呢？这要具体问题具体分析。比较一下机组几年来的监测结果，从幅值谱上发现始终存在着这么一片振动分量，大小也没有多大的变化，而且机组在几年里运行一直良好。因此做出结论，该压缩机工作状态正常，可以继续运行。经仔细分析，这一片低振动是由压缩机内压缩气体冲击造成的，属于设计上的缺陷，但是不会对机器的正常工作产生重大影响。

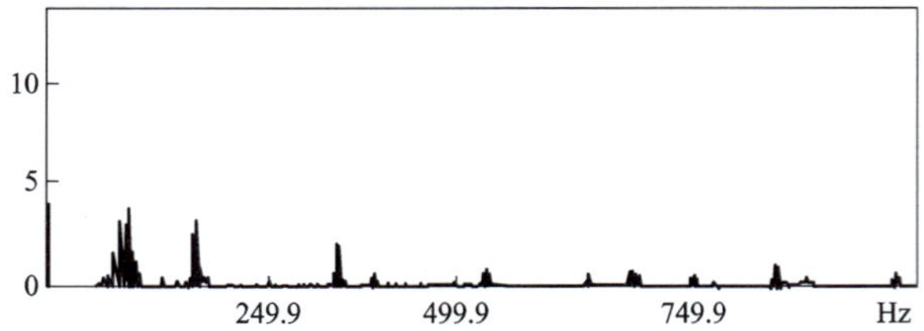

图 6-4　压缩机主轴承振动频谱图

6.4.2　其他诊断方法

（1）奈魁斯特图和伯德图诊断法

转子在起动过程中，每个转速下的基频振幅和相位就是极坐标平面上的一个点，将所有的这些点按转速顺序连接起来而形成的曲线就是奈魁斯特图，如图 6-5 所示。

如果横坐标是转速，纵坐标是振动的幅值和相位，就可得到转子起动过程的伯德图，如图 6-6 所示。

奈魁斯特图和伯德图反映信息相同，只是表现形式不同，其幅值都是将振动信号经过同步滤波，只包含与转子转速相同的一个频率分量而滤掉其他高次谐波。

由奈魁斯特图和伯德图，可以得到转子运行状态的一些基本特征。

1）转子从零转速至运行转速范围内对失衡力的影响。

2）通过测量低转速下的幅值和相位，可以确定转子的弯曲程度。

3）通过确定转轴在出现振幅峰值和相位偏移时的转速，可以得到共振频率或临界转速（见图 6-5 和图 6-6）上的共振频率为 3 750 r/min。

4）测量共振时振幅峰值的高度，可以确定系统的阻尼。

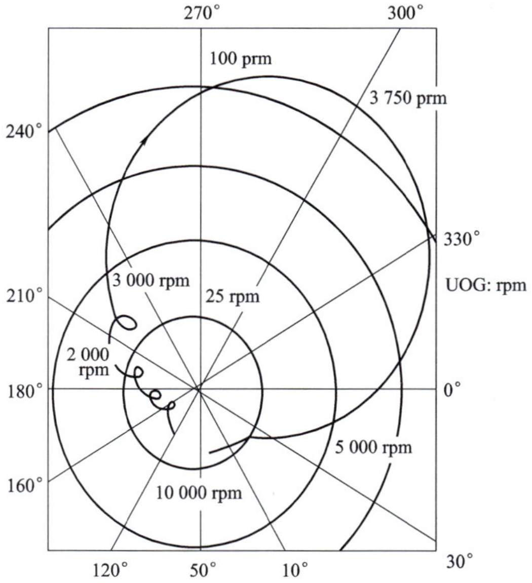

图 6-5　描述转轴组件暂态的奈奎斯特图

注：图上箭头表示极坐标速度增长方向

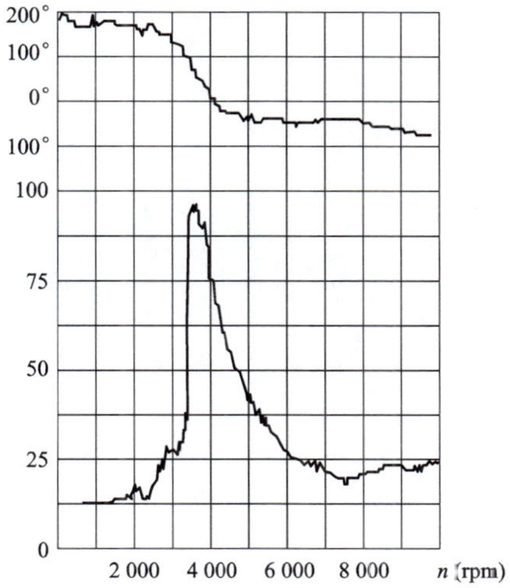

图 6-6　描述转轴组件暂态的波特图

（2）瀑布图诊断法

瀑布图也是一种用于转子动态过程故障的一种诊断方法。它要求测出转子在不同转速下的谱图，然后与标准转速图对照，根据转速图谱的变化情况，诊断和预测有关故障。瀑布图是把不同转速下的自功率谱图画在同一张图上，形成一系列“三维”的图形。

横坐标为频率，单位 Hz；纵坐标为转速，单位为每分钟转数（r/min）。谱线一般等间隔分布，如图 6-7 所示。图中每条曲线都对应一定的转速时机器上某点振动响应的自功率谱图。每条曲线峰值表示该转速时自功率谱图在特定振动频率处的峰值。这样，从瀑布图上就可以得到所有转速下和不同频率处的全部振动幅值特征，从而可以判断转子的临界转速、阻尼比、振源、失衡等故障。因此，是一种比较常用的转子故障诊断方法。

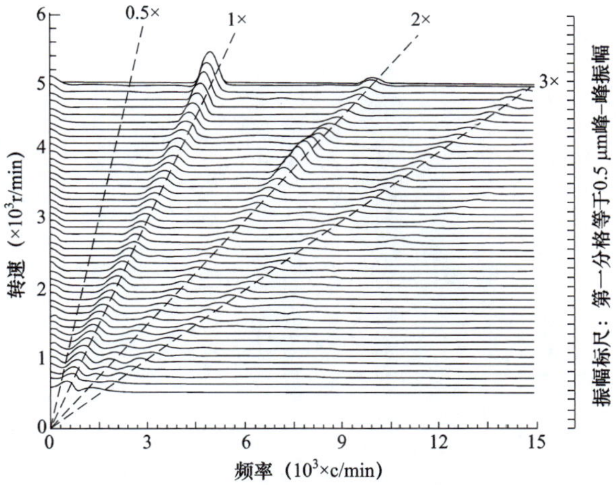

图 6-7　由机器在不同转速下的功率谱叠置成的瀑布图

第七章

核电厂主机系统振动监测与诊断处理

7.1 主机系统振动测点布局与监测诊断连接

7.1.1 汽轮发电机组轴系振动监测与测点布局

目前国内核电厂（以 CPR1000 技术序列为主）汽轮发电机组主机制造技术已经非常成熟，因属于关键设备，监测技术和工程设计应用配置很完善（配置有 TSI 仪表监视系统），故其可靠性相对较高。对于汽轮发电机组本体监测参数，在出厂及工程设计阶段，就配置了完整的过程参数、振动测量和监测系统。包括：轴向位移、轴振、差胀、偏心度、瓦振、键相、缸胀、轴瓦温度等过程参数。其中：1～6 号轴振进入监测系统参与跳机保护，7 号、8 号轴振及各个瓦振仪用于监视，不进入跳机保护（通用设计风格），也有个别机组按照汽轮机厂家的方案，选取瓦振参数参与机组保护，轴振用于报警。（见图 7-1）

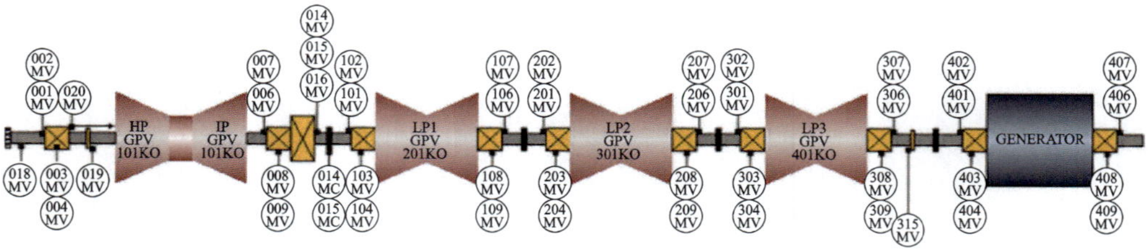

图 7-1 汽轮发电机组主机过程参数监测与布局示意图

表 7-1 汽轮发电机组主机振动监测仪表配置

轴振										
V	001 MV	006 MV	101 MV	106 MV	201 MV	206 MV	301 MV	306 MV	401 MV	406 MV
H	002 MV	007 MV	102 MV	107 MV	202 MV	207 MV	302 MV	307 MV	402 MV	407 MV
瓦振										
V	004 MV	009 MV	104 MV	109 MV	204 MV	209 MV	304 MV	309 MV	404 MV	409 MV
H	003 MV	008 MV	103 MV	108 MV	203 MV	208 MV	303 MV	308 MV	403 MV	408 MV
轴位移传感器			绝对膨胀/胀差传感器			键相传感器		偏心传感器		
014 MM	015 MM	016 MM	019 MV	020 MV	315 MV	014 MC	015 MC	018 MM		

主要本体监测参数布局分类说明如下。

（1）前箱探头。从前箱顺时针看共 14 个孔，依次为：扭振保护转速 1、就地转速表、超速 2、超速 3、零转速、超速 1、扭振保护转速 2，其他未编号的为备用孔。0 转速探头：表示处于跳闸状态，也用于和其他信号如顶轴油压等作为启盘车的条件。发电机机头碳刷室 9 号轴承处，有 3 个转速探头，1 个转速送电器，另 2 个转速作为扭振保护转速探头。

（2）轴振探头：探头固定于轴承壳上，与轴承壳变为一体，所测结果是轴相对于轴承壳的振动。衡量转机全面振动情况，为转子径向振动振幅，是一个最基本的指标。两探头分别与汽轮机转子中分面成 45° 夹角；

（3）轴向位移探头：机头为负，发电机为正。轴在运行中，由于注入载荷、温度等各种因素的变化会使轴在轴向有所移动，发生动静摩擦，所以需用传感器测量此间隙变化，即：轴在轴向相对于止推轴承的间隙。

（4）高压缸胀差：位移前箱，机头为负，发电机为正，胀差是转子和汽缸之间的相对热增长，当热增长的差值超过允许间隙时，便可能产生摩擦。

（5）偏心度：转子的偏心位置，也叫轴的径向位置，是指转子在轴承中的径向平均位置，在转轴没有内部和外部负荷的正常运转情况下，转轴会在油压阻尼作用下，在设计确定的位置浮动，然而一旦机器承受一定的外部或内部的预加负荷，轴承内的轴颈就会出现偏心，其大小由偏心度峰值来表示，即轴弯曲正方向和负方向的极值之差。

（6）热膨胀：开机过程中由于受热使其汽缸膨胀，如果膨胀不均匀就会使汽缸变斜或翘起，这种变形会使汽缸与基础之间产生巨大的应力，由此带来不对中现象。

（7）低压缸差胀：机头为负，发电机为正。开机和停机过程中，由于转子与汽缸质量，热膨胀系统、热耗散系数的不同，转子的受热膨胀和汽缸的膨胀就不相同，其差值如果超过允许的动静间隙公差，就会发生摩擦。所以监视胀差值的目的，就是在产生摩擦之前采取必要的措施来保证机组的安全。低胀有 2 个探头，2 个探头并不是冗余的，而是相互补充、串联测量。

（8）瓦振：探头位于每个轴承盖顶部，用来监测汽轮机轴承盖的振动，安装时固定螺丝紧固就可以，振动主要来自于大轴的振动传递，除图 7-2 安装位置外，1 号、2 号轴承也有。

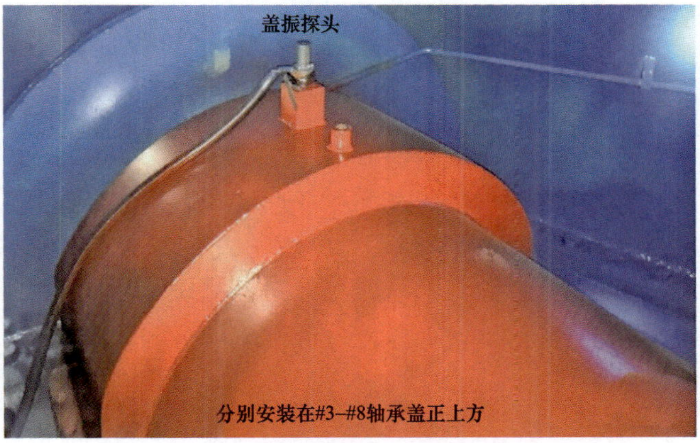

图 7-2　汽轮机发电机组主机本体振动探头安装布局示意图

7.1.2 反应堆一回路主泵振动监测与测点布局

早期引进型二代加核电机组，核岛一回路主设备属于早期技术，受限于当时设备在线监测装置技术水平，并无配置振动在线监测功能。CPR1000（或 CP1000）国产改进型机组采用“翻版加改进”模式也无相关技术改进。但是引进型三代核电堆型中（例如 EPR）、华龙一号机组中则增设了一回路主设备振动检测和保护功能（KIV）。并留有与监测和诊断功能的设备接口。图 7-3 中其主要设备、参数简要介绍如下。

（1）RPV：反应堆压力容器；

（2）SG：蒸汽发生器；

（3）RCP：一回路主泵；

（4）绝对位移传感器；

（5）相对位移传感器；

（6）壳体振动传感器；

（7）相对轴位移传感器；

（8）键相器；

（9）低转速传感器；

（10）DBxx/OBxx：振动检测接线盒。

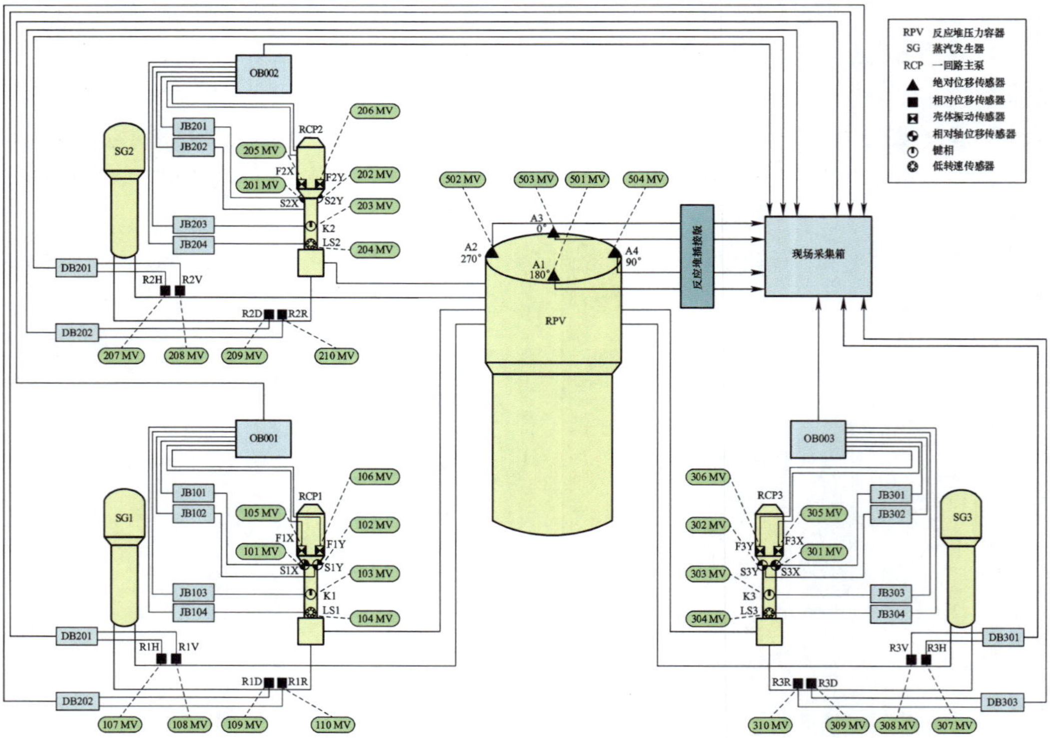

图 7-3 反应堆一回路过程参数监测与布局示意图

7.1.3　主机系统振动监测与诊断系统和振动过程检测装置之间的连接

主机系统的振动测量配置，因有专用的振动仪表监测系统，无需再重新安装和配置设备侧的振动探头。振动仪表监测系统因涉及主机振动、膨胀、轴向位移保护等各项功能，从可靠性和稳定性考虑，一般均采用经过广泛验证的国外装置，而振动监测与故障诊断应用，不如过程控制要求严格，故在选型应用上选择面会宽一些，技术上也便于采用最新技术应用的装置。这就涉及不同应用的集成与连接。

通常情况主机信号来自 TSI 系统，监测和诊断系统与 TSI 系统的信号连接采用现有的信号连接线，先把振动信号引至机柜振动端子排，再通过厂供预制电缆把振动信号转接到数据采集单元的相应采样模块上，由数据采集单元对振动信号进行实时并行采集、存储和预处理，并将这些信号送到工程师站上位机。尤为注意的是，不能直接通过在端子排进行电缆并接方式，这是因为振动的高频弱信号，以及两套装置采集系统均为有源装置，直接在端子排处并接容易引起干扰，甚至引起保护系统误动作，这一点也为火电厂相关应用过程的事故案例所证明。

另一情况是：监测与诊断装置采集器，通过仪表监测与保护装置的专用模拟量信号缓存口（BNC 端子）接入，实现原始振动特征信号的采样与故障特征提取。如临时试验接入的考虑，可在采集器端将 BNC 端子进行扩充，如图 7-4 所示。

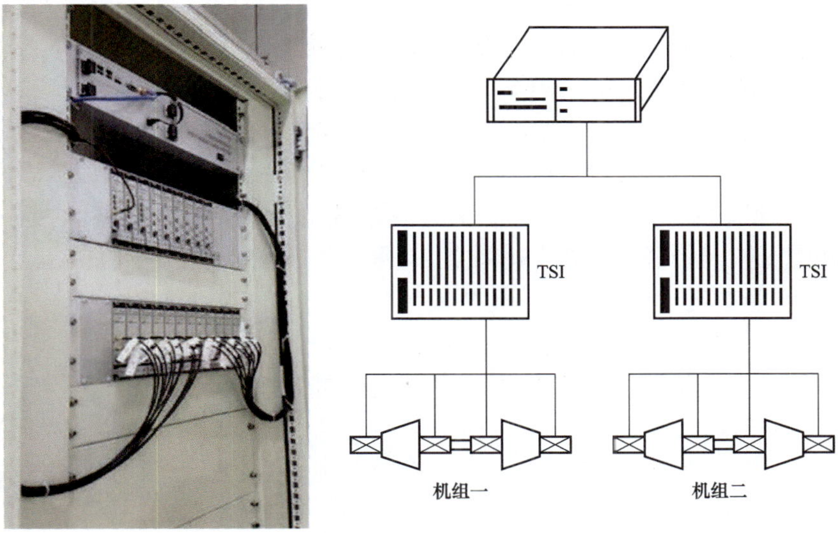

图 7-4　监测与诊断装置采集器临时试验接入示意图

7.2　机组振动故障与现场试验

7.2.1　汽轮机振动介绍

处于高速旋转下的汽轮电机，在正常运行中总是存在着不同程度和方向的振动。汽轮机一旦发生振动超标，应立即打闸停机，否则危害很大。汽轮机振动过大时可能引起的危害和后果如下。

（1）机组连接管道、部件连接处松动，地脚螺栓松动、断裂；

（2）机座（台版）二次浇灌体松动，基础产生裂缝；

（3）汽轮机叶片应力过高而疲劳折断；

（4）危机保安器发生误动作；

（5）通流部分的轴封装置发生摩擦或磨损，严重时可能因此引起主轴的弯曲；

（6）滑销磨损，滑销严重磨损时，还会影响机组的正常热膨胀，从而进一步引起更严重的事故；

（7）轴瓦乌金破裂，紧固螺钉松脱、断裂。

汽轮机振动方向分垂直、横向和轴向三种。在大多数的振动中，垂直方向的现象较常见，振动值也较大，有时横向振动值也大，而轴向振动不常见。

常见的汽轮机振动原因如下。

（1）制造原因。一般来说，由制造原因引发的振动不是很多。质量不平衡，汽封、油封与转子摩擦等，这些都可归为制造原因。

（2）安装原因。如轴瓦本身的各部尺寸不符合要求，进汽不均匀，连接在轴承箱上的油管道膨胀受阻等都有可能引起振动。

（3）运行原因。常见引起振动的运行原因如下。

1）汽缸膨胀不均匀。

2）热态启动时，汽缸的上下温差过大，致使汽缸变形过大，使转子的中心发生变化。

3）凝汽器真空下降，排汽温度过高，汽缸中心线变化。

4）润滑油压低、油量不足、油压过高，使油膜难以形成或油膜失稳，由油膜振荡也会引起转子振动。

5）小容积流量工况运行引起的汽流激振等。

7.2.2 汽轮机振动试验

振动直接威胁着机组的安全运行。因此，机组一旦出现振动过大时，应及时找出引起振动的原因并予以消除，决不允许在强烈振动的情况下让机组继续运行。汽轮发电机组的振动是一个复杂的问题，造成的振动原因很多，但只要抓住矛盾的特殊性，加以分析判断，就有可能找出振动的内在原因并予以解决。

（1）转速试验

转速试验可在汽轮机与发电机断开情况下进行，也可在连接状态下进行，目的在于判断振动和转子质量不平衡的关系，同时找出转子的临界转速和工作转速接近的程度。试验一般在启动（或停机）过程中进行。转速每升高 100～200 r/min 记录振动值一次，试验的最高转速最好选取 105%额定转速，以便观察振动变化的趋势。

（2）负荷试验

负荷试验的目的在于判断振动与机组中心、热膨胀、转子质量不平衡的关系，判断传递力矩的部件（靠背轮、减速齿轮）是否有缺陷。试验可以升负荷方式进行，也可以降负荷方式进行。一般分为零负荷、1/4 负荷、1/2 负荷、3/4 负荷和满负荷等 5 个等级。每一级负荷测量振动两次，即负荷改变后立即测量一次，负荷稳定 30 min 后再测量一次。负荷试验时，测量振动时须测量机组的热膨胀情况。

一般通过负荷试验，可得出如下 3 种结果。

1）振动随负荷增加而减小（数值不大）。这表明振动的原因在于转体质量的不平衡，此时可参考“转速试验”进行分析。

2）振动随负荷增加而加大，且与热膨胀无关（即每一级负荷的两次所测振动值变化不大）。这表明振动和旋转力矩有关。其可能原因有：机组按靠背轮找中心时没有找准；活动或半活动式靠背轮本身有缺陷，如牙齿啮合不好或不均匀磨损等，此种振动情况，一般在机组并列或解列时振动值会有突变现象。

3）在负荷改变后的一段时间，振动随时间的加长而加大（即在每一负荷下稳定一定时间后所测得的振动值与第一次所测得的振动值有较明显的变化）。这表明振动与汽轮机的热状态有关，其可能原因有：滑销系统不良、基础不均匀的下沉；主蒸汽管设置不当，在热膨胀时给汽缸施加了作用力；其他不正常的热变形引起机组中心线发生变化等。

（3）轴承润滑油膜试验

试验目的在于判断振动是否是因为油膜不稳、油膜被破坏或轴瓦紧力不当所引起的。

试验是在保证轴承润滑油压和油量的条件下通过改变油温来进行的，油温变动范围一般是正常油温的±5 ℃，油温每变化 1 ℃测量振动一次，并在上下限油温时稳定 30 min 后各多测振动一次。

油温试验的结果，有以下两种可能情况。

1）振动随油温升高而加大。这表明振动大多是由于轴瓦间隙太大所引起的。这种情况比较多见，因为运行中往往会由于乌金磨损、多次修刮而使轴瓦内径加大，致使油膜不稳。

2）振动随油温升高而减少。此时，振动大多是由于轴瓦间隙太小所引起的。

此外应注意，由于润滑油温只是通过改变油的黏度间接影响油膜建立的，所以振动是否是由于油膜不稳或被破坏所造成，还应通过振动现象加以判断。油膜不稳或被破坏而引起振动的特点主要是：振动发生得比较突然和强烈，一般难于掌握其发生和消失的规律。振动波形紊乱，振动频率和转速不相适应；振动时机组声音异常，好像在抖动一样。

轴承紧力不够也会引起振动，此时振动值也很不稳定，且在铸锭部位可听到“咚咚”的响声。

除通过上述几种试验来寻找振动的原因外，尚可通过真空试验或机组外部特性试验来分析振动原因。真空试验的目的，是判断振动是否是由于真空变化后机组中心在垂直方向发生变化引起的。真空试验依据的原理是：真空变化时大气压力对排汽缸的作用力就要变化，使与排汽缸连成一体的后轴承座发生上下位移，这些都能影响机组中心在垂直方向的变化，若处理不当就可能引起振动。机组外部特性试验，实际上就是在振动值比较大的情况下测量机组振动的分布情况，根据振动分布情况分析判断不正常的部位。例如：紧固螺钉松动，轴承座和基座台板接触不良，机座和轴承座框架在基础上松动，机组基础局部松动，以及某些管道共振等缺陷，就可通过外特性试验查找出来。

汽轮发电机振动异常是运行中最常见的故障之一，其产生的原因是多方面的，也是十分复杂的，它与制造、安装、检修和运行水平有直接关系。超过允许范围的振动往往是设备损耗的信号。振动过大将使汽轮机转动部件如叶片、叶轮等的应力超过允许值而损坏：振动严重时，可能导致危机保安器误动作而发生停机事故以及导致轴承座松动、基础甚至厂房建筑物的共振损坏等。因此，必须使机组的振动水平保持在规定的允许范围内。

值得注意的是，随着汽轮机功率的增大，在轴承座刚度相当大的情况下，转子的较大振动并不能在轴承座上反映出来。直接测量转子的振动数值作为振动标准才是合理的。在运行中，一旦发现振动异常，除应加强对有关参数的监视、仔细倾听汽轮机内部声音外，还应视具体情况立即减负荷乃至停机检查。必要时通过各种试验来分析机组振动异常的原因，采取相应的处理方法及消除措施。

7.2.3 机组高频振动故障诊断与处理

（1）背景介绍

某核电厂采用中广核自主知识产权的 CPR1000 技术，其 1/2 号机组汽轮机为上海汽轮机有限公司引进的德国西门子技术生产的国产 HN1000-6.4 型核电半转速汽轮机。机组以瓦振信号作保护，以轴振信号为参考，瓦振探头是安装在轴承箱右 45 度方向（从汽轮机往发电机方向看）的加速度传感器。

1 号机组于 2013 年 12 月 28 日首次冲转过程中，1～3 号轴瓦瓦振偏大，其中 1 号瓦的振动超过 10 mm/s，接近保护值 10.5 mm/s。技术人员进行了多次检查和处理，但收效甚微。在后续多次的冲转、并网等过程中，机组 1～3 号轴瓦瓦振在冲转过程及低负荷工况下仍然超标，甚至发生了几次汽轮机振动大跳闸事件。

随后，2 号机组调试阶段也出现了相同的振动故障，严重影响了设备的安全性及工程进度。

（2）振动特征

测试结果显示，1～3 号轴瓦瓦振偏大主要是频谱中含有较大比例的高频分量。为分析高频振动的来源，对机组的振动特性进行了全面测试，包括启停机、升降负荷过程振动测试，轴承箱振动特性试验，轴承箱盖固有频率测试，汽轮机平台激振力传递路径识别等试验。

从测试结果来看，机组振动故障特征具有较好的重复性。1～3 号轴瓦瓦振具有一系列特征。

1）瓦振与负荷的相关性明显

在低负荷区间，振动随着负荷升高而增大，且伴随着一定的波动，在负荷 80 MW 时达到峰值；负荷进一步增加时，振动随负荷增加而减小；负荷超过 500 MW 以后振动趋于稳定，并最终保持在良好的范围内。

2）轴承箱不同位置的振动特性差异明显

低负荷工况下，瓦振测点振动超标时，轴承箱中分面振动保持在优良范围内，前者以高频分量为主，且随高频分量的变化而波动；后者以工频为主，受高频分量影响较小。

3）振动幅值和振动主频率波动不定

瓦振及汽轮机平台各测点在不等的频带宽度范围内存在连续谱，振动幅值和振动主频率波动不定。轴承箱盖 45 度振动存在连续谱段为 425～525 Hz，振动主频率约为 470 Hz。

4）振动趋势具有同步性

进汽管道和支吊架振动与轴承箱、汽轮机平台及猫爪振动趋势具有同步性，其中 3 号进汽管道在并网升负荷过程中振动峰值超过 80 mm/s，频谱分析显示 3/4 号进汽管道的振动在 425～550 Hz 和 750～1 000 Hz 内存在连续谱，振动主频率及幅值不稳定。

（3）故障诊断

1）振动性质

通过现场加装测点对比，可以确定机组瓦振测点在低负荷状态下振动偏大是真实的，异常振动具有振动幅值和振动主频率波动不定及连续谱量大的特征，从振动性质来说，属于随机振动。

2）支持刚度分析

引起机组振动大的故障原因有两个：一是动刚度不足，二是激振力过大。支撑刚度由结构刚度、共振、连接刚度三个因素组成。在额定转速空载和高负荷状态下，机组 1～3 号瓦振动良好，可以排除结构刚度不足和工作转速下共振的可能。现场检查轴承箱连接刚度各点差别振动正常，由此可以排除连接刚度异常造成的振动增大。所以机组 1～3 号在低负荷状态下振动偏大是激振力增大所致。

3）激振力分析

在并网升负荷过程中，机组轴振始终稳定且维持在优良水平，轴振频谱中未出现约 470 Hz 的高频振动分量，可排除轴承箱高频激振力来源于转子的可能，即高频激振力是外界传递至汽轮机本体的。

在低负荷状态下，振动随着负荷变化而变化，打闸停机后，调门全部关闭，轴瓦振动迅速下降，从运行上来看，只有各调门开度变化这一因素改变了进汽量，即管道汽流力是一个重要的相关变量。另外，现场测试结果表明，进汽管道的振动与机组轴承箱盖的振动趋势具有一致性和同步性，且都存在不稳定振动，不稳定振动连续谱的范围也基本相同，说明进汽管道和轴承箱盖的高频激振力来源相同，可以确定机组轴瓦高频振动的激振力来源是不稳定气流力。

4）激振力传递路径分析

不稳定气流力经进汽管道、汽缸传递至轴承箱盖。在低负荷状态下，不稳定气流力高频分量主要分布在 425～550 Hz 和 750～1 000 Hz 两个频段范围，其中 470 Hz 成分引发轴承箱盖不稳定共振。由模态测试结果可知，轴承箱盖在 470 Hz 附近存在固有频率，对频率为 470 Hz 的激振力非常敏感，且轴承座截面左 45° 和右 45° 位置对应该阶模态模型的反节点，进一步放大了频率为 470 Hz 激振力作用时瓦振测点位置的振动。这就较好地解释了轴承箱分面在机组瓦振超标时，轴振依然保持在优良水平，以及试验人员站立在轴承箱盖上可显著降低瓦振的原因。负荷高于 500 MW 时，不稳定气流力很小且高频分量基本观察不到，瓦振降低至优良区间，高频分量也随之消失不见。

（4）故障处理

根据以上故障诊断分析结果，提出以下建议。

1）降低激振源是最根本的措施

测试结果表明，3 号进汽管道在低负荷状态下的振动偏大，明显高于其他进汽管道，是机组瓦振超标的直接激振力来源。流体管道的激振力通常来源于两个方面：一是动力机械，二是流体压力脉动。机组 3 号进汽管道振动与负荷有关，即与进汽量有关。因此，可以确定振动超标是不稳定汽流脉动引起的，可考虑的解决方案包括改善管道内的汽流状态参数及改变蒸汽管道的几何配置情况。

从现场可操作性方面考虑，建议通过优化改变调节汽门的开启程序和方式，改变管道内汽流的物理参数，以降低进汽管道不稳定汽流力。对比振动测试结果及阀门开变曲线可知，机组 1～3 号瓦振动及 3 号进汽管道在负的为 80 MW 时达到最大，此时调门 GV1～GV4 的开度分别为 0.80%、0.75%、6.58%、0.61%。经多方论证与核算，决定对西门子给定的阀门开度曲线进行适度修改，将低负荷状态下 GV1、GV2、GV4 的开度增大为 1.76%、1.65%、1.72%，同时将 GV3 的开度减小至 4.46%，以使各蒸汽管道进汽更加均匀。

此外，从设计方面考虑，在管路中设置集箱、空腔缓冲器、滤波缓冲器或蓄压缓冲器等，也能降低不稳定汽流力，但难度较大，成本较高，建议在优化配汽方式效果不明显之后再行实施。

2）降低传递至轴承箱上的激振力

由于汽流激振力难以彻底消除，建议降低管道振动，减小由进汽管道传递至轴承箱上的力。根据蒸汽管道振动分析及现场实际情况，采取在确保管道热膨胀正常和管道系统应力合格的前提下，在管道适当位置设置刚性约束的方式，如固定支架、导向支架、滑动支架或限位装置，必要时设置阻振器或阻尼器。另外，在蒸汽管道与基础之间设立隔振装置，可从传递路径上阻隔汽流激振力的传递，降低低负荷下的瓦振。因检修工期紧张，建议在大修中实施。

3）开展瓦振安全性评估

机组瓦振测点反映的是轴承箱盖的振动，不能代表轴承座的真实振动，尤其是在低负荷状态下的振动超标，仅是测点位置及附近的局部小范围超标。建议将瓦振测点安装到轴承座上，以了解其真实振动。从测试结果分析，机组可在额定工况长期安全稳定运行，但 3 号进汽管道在低负荷工况下振动已超标，应尽快解决，具体可参考前述所列措施。

4）处理效果

据振动故障诊断结果制定了解决方案，因检修工期紧张且厂家技术人员未能及时到位，方案未能在 1 号机组上实施。2 号机组正处于调试阶段，冲转过程也遇到与 1 号机组相同的振动故障，实施了方案中提出的优化配汽后，2 号机组进汽管道和瓦振测点的振动明显好转，机组不采取滤波的方式即可成功冲转升速、并网带负荷。3 号进汽管道优化前后的振动分别为 78 mm/s、32 mm/s；1 号瓦优化前后的瓦振分别为 11.5 mm/s、4.3 mm/s。

通过测试和分析，确定了 CPR1000 技术半转速核电机组瓦振超标的原因，是不稳定汽流激振力传递至轴承箱引发轴承箱盖不稳定共振所致，可通过优化配汽方式对其进行有效解决。

7.3 汽轮机典型振动故障与诊断处理

7.3.1 凝汽器真空变化对机组振动影响分析

（1）振动机理

机组运行期间凝汽器需保持一定的真空度。低压缸外部处在大气压下，其内部由于排汽压力很低，具有较高的真空，内外压差使缸体变形，其变形程度与真空状况密切相关。真空过高或过低都会对其工作产生一定的影响。真空过高时，汽缸变形量及轴承标高变化大，动静间隙改变幅度明显，易发生碰磨故障；真空过低时，蒸汽膨胀不充分，汽轮机效率低，因此运行中的相关参数一定要控制在规定的范围内。现代大型机组随着额定功率不断提高，焓降增大，低压转子叶片尺寸也在增加，从而低压缸缸体体积增大，刚性偏弱，尤其是低压缸外缸多数由成形钢材焊接而成，虽然强度满足要求，但刚性较差，低压缸整体形态很容易受外界因素变化的影响，对凝汽器真空的变化更为敏感，具体表现在自振频率低及低压缸上轴承标高容易变化等方面。

真空变化会使凝汽器排汽压力和排汽温度变化，从而直接影响到低压缸的状态和轴承的标高，对于轴承座在排汽缸上的机组来说，排汽缸温度的变化主要表现在对轴承座标高的影响。汽轮机和发电机转子的两端都是由轴承支撑，如果轴承标高发生变化，则所承担的符合分配也会发生变化，使轴承内的油膜建立情况出现偏差，诱发机组的自激振，包括油膜振动和汽流激振等。因此，轴承标高在检修期间必须格外重视，认真调整，并在运行期间合理控制相关参数，以保证轴承标高的变化在允许范围内。

真空的较大变化还会导致刚性较弱的低压缸缸体变形较大，从而引发动静间隙的明显改变。汽轮机要求各转子与汽缸之间不能有大的泄漏，即有轴封存在，以保证轴系在旋转过程中不发生磨碰现象；同时还要求转子和汽缸等静止部件间有最小的径向和轴向间隙。过小的间隙容易使转子与汽缸或隔板发生动静磨碰，造成转子在碰磨部位的不均衡热变形，这种明显的热弯曲会产生附加的不平衡力，影响转子平衡状况，使振动变化，还会导致转子与汽缸或静子的同轴度出现偏差过大的现象，一定程度上引起汽流激振和加剧动静磨碰。

（2）处理方法

运行中低压转子的振动异常现象极易发生，必须认真监测和判断，特别注意的是，不管启动过程还是带负荷运行，振动保护都不能退出，以免振动迅速增加而导致机组损坏。

对于运行中出现的动静碰磨、低压转子轴振快速上升的现象，要考虑相关参数是否由于升降负荷或其他操作而发生了明显的改变，如凝汽器真空、循环水流量、轴封和供汽温度等，并根据振动爬升速度及时进行调整。

由于真空变化而引起的振动异常，可采取如下措施控制振动的发展。

1）真空变高，应首先确认是否负荷降低速度太快，可通过排汽温度的降低程度予以验证，并及时通过提高排汽压力、控制真空泵运行台数和循环水量等手段进行调节。

2）如真空降低过快，应及时启动备用真空泵、投入凝汽器喷水减温、启动备用循环泵增加循环水量、检查凝结水和轴封系统等操作来调整真空情况。

7.3.2 汽轮机转子的热弯曲

汽轮机转子是在充满高温、高压蒸汽的环境下工作。在汽轮机的启停机和定速及带负荷运行期间，受转轴自身材质及结构方面的缺陷、运行条件（如蒸汽参数）的变化、转子和静止部件的接触等因素影响，汽轮机转子热弯曲故障时有发生，造成机组轴系振动明显增大。

（1）汽轮机转子热弯曲的原因

一般情况下，汽轮机转子的热弯曲在机组带负荷运行后出现。汽轮机转子产生热弯曲的主要原因如下。

1）转轴材质不均匀

转子材质不均匀是转子锻件内部存在气隙、夹杂、鼓泡等缺陷形成转子径向纤维组织不均匀，使材质特性存在各向异性。汽轮机转子材质不均匀会使转子各部位线膨胀系数不等，当转子受热后，转子径向膨胀差造成转子弯曲，当转子冷却后，弯曲消失。当机组运行操作不当，造成汽轮机转子进水或进冷蒸汽时，也可能引起转轴材质不均匀，导致热态下的振动较冷态下明显改变。由于汽轮机工作环境温度较高，如果转子材质存在上述方面的缺陷，相比发电机转子，则弯曲量可能更大，对振动的影响更显著。

2）叶轮的轮毂之间或轴上其他套装零件与轴凸台之间轴向间隙不足和不均匀

机组负荷增大后一段时间内，由于蒸汽参数的提高，转子各部件会形成一个暂态温度场分布。因套装部件温度较转轴温度升高要快，故其膨胀大于转轴膨胀。当二者膨胀差大于预留的轴向间隙时，套装部件之间或与转轴凸台之间就会因间隙消失而被顶死，从而产生很大的轴向力，使转子产生弯曲。

该轴向间隙不足或不均匀一般是制造厂设计和安装方面缺陷引起的。运行中部件的积垢或锈蚀也会引起轴向间隙在圆周方向的不均匀。

3）转轴径向存在不对称温差

① 转子中心孔积油。当汽轮机（高压或高中压）转子中心孔有油而未充满时，高转速下该液体会受到离心力的作用而甩向内腔壁。因转子中心孔的几何中心和转轴旋转中心不重合，贴向内腔壁的油膜厚度在圆周方向不同。由于转轴在轴向存在较大的温差，油液在孔内存在热交换，油膜厚度在圆周方向不同使这种热交换沿径向不均匀，造成转子产生不对称温差，其数值随转子本身温度的升高而增大，即随有功负荷的增大而增加。此外，温度较高的一端油发生汽化，而温度较低一端油仍为液态，二者导热系数不同也使热交换沿径向不均匀。通常是由于中心孔堵头不严或中心孔与外界有诸如孔、缝隙等相通之处造成润滑油进入中心孔内，即机组运行时内腔的气体被加热而膨胀、泄出，停机后转子冷却，内腔形成负压，把润滑油吸入腔内。随着启停机次数增多，转子被多次加热和冷却，中心孔积油逐渐增多，造成带负荷后转子热弯曲逐渐增大，振动越来越大。近年来，随着越来越多的大型汽轮机采用实心转子，排除了中心孔进油的可能性。

② 转轴存在轴向不对称漏汽。转轴单侧漏汽或两侧漏汽不对称时，会造成转轴冷却或加热不均，使转轴产生径向不对称温差。这种温差随漏汽量的增大而增加。

③ 轴上套装部件失去紧力。机组带负荷过程，由于转轴上套装部件（如叶轮、轴封套等）一般与轴之间存在较大的温差，所以当这些套装部件失去紧力时，转轴将产生明显的不对称温差，造成转子弯曲，这种情况特别容易在冷态启动中出现。

④ 汽轮机转子和静止部件的局部动静碰摩。无论是启停机还是定速带负荷过程中，若转子与汽封、油挡等静止部件产生局部碰摩时，转子碰摩处的“高点”和未接触的“低点”会产生径向温差，进而导致转子出现热弯曲。

（2）汽轮机转子热弯曲的振动特征

汽轮机转子热弯曲引起的振动与机组有功负荷大小有关。通常情况下，机组冷态运行时（空载）振动较小，但随着负荷的增加，振动明显增大，反之亦然，但振动随有功负荷的变化存在一定的时间滞后。汽轮机转子热弯曲引起的振动表现为基频振动。一般汽轮机转子产生的热弯曲都是暂态的，通过停机后数小时的连续盘车就可使转子变直，恢复弯曲前的状态。但如果转子热弯曲的根源未消除，汽轮机再次启动、带负荷，这种振动又会重现。

由于汽轮机汽封等间隙较小，当热弯曲产生的振动增大到一定程度时，会引起转子出现动静碰摩，发生摩擦振动，使热弯曲量继续增大，振动也不断增大，产生恶性循环，严重时会形成永久弯曲。

中心孔积油引起的汽轮机转子热弯曲，振动随负荷增加及运行时间的延长而较快增大，数十分钟或 1～2 h 振动就会超限。这种情况通常出现在新机调试阶段或机组大修后启动过程，往往初始的一、二次启动没有这种现象，随后几次越来越明显。因此，需将几次开机运行中的振动值进行比较。

对于汽轮机叶轮的轮毂之间或轴上其他套装零件与轴凸台之间轴向间隙不足和不均匀，以及套装部件失去紧力引起的热弯曲，一般只是在机组冷态启动和带负荷过程才发生振动，负荷升得越快，振动越大；当负荷稳定一段时间后，振动逐渐减小，且能恢复原始状态；当热态启动或升负荷较慢时，振动变化较小。

在汽轮机转子较大振动情况下，机组快速解列停机惰走通过转子一阶临界转速时的振动较启动过程中的相应值增大很多，且转子发生热弯曲后惰走停机时在低转速下（200～400 r/min）或盘车时测量转轴晃度较大。

（3）汽轮机转子热弯曲的对策

对于汽轮机转子热弯曲产生的振动，如果振动在限值以内，也可不予考虑。当超过限值，但振动增量相对不大，且较为稳定，以及无法查明热弯曲原因或已查明原因但一时无法处理时，则可考虑对汽轮机转子进行热平衡，补偿一部分热弯曲产生的质量不平衡。

目前，由于已发生的汽轮机转子热弯曲故障（除局部碰摩产生的热弯曲外），产生的振动多数无法控制，随有功负荷增大振动很快超过限值。因此，对于这种情况，必须查明引起转子热弯曲的原因，及时进行处理。

严格执行正确的运行操作，防止汽轮机转子进水或冷蒸汽，造成转子材质不均，也是避免汽轮机转子发生热弯曲的重要保障。

对于发生严重动静碰摩、引起较大热弯曲的转子，当停机后盘车投不上（盘车装置故障）或盘不动时，不能用吊车或蒸汽冲转强行盘车，而应采取闷缸措施，尽快消除转子热弯曲。闷缸措施如下：① 润滑油系统正常供油，顶轴油泵运行；② 滑停中发生热弯曲，应破坏真空停机，停止快冷；③ 隔离汽轮机本体的内外冷源，关闭进入汽轮机所有汽阀及所有汽轮机本体、抽汽管道疏水门，进行闷缸；④ 严格监视和记录汽缸各部分的温度、温差和转子弯曲值随时间的变化情况，不允许在未盘车时向轴封供汽；⑤ 当调节级上下缸温差小于 50 ℃时，先手动试盘，若能盘动，可将转子盘 180°，进行自重法投直；⑥ 转子经多次 180°盘转，当转子弯曲值回到正常范围时，可投入连续盘车。

通过采取正确闷缸措施，可最大程度避免转子发生永久性弯曲。

7.3.3　汽轮机转子的渐变式弯曲

（1）渐变式弯曲转子的机理

转子毛坯锻造过程中，其内部会产生很大的残余应力。一般情况下，通过锻件在室外的

“时效”或在恒温炉中进行去除应力的热稳定试验（或“热跑”试验）过程来释放这些残余内应力，然后再进行机械加工。如果锻件“时效”时间不够或未进行热稳定试验，或者热稳定试验工艺不当，则锻件内部将存在较大的残余应力。使用这种锻件毛坯加工后的成品转子残留的内应力在机组运行过程中将不断释放，内应力的释放过程就是转子产生弯曲的过程，因此，转子的弯曲是逐渐增大的，即渐变式弯曲过程。但该弯曲是永久弯曲，弯曲量达到一定水平后会引发转子剧烈的振动。据不完全统计，国内已有数十台 300、600 MW 等级的汽轮机高（中）压出现了这种渐变式弯曲故障，个别低压转子也出现渐变式弯曲问题。

（2）渐变式弯曲转子的振动特征

由于渐变式弯曲转子的弯曲量是逐渐增大的，故引起的转子振动也是不断爬升的。转子弯曲量大小与其内部残余应力的释放过程有关，振动的爬升与机组运行的时间及转子温度都有一定关系。

因转子在运行时内应力的释放需一段时间过程，在某个阶段转子弯曲产生的振动值可能已超限引起机组跳机，故在现场很难根据振动数值大小确定转子残余内应力是否已完全释放完毕。如果汽轮机转子存在内应力大问题，其应力释放一般自机组投运起 1 年时间左右即可释放完，但也有个别转子内应力释放时间达到 2～3 年。

通常情况下，这种转子工作转速下的振动随运行时间是逐渐爬升的，但当转轴弯曲量达到一定程度后，也会造成启停机通过转子一阶临界转速时的振动显著增大。然而，与材质不均匀转子在运行中产生的热弯曲不同，其在冷态下振动一般都会逐渐恢复到原始值附近，如空载时振动或冷态启动过一阶临界转速时振动基本保持不变，而残余内应力过大的转子在运行中产生的则是永久弯曲，会引起冷态和热态振动同时增大，包括启停机通过一阶临界转速时的振动。

当转子发生严重动静碰摩或进水、进冷蒸汽等故障时，转轴可能也会出现永久弯曲，特别是高（中）压转子，在转轴上会残留较大的内应力。该内应力是转轴摩擦、进水、进冷蒸汽造成局部受热不均匀后，轴的变形量超过材料的屈服极限下形成的。与毛坯锻件残留的内应力引起的弯曲有所不同，可通过弯曲转子去应力热处理试验结果来进行二者的区分。据相关资料，通过对因摩擦和进水、进冷蒸汽引起的弯曲转子进行去应力热处理后，将消除部分内应力，通常最大弯曲部位的弯曲量会下降 20%～30%，其弯曲下降量与材料特性、转子结构尺寸、回火温度等有关。而对因残余内应力过大引起的弯曲转子经过去应力热处理后，弯曲量一般会出现一定程度的增大现象，增大量仍在该弯曲方向上。

（3）渐变式弯曲转子振动的对策

要从根本上杜绝出厂转子内应力大问题，需转子设备生产厂家严格控制上游的转子锻件毛坯进货质量，跟踪和监督控制锻件毛坯的锻造和热处理工艺，从源头上把关，确保精加工前锻件残余内应力充分释放，达到合格水平。

对于渐变式弯曲的汽轮机转子，如果弯曲量在适中范围内（一般最大弯曲量不超过 0.12 mm），则可尝试在现场进行高速动平衡，补偿部分转子弯曲对振动的影响，但加重效果受内应力释放程度的影响，可能多有反复。

如果最大弯曲量超过 0.12 mm，则转子上有限的加重位置及可施加的平衡重量可能不足以将弯曲转子的振动控制在可接受的水平。因此，建议将转子返回制造厂，进行转子车削归圆处理及高速动平衡。

返回制造厂的转子，宜进行转子热稳定性试验，以彻底消除残余内应力。否则，即使完成转子车削归圆处理及高速动平衡，并且振动达到合格水平，但如果仍有较大内应力存在的情况下，则机组继续运行中，转子会继续产生新的弯曲，造成振动的重新爬升。然而，考虑到高（中）压转子叶片不方便拆卸、热稳定性试验所需的高温条件会使其产生氧化皮问题，故目前返回制造厂的转子几乎都未进行热稳定性试验。

7.3.4　汽轮机汽流激振

汽流激振是蒸汽激振力诱发的、在汽轮机高（中）压转子上产生的一种自激振动现象。随着汽轮机蒸汽参数的提高（如超临界压力机组），会导致高压缸进汽密度增大、流速提高，蒸汽作用在高压转子上的切向力对动静间隙、密封结构及转子与汽缸对中度的灵敏度提高，增大了作用在高压转子的激振力。这些将使轴系振动稳定性降低，严重时会诱发高压转子失稳，产生很大的突发性低频振动。因为蒸汽激振力近似地正比于机组的出力，故由蒸汽激振引起的不稳定振动就成为限制超临界压力机组出力的重要因素，直接影响了机组的可用率。

（1）汽流激振机理

根据目前较为公认的研究结果，汽轮机汽流激振力通常来自三个方面。

第一是叶顶间隙激振力。它是汽轮机叶轮在偏心位置时，由于叶顶间隙沿圆周方向不同，蒸汽在不同间隙位置处的泄漏量不均匀，使作用在各个位置叶轮的圆周切向力不同，就会产生一作用于叶轮中心的横向力（合力），也称为间隙激振力。该横向力垂直于叶轮中心偏移方向，趋向于使转子产生自激振动。在一个振动周期内，当系统阻尼消耗的能量损失小于横向力所做的功，这种振动就会被激发起来。叶顶间隙不均匀产生的间隙激振力大小与叶轮的级功率成正比，与动叶的平均节径、高度和工作转速成反比。由此也可看出，间隙激振容易发生在汽轮机大功率区段及叶轮直径较小和短叶片的转子上，即高参数大型汽轮机的高压转子上。（见图 7-5）

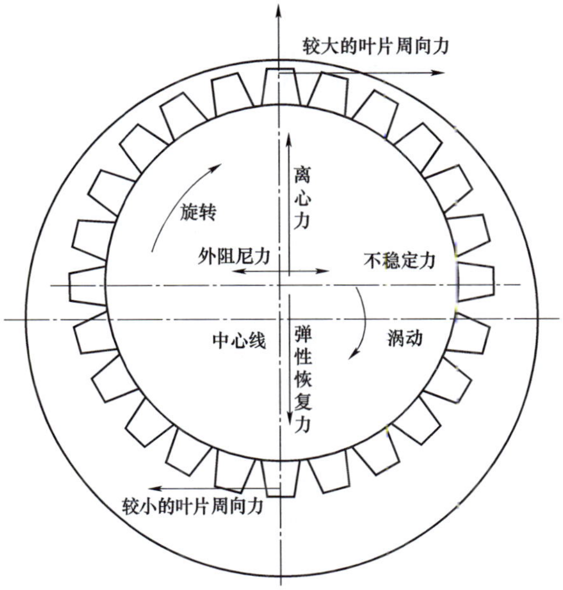

图 7-5　汽轮机叶顶间隙对涡动的影响

对于带有围带汽封的动叶，通过围带汽封蒸汽的不均匀流动会形成不对称的压力分布，它会产生一附加的汽流激振力。此时总的汽流激振力要大于上述的间隙激振力，特别是对于反动度较小的汽轮机级，如冲动式汽轮机，二者的差异更大。该附加力的大小与围带汽封的径向间隙成反比，与叶轮前后压差、围带宽度、围带半径成正比，而叶轮轴向间隙的减小在一定程度上可降低蒸汽激振的影响。所以，适当放大汽封片的径向间隙、缩小叶轮轴向间隙可减小该流体激振力。

第二是密封流体力。由于转子的动态偏心，引起轴封和隔板汽封腔室中蒸汽压力分布的不均匀，其结果产生一垂直于转子偏移方向的合力。与前者一样，该切向力使转子运动趋于不稳定。研究表明，该流体力包括蒸汽在密封内轴向流动和周向流动产生的两部分汽流力。蒸汽轴向流动产生的流体切向力和径向力与轴封的几何尺寸、轴封蒸汽流量、温度、压力、轴封齿平均间隙及转子角速度等因素有关，而蒸汽周向流动产生的汽流力可用类似于描述轴承动力特性的四个弹性和四个阻尼系数表示。

第三是作用在转子上的静态蒸汽力。由于高压缸进汽方式的影响，高压蒸汽产生一作用于转子的蒸汽力，它一方面可影响轴颈在轴承中的位置，改变了轴承的动力特性（因轴承载荷变化）而造成转子运动失稳；另一方面使转子在汽缸中的径向位置发生变化，引起通流部分间隙的变化，可能导致蒸汽激振力的增大。在喷嘴调节汽轮机中，该蒸汽力是由于部分进汽引起的。通常考虑到汽缸温差方面的因素，喷嘴调节模式运行时首先开启控制下半 180°范围内喷嘴的调节汽阀，一般是下缸先进汽。调节级喷嘴进汽的非对称性，引起不对称的蒸汽力作用在转子上，在某个工况，其合力可能是一个向上抬起转子的力，从而减少了轴承比压，导致轴瓦稳定性降低。该力的大小和方向与机组运行中各调节阀的开启顺序、开度和各调节阀喷嘴数量有关。

例如，某 300 MW 汽轮机高压缸有 4 个调节阀，对应于 4 组喷嘴，喷嘴组与调节阀序号相对应，喷嘴组的序号和喷嘴数，以及受力示意如图 7-6 所示。当Ⅱ、Ⅳ号调节阀全开及Ⅰ、Ⅲ号调节阀全关时，则蒸汽对转子产生的合力基本在右水平方向，该力驱使转子向右水平方向移动。

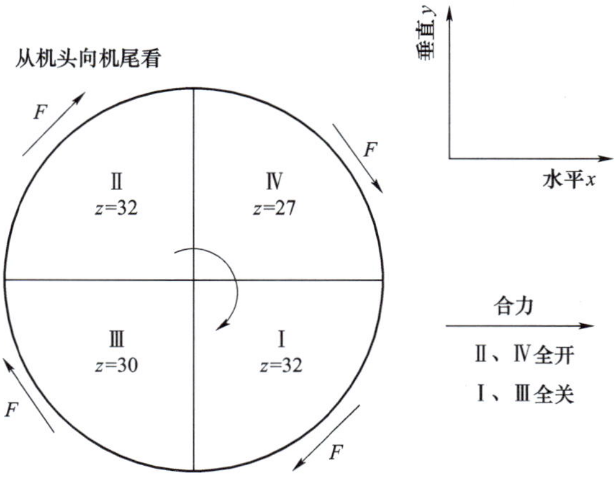

图 7-6　高压调节阀喷嘴组排列顺序和喷嘴数，以及受力示意

（2）汽流激振的振动特征

汽流激振一般突然发生在高参数、大容量汽轮机（特别是超临界压力汽轮机）的高压（或高中压）转子上，但有时低压的压缩机也会发生。汽流激振出现在机组并网之后、负荷逐渐增加的过程中，其主要特点是振动敏感于负荷，且一般发生在较高负荷。突发性振动通常有一个门槛负荷，超过此负荷，立即激发汽流激振，而当负荷降低至某一数值时，振动即能恢复，有较好的重复性。汽流激振引起的振动有时与调节阀的开启顺序和调节阀开度有关，通过调换或关闭有关阀门有时能避免低频振动的发生或减小低频振动的幅值。

汽流激振产生的自激振动也为转子的正向涡动。但与轴承油膜涡动不稳定不同，汽流激振产生的低频振动的频率与工作转速无关。发生严重汽流激振时的振动频率通常与高压转子第一临界转速对应的频率相吻合，但在绝大多数情况下，振动成分以接近工作转速一半的频率分量为主。此外，由于实际蒸汽力和轴承油膜力的非线性特性，有时该振动也会呈现其他一些谐波频率分量。

（3）汽轮机汽流激振的识别和对策

由于汽流激振通常只在高参数、大容量机组的高压转子上，且在较大负荷工况下出现，振动频率以半频分量或高压转子一阶临界转速频率为主，因此很容易识别蒸汽激振故障。

根据蒸汽激振的机理和轴系稳定性理论，消除和减小汽轮机蒸汽激振故障原则上一般应从加大转子刚度、增大系统阻尼和减小汽流激振力三方面着手。

增加转子刚度通常是缩短轴承间距离以提高转子的临界转速。

增大阻尼的办法包括：1）采用阻尼和刚度不对称性更好的轴承，如可倾瓦轴承；2）改变轴承几何形状，如减小轴承长径比；3）增大轴承预载，如上抬标高以增大轴承比压；4）改变轴承间隙，如减小轴承顶隙；5）提高润滑油温。

减小蒸汽激振力的办法包括：1）适当增大叶顶汽封的径向间隙，减小其轴向间隙；2）调整转子在汽缸中的位置，使圆周方向的动静间隙尽量均匀；3）改变汽封结构和汽封布置，沿轴向流径方向汽封间隙设计为“发散型”；4）在叶顶汽封和端部汽封间隙等处安装止涡装置或逆转向注入流体，利用该装置或流体的反涡旋干扰间隙内工作介质的周向流动，以减小其产生的汽流力；5）改变进汽调节阀的开启顺序或开启重叠度；6）降低主蒸汽参数，如温度、压力（现场不得已的办法）。

应该注意高压转子汽流激振故障的发生与支持轴承的动力特性密切相关。在许多场合，实际上不稳定的低频振动是由汽轮机通流部分的汽流力和轴承润滑油膜力共同激发起来的。虽然高参数、大容量机组高压转子存在本节所述三种产生“蒸汽激振”的激振力，但是否会出现汽流激振引起的低频振动还取决于各支持轴承油膜的阻尼作用大小及油膜是否有附加的激振作用。从一些出现突发性低频振动的机组来看，其振动的产生是高压（或高中压）转子汽流激振和1号、2号轴承轴瓦自激振动综合作用的结果。对于超超临界和亚临界压力的大功率汽轮机来说，因为轴承油膜不稳定的影响和通流部分“蒸汽”的干扰会结合在一起，增大轴系产生低频振动的危险性。因此，对于已投运的机组，运行中轴承标高的变化、运行方式及检修质量等都会影响到汽流激振的发生和发展。

机组运行中与汽轮机缸体相连管道的应力可能限制缸体的热膨胀，造成转子在汽缸中的对中度的恶化，最终引起汽流激振的发生。例如，某电厂2台新一代1 000 MW超超临界汽轮机试运期间在 900 MW 以上负荷时都出现过 1 号、2 号轴承轴振超过 250 μm 的限值而跳机的现象，振动主要为 25 Hz 的低频分量，诊断为发生了汽流激振。与此同时，发现高压缸右侧（A 排）前、后猫爪脱空。通过降主蒸汽温度才勉强使振动得以控制并通过试运。在 1 年后的检查性大修中，发现高排管道安装不合适，应力过大，并对缸体产生倾翻力矩作用，致使高压缸膨胀受阻，且单侧猫爪脱空，造成热态下转子在汽缸中偏心。后对高压缸排汽母管水平段进行切口处理，并对高压缸排汽管道支吊架进行了调整，释放冷段力矩管道应力后猫爪回位。处理后机组运行中，高压缸热膨胀、胀差等数据明显改善，带负荷过程猫爪没有脱空现象，1 号、2 号轴承轴振动稳定，带大负荷时高压转子基本再未出现蒸汽激振故障。

有的高压（高中压）转子低频振动发生在机组的调试和试生产阶段，有的发生在机组运行几年之后，且均表现为突发性振动，频率以 25 Hz 或转子一阶临界转速频率为主，重复性较好。尽管振动的发生与某个负荷工况有关，但每台机组发生的负荷不完全相同。对这些机组，现场一般通过采取改善高压转子轴承的稳定性（提高标高、增大载荷、减小顶隙等）、调整转子在汽缸中的位置以保证圆周方向的动静间隙尽量均匀、调整调节阀的开启顺序和开度、在汽封处安装反涡装置等一种或几种措施组合，有的取得了较好的结果，低频振动消失或明显降低；有的效果不理想，基本维持原来的振动水平。

总体而言，目前消除蒸汽激振故障较解决轴承失稳问题困难一些，而且有些机组汽流激振故障的治理仍十分棘手。

7.4　发电机典型振动故障与诊断处理

7.4.1　发电机振动危害

振动过大如发生在发电机部位，则使滑环与电刷受到磨损，造成发电机励磁机事故。

（1）发电机转子护环磨损，芯环破损，电气绝缘磨破，以致造成接地或短路；

（2）励磁机整流子及其碳刷磨损加剧等。

7.4.2　发电机振动试验

发电机振动试验主要是励磁电流试验。励磁电流试验的目的是判断振动是否由电气方面的原因引起的，以及由电气的哪些原因引起的。如加上励磁电流后机组发生振动，断开励磁电流振动消失，则可肯定是由电气方面原因造成的。此时可继续进行励磁电流试验。

（1）随着励磁电流的增加，振动数值增大，则振动是由于磁场不平衡引起的。造成磁场不平衡的原因有：发电机转子线圈短路；发电机转子和静子间空气间隙不均匀等。

（2）磁场电流增加时，振动数值不立即增大，而是随着磁场电流增加在一定的时间内呈阶梯状增大，在励磁电流增大时尤为显著。这表明振动和转子在热状态下的质量不均衡有关。

7.4.3　发电机电气故障特征

发电机机典型电气故障如图 7-7 所示。

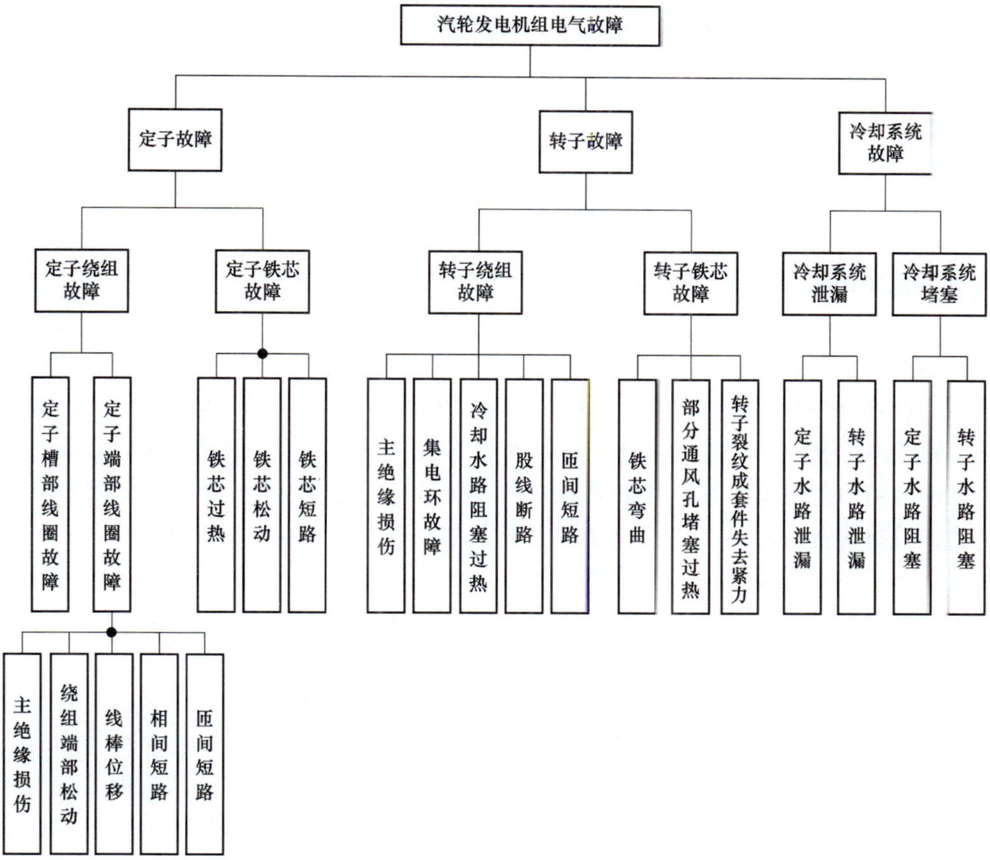

图 7-7 发电机典型故障

（1）定子铁芯故障

通常发生在大型汽轮机发电机上，主要是铁芯深处的过热问题，早期征兆是大的环路电流、高温和绝缘材料的热解。

（2）绕组绝缘故障

原因：绝缘老化，绝缘缺陷及引线套管受污染。

主要症状：定子绕组局部放电量的增加。

（3）定子绕组股线故障（发电机）

股线间短路产生电弧发电、可能发展接地故障或相间短路故障征兆：水冷电机的冷却水中有绝缘材料热解产生的气体。

（4）定子端部线圈故障

运行过程产生的冲击力使定子端部绕组发生位移，从而引发绝缘劣化和发生局部放电征兆：振动和局部放电。

（5）冷却水系统故障

征兆：定子线棒或冷却水温度偏高、绝缘材料热解及可能引起的放电。

（6）转子绕组故障（发电机）

主要是匝间短路故障。匝间短路可能由于发电机在低速启动或停车时，槽中导体表面的污物引起了电弧，或者是巨大的离心力和高温影响了绕组和绕组绝缘。

匝间短路故障可引起局部过热甚至导致转子接地。

通用的监测方法是采用气隙磁密监测，通过探测气隙磁密，可以确定匝间短路的数量和位置；监测轴承振动是否加强。

7.4.4 发电机定子及端盖轴承振动

为缩短转子跨距，大型发电机转子多采用与发电机定子相连的端盖轴承支撑。尽管发电机定子结构庞大、质量很大（如 600 MW 发电机定子质量超过 300 t），但由于结构布置等因素，定子及端盖轴承的动刚度并不是很大，有些情况下会出现较大的定子振动或轴承座振动。近年来，国产 300 MW、600 MW 及 1 000 MW 等级发电机在现场频发结构振动故障，引发了定子、轴承座、台板、二次灌浆及基础等部件的剧烈振动。这一方面会导致励磁滑环和电刷磨损加剧，甚至危及发电机出线的绝缘；另一方面也会损坏氢冷器的密封系统，并加速轴承支座的绝缘垫老化，严重的还会在焊缝等部位产生疲劳裂纹等。

（1）发电机结构振动的主要原因

发电机产生结构振动的主要原因如下。

1）支撑刚度设计不足

铁芯质量一般占定子总质量的 65%左右，且布置在定子的中部。图 7-8 是某 600 MW 发电机简化后的自重分布及其垂度示意，其中虚线示意了定子由于自重引发的垂度曲线。考虑到发电机定子是通过侧面的地脚螺栓水平悬挂在基础台板上，这就使定子两端的端盖轴承处于上翘态势，且端盖轴承位于定子地脚螺栓以外，属于悬臂结构，因此端盖轴承本身的设计刚度就相对较低（见图 7-9）。

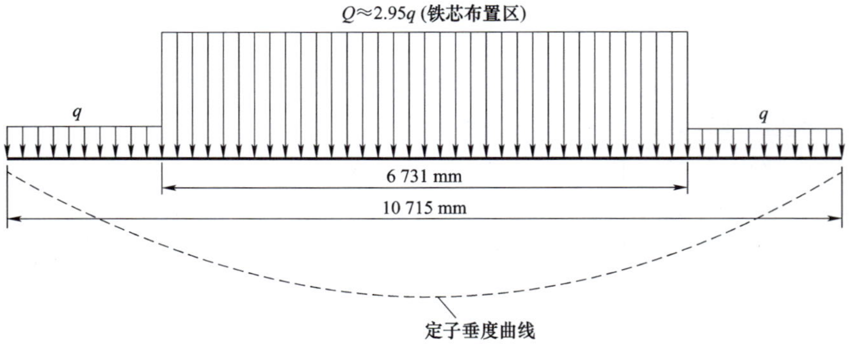

图 7-8　某 600 MW 发电机简化后自重分布及其垂直示意

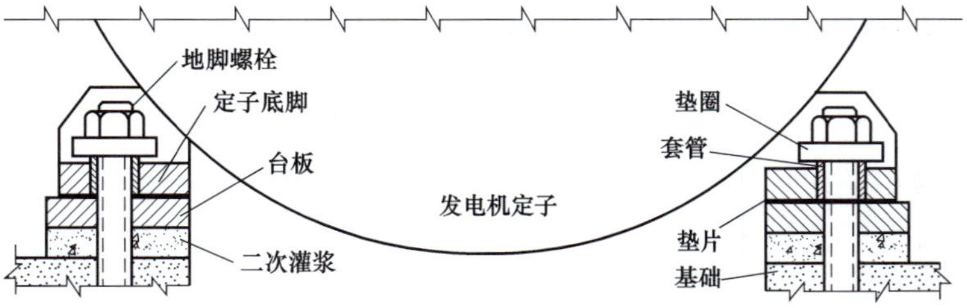

图 7-9　发电机定子支撑结构示意

2）安装不当或基础不均匀沉降引发的结构振动

考虑到发电机定子两端呈现上翘姿态，从设计上就要求定子底脚和台板之间采用阶梯式垫片（对于定子地脚加工为平面情形）或平垫片（对于定子地脚加工为曲面情形），使定子重量有差别地分布到机座的每个底脚上，其中，汽、励两端机座的四个角承受了65%～75%的定子重量，以保证定子两端被压实垫硬，从而尽量提高端盖轴承的支撑刚度。但事实上，许多发电机由于基础的不均匀沉降或在检修中，为调整低压-发电机转子联轴器中心而增、减定子底脚垫片的厚度等，使定子坐落不平稳，四角或中部产生局部间隙，载荷分配均匀的设计理念在现场难以实现，这就引起发电机定子及端盖轴承局部动刚度降低，甚至固有频率降至工作转速频率或2倍工作转速频率，导致了发电机结构振动增大或共振。

端盖轴承与发电机定子连接不实，降低了连接刚度，也会增大端盖轴承的振动。另外，发电机定子铁芯和端部线圈的松动、支承筋板开裂、材料老化等因素引起其结构刚度的降低，结构固有频率的下降，可能引发50 Hz或100 Hz的结构共振。正常情况下，设计的发电机基座、铁芯和端盖等结构，其固有频率必须在工作转速频率和2倍工作转速频率的±20%区域以外。

3）耦合激振引发的结构振动

大型发电机的耦合激振主要包括两方面：一是大型发电机一般都采用端盖式轴承和水氢氢冷却方式，以缩短转子跨距和提高冷却效果，这就使发电机的定子振动、氢冷器及其进出水管振动、端盖轴承振动和转子振动是相互耦合的，其中任何部件的振动都有可能导致发电机结构振动；二是发电机转子的设计二阶临界转速低于工作转速，工作转速下运行时，有时转子振动呈现三阶振型，而发电机瓦振呈现二阶振型，两者之间也存在振型耦合作用。

（2）发电机结构振动的治理

一旦发电机定子及端盖轴承出现结构振动问题，就必须采取必要的措施控制或减缓振动。在机组运行和停机检修期间，可采取不同的处理策略。

1）机组运行中的振动治理措施

实际上发电机出现结构振动问题，往往是定子某些底脚存在安装缺陷，如发电机定子存在局部脱空或接触不良等，因此就有必要先考虑对定子底脚螺栓的紧力进行调整，以提高发电机定子及轴承座的支撑刚度。

对于发电机底脚螺栓的安装要求，有两种不同的设计理念。如哈电和上电600 MW发电机设计中，认为几百吨的定子紧靠自重就可把定子底脚、台板和基础压实，底脚螺栓无需紧固或仅通过套管把台板压实；而东电600 MW发电机设计中要求底脚螺栓必须紧固，以约束定子。现场实践表明，发电机底脚螺栓无论是紧固还是松开状态，其前提条件是定子重量被合理分配到发电机的各个底脚上。当定子底脚局部存在脱空或接触不良时，适度紧固底脚螺栓可能会增大定子的支撑刚度，但紧力过大也会使本来就脱空或接触不良的定子底脚产生局部变形，进而降低支撑刚度。

底脚螺栓紧固过程中应重点注意：① 首先紧固发电机定子四个角的底脚螺栓，防止因紧力不对称，把定子紧偏；② 逐步、分步骤紧固发电机各地底脚，确保每个螺栓的紧力一致；③ 紧固螺栓的过程中，实时监测发电机结构振动的变化趋势，同时对紧固前后螺母的位置进行记录，以保证底脚螺栓紧力的可恢复性。

如果发电机结构振动十分剧烈，但暂时没有停机检修机会，现场也可尝试在发电机定子上施压重物（如沙袋、钢球或钢锭等）。其目的一是增大参振质量来改变结构的固有频率，以减缓结构共振；二是降低发电机两端的上翘趋势，以提高端盖轴承的支撑刚度。实践证明，相对于数百吨的发电机定子质量，施加的重物只有数吨或十几吨，因此并不能改变结构的固有频率，但一定程度上降低了轴承座的振动；同时，两端施压重物比局部施压重物对减缓发电机轴承座振动更为有效。

2）机组检修中的振动治理措施

如前所述，由于发电机定子局部脱空或接触不良等是产生结构振动的主要原因，因此通过对定子安装的优化调整，可消除或减缓结构振动故障。

根据美国西屋公司设计理念，在大型发电机定子安装中，应进行定子负荷分配试验，按照安装工艺阶梯型布置垫片，保证定子承载均匀。发电机安装好后，完全在自然状态下靠自重约束于底板上，且要求在机座四角布置阶梯型承载垫片，使发电机重量主要分配在机座四角上，而四角的重量主要通过筋板传递，其承重区域可分为A、B、C和D四个区域，分别对应四角由机体端部至中间的四条筋板。（见图7-10）

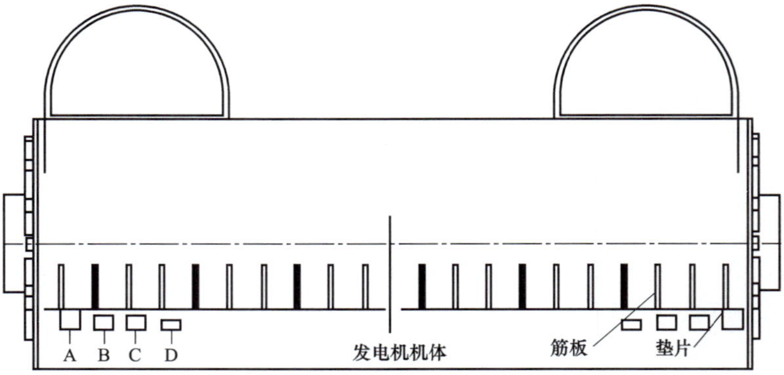

图7-10 发电机定子底载分配原理示意

对某型 600 MW 发电机定子采用有限元建模，进行静力学和预应力模型分析的结果表明，在A、B、C和D区域的垫片长度保持不变时，通过改变垫片高度差可调整承载比例，并且使接近机组工作频率的机壳系统二阶固有频率有所变化。依据该原理，对一台存在明显结构共振问题的同型发电机，现场通过控制阶梯型垫片高度差实现底载外移，实测诱发机组共振现象的二阶固有频率由 49.7 Hz 下降至 48.9 Hz，达到调频目的，底载调整前后承载分布与二阶固有频率见表7-2。发电机轴承最大振动值由调频前的 7.5 mm/s 下降至 5.0 mm/s。

表7-2 某600 MW定子底载调整前后承载分布与固有频率

工况	阶梯型垫片承载比例				二阶固有频率/Hz
	A	B	C	D	
底载调整前	65.0%	21.0%	7.3%	6.7%	49.7
底载调整后	75.0%	23.0%	3.0%	0%	48.9

需要指出的是，有些机组发电机结构振动问题是经过某次检修后才出现的，究其原因是检修中在低压-发电机转子联轴器找中时，增、减了发电机定子垫片，引起定子的不平整和载荷分布的不均匀。因此，在机组常规检修中，应审慎调整定子的承载垫片。在保证发电机定子承载四角均匀的基础上，应以发电机转子为基准，依次调整低压-发电机联轴器、低-低联轴器和中-低联轴器的中心状态。

发电机定子安装调整工作工期长、难度大，目前也没有可操作的施工标准，要求具有相当经验的检修人员才能胜任。有些机组的发电机结构振动故障历经多次检修但效果仍然不佳。而现场动平衡作为一种简便、可行的方法，可尝试用于发电机结构振动故障的处理。即现场通过精细平衡试验，尽量减小传递到轴承上的转子激振力或改变激振力的方向。有时现场动平衡方法在治理发电机结构振动问题时能够达到事半功倍的效果。

目前，火电厂在役的大型发电机转子在其二、三阶临界转速之间运行，发电机在额定转速下主要呈现二阶或三阶振型。通过分别在发电机两端风扇环上反对称加重和在低压-发电机联轴器或发电机-励磁机联轴器上加重来校正二阶和三阶振型。

与常规现场转子动平衡试验不同的是发电机存在结构振动故障时，支持轴承动刚度急剧减小且严重不对称。这一方面破坏了振型正交性原理，使发电机转子反对称加重不仅会激发反相振动响应，还会激发明显的同相振动响应，从而给转子振型识别带来很大难度；另一方面，也使同一轴承处不同振动测点（如 x 方向和 y 方向轴振和轴承座振动）读数的差异较大，根据不同测点数值计算得到的加重方案相差明显，甚至相互矛盾。因此，对存在结构振动问题的发电机进行现场动平衡时，一定要依据转子临界转速区域的振动特性，审慎选择加重方式和加重位置，否则将产生较大误差，影响动平衡的精确性和效率。

定子基座隔振也是防止铁芯剧烈振动而损害基座焊缝和机组基础的一种手段。当大型两级发电机铁芯振动达到或超过 30～40 μm 时，通常就要考虑采取隔振措施。定子隔振结构一般是铁芯和基座之间采用弹性连接。隔振结构主要有两种形式：一种是组合式弹性定位筋隔振结构（见图 7-11），铁芯冲片定位筋用螺钉与弹簧板连接，而弹簧板则通过托块焊接或用螺栓固定在基座环板上；另一种是切向弹簧板隔振结构（见图 7-12），采用了内外基座分开的形式，内机座通过切向弹簧板连接到外基座，受力合理，但工艺复杂，一般用于大型发电机。

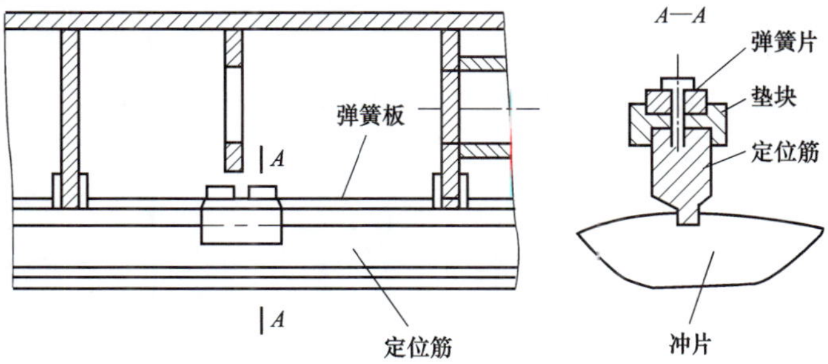

图 7-11　组合式定位筋隔振结构

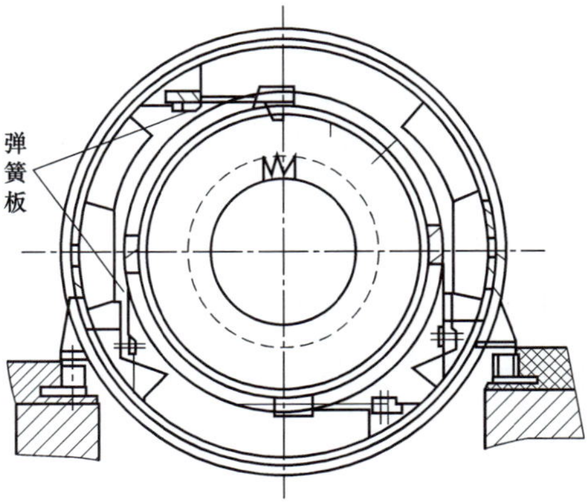

图 7-12 切向弹簧板隔振结构

7.4.5 发电机转子的热弯曲

发电机转子的热弯曲会造成冷态和热态间的振动特性相差较大（热不稳定性或热敏性），热态时因振动过大影响机组的安全运行。据报道，美国 GE 公司生产的各型发电机中，有近 0.5%在运行中出现了转子热弯曲问题。

（1）发电机转子热弯曲的原因

发电机转子热弯曲的产生通常来自发电机工作过程两个方面的影响。一是转子、线圈中产生大量热量被冷却介质（氢气、水或空气）带走的过程，二是因绕组铜导线比锻钢转子膨胀系数大，发电机受热时这种膨胀差将会通过转子槽、槽楔、护环和中心环对转子产生力的传递过程。

只要上述两个过程的影响对于转子中心线是对称的，则不会产生使转子弯曲的力。但当转子出现周向不均匀的温度分布使沿着转子横截面出现温差，或者在转子凹槽、线圈等部位出现不均匀的摩擦力导致转子周向出现不均匀分布的轴向力时，都会使转子受热后产生弯曲，从而改变转子的原始平衡状态，引起振动的增大（或变化）。

发电机转子热弯曲时，振动幅值或相位将随转子电流的变化而改变。下面列出最常遇到的引起发电机转子热弯曲的原因。

1）转子锻件材质不均匀

与引起汽轮机转子热弯曲一样，因材质特性存在各向异性，当转子电流增大，转子锻件受热会产生不均匀的轴向和径向膨胀，从而引起转子弯曲。这种情况近来很少出现，且与发电机结构、绕组方式无关。这类问题通常是由锻件生产和热处理过程的缺陷引起。需要指出的是，发电机转子局部短路故障造成转子温度场不均匀也可能引起材质出现各向异性。

2）匝间短路

机组运行时，发电机转子线圈的绝缘会受到绝缘材料老化、运行温度、机械磨损及运行故障的影响。当匝间绝缘层损坏时，就会发生短路。匝间短路是发电机转子产生热弯曲最常见的原因，其严重程度取决于匝间短路的分布和数量的多少，靠近转子磁极附近线圈的匝间短路影响最大。

当汽轮发电机两个极面上发生短路的匝数相差很大时，两极线圈中产生的热量不同，出现温差，将使转子线圈和转子本体的热膨胀出现不对称现象，造成转子弯曲。汽轮发电机转子散热条件差，发热不均匀造成的影响比较大，特别是转子本体的发热不均比线圈发热不均影响更显著。

另外，发生短路时，匝间短路数量较多的磁极的阻抗较相反的另一极（未发生短路或匝间短路数量较少）的要小，此时，在同样转子电流的作用下，其温度较另一磁极的要略低。因此，温度较高的磁极在轴向的伸长量比相反的另一极更大，使转子在该方向上产生弯曲。随着转子电流的增大，转子弯曲量及振动值也将增大。匝间短路最常出现在护环底下的端部绕组。

3）转子不均匀的冷却或冷却通道受阻

发电机正常工作时，通过冷却介质的循环带走转子铁芯和线圈中产生的大量热量，以保证发电机维持良好的绝缘。如果发电机转子冷却通道（空冷和氢冷发电机的通风孔和水冷发电机的通水孔）局部受到杂质的侵入和堵塞，阻断了正常的冷却作用，则冷却正常部分和异常部分会使转子上产生不均匀的径向温度分布。像匝间短路一样，这种不均匀的温度分布会导致转子发生弯曲。

4）绝缘变化

当发电机转子极与极间绝缘厚度和装配缠绕得不均匀时，将在铁芯上的凹槽和护环底下线圈产生内聚力和不均匀的摩擦力。施加转子电流后，转子线圈不能沿轴向均匀地自由膨胀，进而对转子作用不均匀的轴向力使转子弯曲。这种情况下，承受最大摩擦力或受约束最紧的线圈将在轴向对转子本体施加更大的力造成转子在该方向上弯曲。转子电流增大，弯曲量也增大。有些时候，在某些槽中的线圈可能出现移动引起振动的突变。而在另外一些时候，即使转子电流去除后，由于线圈的内聚力仍然存在，转子仍然弯曲，因此振动保持高位。该故障常出现在转子已运行多年、绝缘损坏或线圈在槽中发生移位的情形。所以，在新转子装配时应格外小心，确保槽楔绝缘均匀及按设计要求留有合适的间隙。

5）槽楔装配紧力不均匀

转子槽楔不均匀的紧力可能造成转子不均匀的轴向力分布，导致转子弯曲。这种情况最常出现在槽楔改造或更换部分转子槽楔时，此时新槽楔的紧力可能与原有槽楔紧力不同，紧力上的差异也会在槽楔上产生内聚力，引起转子弯曲。

6）端部线圈绝缘环配合不良及与中心环间隙不足

为保证发电机端部绕组与中心环之间具有足够的间隙进行轴向膨胀，绝缘环（块）必须与中心环保持一定的轴向间隙，并配合良好。如果存在不均匀的轴向间隙或间隙过小，则通过护环或中心环传递给转子不均匀的轴向力，使转子弯曲，改变其原有的动力特性。不均匀绝缘块配合引起的转子弯曲示意。

7）护环/中心环的移位

当转子电流增大时，转子线圈产生很大的力会传递到护环和中心环上。如果护环和中心环安装得不合适，转子会承受不均匀的载荷，引起转子弯曲。同样，如果热套紧力不足，护环和中心环在套装面上移动，引起护环质量中心的改变，造成振动发生变化。由于安装在中心环上护环结构的转子较安装在本体上护环结构转子刚性差些，故前者更容易出现这方面的问题。

（2）发电机转子热弯曲的振动特征

发电机转子热弯曲分为可逆和不可逆两种情况。二者引起的振动都与转子电流的大小有关，前者的振动随转子电流的增加和减少而增大和降低，转子电流减小后振动最终能够恢复到原始值；后者振动随转子电流的增加而增大，但转子电流减小时振动并不降低或恢复到原始值，而维持在较高的水平，后者可能更难处理。

一般情况下，1）～3）和6）描述的热弯曲是可逆的，而4）、5）描述的热弯曲是不可逆的，7）描述的热弯曲有时是可逆的，有时是不可逆的。

由于转子热弯曲使转子平衡状态发生改变，因此热弯曲引起的振动均以基频分量为主。发电机热弯曲通常与有功负荷关系不大，而与转子电流（无功负荷）的大小有密切关系，振动变化与励磁电流的变化有一定的时间滞后。热弯曲引起的振动变化取决于热弯曲的方向和转子原始不平衡的方向。当热弯曲的方向和转子原始不平衡的方向一致时，励磁电流增大，振动增大，磁电流减小，振动降低；但当热弯曲的方向和转子原始不平衡的方向相反时，励磁电流增大，振动降低，励磁电流减小，振动增大；但当励磁电流增大到一定程度时，合成后的不平衡力大于原始不平衡力，振动也会随励磁电流的增大而增大。

发电机转子冷却系统不均匀引起热弯曲时，冷却介质入口温度越低，则振动越大（此时产生的径向温差越大）；入口温度越高，则振动越小。此外，对氢内冷发电机转子，振动随氢压的增大而降低。因此，通过改变冷却介质温度和氢压时的振动试验可判断转子是否存在冷却不均匀问题。

发电机转子出现的热弯曲大多是暂态弯曲。对于因转子温度分布不均引起的热弯曲情况，热弯曲通常呈“弓”形，其对转子一阶临界转速下的振动影响较大。由于温度变化的过程性，因此在较大振动时，快速解列、停机过程通过转子一阶临界转速下振动往往比启动时明显放大，而且低转速测量轴颈的晃度也比原始值明显提高。

但对于因摩擦效应导致转子出现不均匀轴向力引起的热弯曲，有时振动的增大具有一定的突发性。因摩擦力与正压力成正比，出现振动后振动的变化有时与转速有关。而且没有出现转子温度分布不均的情况，转子轴向力减小或消失后转子立即变直，可能对临界转速下的振动影响不大，低转速测量轴颈的晃度也能恢复到原始值。

（3）发电机转子热弯曲的对策

一般情况下，发电机转子的振动随着转子电流的变化都有一定的改变。如果振动的变化在限值范围内，就可不考虑转子热弯曲的影响。如果振动超过限值，则必须引起重视。

有报道称，消除热不平衡的方法可将发电机冷却系统的某些沟槽进行节流，以建立补偿温度场。通过对热弯曲转子振动等参数的测量和数学处理能够确定节流沟槽和节流衬套直径。由于用户对发电机具体结构不甚了解，因此，这项工作通常由发电机制造厂家来完成。

对于可逆热弯曲的转子，在振动增量一定的情况下，如有停机机会，可对转子进行热平衡，以补偿热弯曲产生的部分影响，但在热平衡过程中应折中考虑空载、带负荷和临界转速下的振动。如没有停机机会，可采取小无功负荷（转子电流）、大有功负荷方式运行；对冷却不均引起的转子热弯曲，在保证绝缘安全的情况下，也可采用适当提高冷却介质温度或提高氢压手段来控制振动。

对于不可逆热弯曲的转子或振动增量太大的可逆热弯曲的转子，如果振动明显超过限值，则通常处理比较麻烦，没有什么好的补偿方法。必须通过一些相关试验，查明转子弯曲原因，必要时停机抽出转子、解体进行认真检查。

如果发电机转子的振动与冷却介质的温度有关，则可怀疑转子存在不均匀的冷却或冷却通道受阻情况，这时需要进行转子通风试验（对空冷和氢内冷发电机）和流量试验（水冷发电机）来确定局部堵塞部位，然后进行反冲洗，疏通冷却通道。

当怀疑发生线圈局部短路或匝间短路时，需要进行一些电气试验查找短路部位，如气隙探测线圈试验。通常，该试验可诊断转子绕组匝间的绝缘状况，检测出在每个线圈出现短路的数量及短路位于的那一极的位置。查明短路点后进行重新绝缘。如果转子振动与励磁电流有关，且排除了转子材质不均、匝间短路、冷却系统不对称等影响后，转子弯曲可能由转子内摩擦力不均引起。发电机转子预热试验有助于进一步诊断热弯曲的原因。在该试验中，转子在低转速下，施加励磁电流使转子达到额定的运行温度，达到运行温度后，再将转子升至额定转速，测取振动数值。通过预热试验和通常额定转速下励磁电流试验中振动数值的比较，有助于分析热弯曲的原因。对于因转子内摩擦力不均产生的弯曲问题，具体位置查找相对困难，有时需对转子解体，根据线圈、绝缘块等部件的挤压和摩擦痕迹进行判断。

7.5　反应堆主泵振动故障与诊断处理

7.5.1　反应堆冷却剂主泵的结构特点和作用

在压水堆核电厂中一般采用轻水作为冷却剂，冷却剂泵就好像整个一回路循环系统的心脏，在它强有力的运转下，冷却剂可以克服回路中压力的损失做循环流动，将堆芯源源不断产生的热能量传递给蒸汽发生器，汽轮机组在蒸汽的驱动下运转带动发电站发电。因此，冷却剂泵是核岛中相当重要的设备，系统对冷却剂泵的要求比较严格，基本要求如下。

（1）必须保证长期安全可靠运行；

（2）必须有很大的转动惯量，即使在突然停止电力供应的情况下，泵依靠其自身的惰转也能在一段时间内提供足够的流量，从而使堆芯温度能够适当地降低。确保在断电情况下堆芯不至于被烧毁；

（3）尽可能少泄漏冷却剂；

（4）过流表面材料必须能够经受住高温含硼酸水的腐蚀；

（5）维修方便且辅助系统简单。

压水堆核电站的冷却剂泵分为两种：转子密封泵（又称屏蔽泵）和立式离心式轴封泵。表 7-3 是这两种泵特性的对比表。目前压水堆核电厂中的冷却剂泵大部分都采用立式离心式轴封泵。轴封泵主要包括三大部分：水力机械、电动机和轴封部件。水力机械主要包括泵壳、叶轮、泵轴承和热屏障组件等。泵壳包含并且支撑住了整个泵体的部件。叶轮是轴封泵的核心部件，回路中的流体通过叶轮的旋转运动得到能量。泵轴承（径向轴承）主要作用是为泵轴提供径向支撑作用。热屏障组件位于叶轮和泵径向轴承中间，它能够抑制温度较高的反应堆冷却剂向径向轴承以及密封组件传递热量，避免泵径向轴承受到高温损害。

表 7-3　转子密封泵和立式离心轴封泵之间的差别

对比内容	转子密封泵	立式离心式轴封泵
结构特点	转子和泵体被装在一个全封闭的密封壳体里面	电动机和泵体部分是分开组装
优点	冷却剂不会泄漏	效率比较高（一般比转子密封泵高 10%～30%）； 电机中的飞轮很重，转动惯量大，机组的惰转性能大大提高； 采用鼠笼式感应电机，成本大大降低； 以满足大容量机组的要求； 维修方便，更换主体只需要十多个小时
缺点	泵组效率低（只有 50%～70%）； 转动惯量小，对供电可靠性较高； 造价昂贵； 容量较小（功率最大为 2 260 kW）； 维修困难	冷却剂存在微小泄漏量
应用场合	适用于容量较小的核动力装置，如核潜艇、实验用的研究堆以及钠冷快堆	大量应用于压水堆核电厂

冷却剂泵使用的是鼠笼式感应电动机，运行时功率为 6～7 MW，三相 6 600 V，转速为 1 500 r/min。电动机驱动部件包括两个径向轴承与一个双向止推轴承，电动机顶部安装有一个惯性飞轮。飞轮重达 6 t，在断电情况下能够保证维持泵运转时间达到数分钟，维持回路中冷却剂能够在回路中循环一段时间，这样可以保持冷却剂在电力供应停止后仍然流经堆芯，避免堆芯过热。增加转动惯量，可以延长泵的惰转时间。

轴密封部件是主冷却剂泵上的重要部件。立式离心轴封泵为了最大程度地防止泄漏采用的是三道串联轴封。它可以将一回路中冷却剂 15.5 MPa 的压力逐渐降低到大气压，同时还可以避免一回路的冷却剂泄漏到外部环境中。第一道轴封（主密封）是密封组件中核心部件，它可防止绝大部分的泄漏。第二道轴封主要功能是阻挡来自第一道轴封的泄漏，当第一道轴封发生异常情况是，二道轴封应能暂时替代一道轴封承受一回路压力，至少应该能保证 30 min，以便能够停堆，泄漏出来的水会被送到核岛中的排气及疏排水系统。第三道轴封的主要功能是阻挡来自第二道轴封的泄漏，它的正常泄漏量很小，正常情况为泄漏出来的水也被送到核岛中的排气及疏排水系统。整个过程如图 7-13 所示。

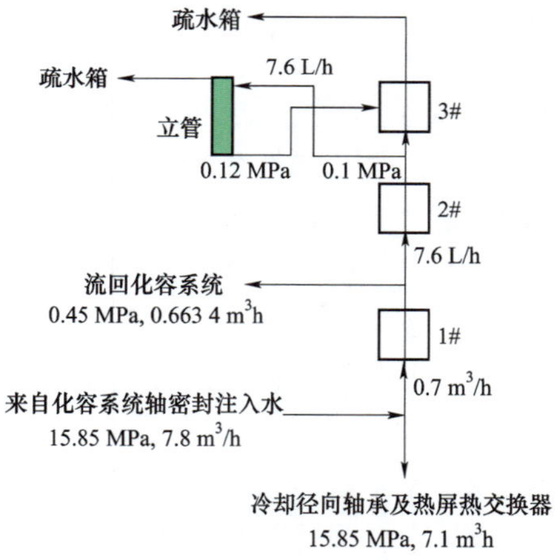

图 7-13　轴封水流向示意图

图 7-14 显示的是冷取剂泵运行时温度和压力环境以及泵工作时与它们之间的关系。

冷却剂泵在核电厂中的作用非常重要，它是核岛一回路主系统中唯一高速旋转的机械设备，它的主要作用就是驱动冷却剂在回路中循环，将热量从反应堆芯传送给蒸汽发生器进行热交换。如果冷却剂泵发生故障不能正常运行，那么反应堆芯的热量不能及时交换，则可能发生堆芯熔毁，后果不堪设想。日本福岛核事故就是因为大地震破坏了回路正常的循环导致回路温度太高，反应堆芯无法冷却造成了严重的核电事故。因此，冷却剂泵的故障诊断对核电厂安全运行具有极其重要的意义。它能否正常工作直接关系到核岛乃至整个核电厂的安全问题。因此对冷却剂泵进行状态监测并对其故障情况进行准确的判断是保证核电厂安全生产的重要措施。

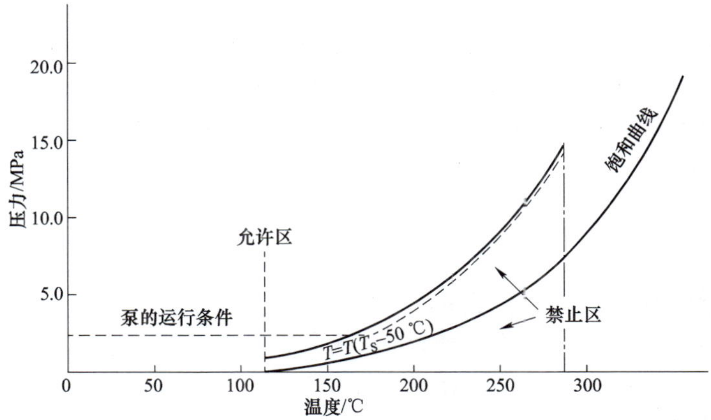

图 7-14　反应堆冷却剂泵运行曲线

7.5.2　反应堆冷却剂泵的振动监测与故障诊断

目前用于核电厂的冷却剂泵故障诊断系统（Fault Diagnosis for Reactor Coolant Pump，FDSRCP）处于发展和研究阶段，国外研究水平较高，但是专门用于冷却剂泵监测和诊断的系统较少，一般必须购买国外大厂家整套核电厂监测和诊断系统时，冷却剂泵监测和诊断的系统作为一个子系统附属于大系统中，这样不仅购买价格昂贵，而且国外厂商家为了维持高额垄断利润，对相关的硬件和软件核心技术进行了高度保密，用户难于根据核电厂具体情况进行局部调整。国内针对冷却剂泵监测和诊断的研究还停留在理论研究层面上，主要是对特征提取方法以及诊断模式的研究，较少有成熟的商业应用系统。

但是从机械振动的共性上，以及振动诊断机理方面，可以利用通用诊断装置和技术来构建应用系统。即反应堆冷却剂泵故障诊断系统也是建立在振动数据信号分析处理的基础上，主要围绕振动信号采集、振动故障信号的特征提取和故障模式识别三个方面展开。

从结构分析即振动起源和机理上，反应堆冷却剂泵的典型故障分类及诊断技术应用，也可借鉴一般性的泵类振动特征与故障诊断方法。随着国内在役核电运行机组数量增多及市场规模形成，尤其是建立振动诊断应用系统的现实意义巨大，应用系统的建立与开发会很快提升到实用阶段。表 7-4 是反应堆冷却剂泵的一些典型故障及振动诊断技术应用总结，较系统地说明了振动在线监测与诊断系统应用所能发挥的作用。

表 7-4　反应堆冷却剂泵的典型故障分类和振动特征

故障类型	特征项	振动特征
转子不平衡	时域波形	振动所产生的波形类似于正弦波
	特征频率	大部分能量汇集在基频处，同时会出现能量较小的高次谐波
	轴心轨迹	轴心轨迹为椭圆
	振动方向	径向

续表

故障类型	特征项	振动特征
转子不平衡	相位特征	相位相差约 180°
	振动幅值	与转速同向增加但不随负载增大
转子不对中	时域波形	波形为 1 倍频和 2 倍频叠加产生
	特征频率	振动主要由径向振动和轴向振动构成。轴向振动的能量以 1 倍频为主，伴有 2、3 倍频；径向振动的能量以 2 倍频为主，伴有 1 倍频
	轴心轨迹	双环椭圆
	振动方向	轴向和径向，以轴向为主
	相位特征	相位相差 180°
	振动幅值	振动的振幅与转子的负荷有关，负荷越大、振幅越大
转轴裂纹	时域波形	多倍频叠加波形
	特征频率	故障初期以 2、3 倍频为主，后期以 1、2 倍频为主
	轴心轨迹	不规则
	振动方向	轴向和径向
	相位特征	无规则变化
	振动幅值	初期时，2 倍、3 倍基频等高倍频分量的幅度值会增加，随着裂纹逐渐扩展它的深度也会增大，1 倍、2 倍基频处的振幅也随之迅速增加
动静碰摩	时域波形	径向：单边“削波”波形，轴向：类似正弦波
	特征频率	分倍频和整数倍频
	轴心轨迹	扩散或不规则，反向进动
	振动方向	径向，或轴向和径向
	相位特征	跳动或不规则
	振动幅值	故障初期，1 倍频幅度值较高，二次谐波幅度值比三次谐波幅度值高。故障后期，1 倍频幅度值减小，二次谐波和三次谐波幅度值增加
油膜振荡	时域波形	低频率成分波形
	特征频率	0.42～0.48 基频，或 0.5 倍频
	轴心轨迹	双环椭圆或不规则
	振动方向	径向
	相位特征	不规则
	振动幅值	低频时振幅增大，当转子转速上升到临界转速的 2 倍时振动幅度最大

第八章

大型旋转辅机设备故障与诊断

随着现代工业的发展和科学技术水平的不断提高，机电设备正不断朝着大型化、高速化、连续化、集中化、自动化和精密化的方向发展，其组成和结构也变得越来越复杂，这直接导致故障率增加和诊断的异常困难，其中关键零部件如滚动轴承、齿轮等某些细微的损伤性故障或异常若不及时检测并排除，就可能造成整个系统的失效、瘫痪，甚至导致灾难性后果。

8.1 泵类设备振动故障与诊断

8.1.1 泵类设备故障概况

泵的故障分析和排除，对于连续生产的工厂甚为重要。如电厂、炼油厂、化工厂等，一旦由于泵的故障而发生重大事故，对生产会带来很大影响，造成重大损失。所以在做好水泵运行及维护保养的同时，还必须以预防为主，及时发现故障的征兆，准确分析故障原因，并针对性地根据故障原因去修理，严防乱拆乱修，避免造成不必要的人力浪费和机件损坏，及时排除故障，使水泵正常运行。

泵在运行中出现的常见故障如下。

（1）性能故障。泵输液的工作性能下降，如扬程太低、流量不足、汽蚀等均是水泵工作性能上的故障。

（2）机械故障。这类故障主要是泵的零部件损坏所引起，如轴承烧坏、抱轴、叶片和轴断裂等。

（3）电气故障。如配套电机功率太小，电动机烧坏，对于输送易燃、易爆的介质未采取防爆电机等。

（4）其他综合因素。

8.1.2 离心泵振动原因及防范措施

大多数离心泵都因产生振动未充分发挥其效果，还直接缩短了运行寿命。

（1）振动原因

离心泵产生振动的原因如下。

1）设计欠佳所引起的振动。离心泵设计上刚性不够、叶轮水力设计考虑不周全、叶轮的静平衡未做严格要求、轴承座结构不佳、基础板不够结实牢靠，是泵产生振动的原因。

2）制造质量不高所引起的振动。离心泵制造中所有回转部件的同轴度超差、叶轮和泵轴制造质量粗糙，是泵产生振动的原因。

3）安装问题所引起的振动。离心泵安装时基础板未找平找正、泵轴和电动机轴未达到同轴度要求，管道配置不合理、管道产生应力变形、基础螺栓不够牢固，是泵引起振动的原因。

4）使用运行不当所引起的振动。选用中采用了过高转速的离心泵、操作不当产生小流量、泵的密封状态不良、泵的运行状态检查不严，是泵引起振动的原因。

（2）防治措施

1）从设计上防治泵振动

① 提高泵的刚性。刚性对防治振动和提高泵的运转稳定性非常重要。其中很重要的一点是适当增大泵轴直径和提高泵座刚性。提高泵的刚性是要求泵在长期的运转过程中保持最小的转子挠度，而增大泵轴刚性有助于减少转子挠度，提高运转稳定性。运转过程中发生轴的晃动、破坏密封、磨损口环、振型轴承等诸多故障均与轴的刚性不够有关。除泵轴强度计算外，还要进行刚度计算。

② 周全考虑叶轮的水力设计。泵的叶轮在运转过程中应尽量少发生汽蚀和脱流现象。为了减少脉动压力，宜于将叶片设计成倾斜的形式。

③ 严格要求叶轮的静平衡数据。离心泵叶轮的静平衡允许偏差数值一般为叶轮外径乘0.025 g/mm，对于高转速叶轮（2 970 r/min 以上），其静平衡偏差还应降低一半。

④ 设计上采用较佳的轴承结构。轴承座的设计，应以托架式结构为佳。目前使用的悬臂式轴承架，看起来结构紧凑、体积小，但刚性不足、抗振性差、运转中故障率高。而采用托架式泵座不仅可以提高支承的刚性，而且可以节约泵壳所使用的耐腐蚀贵重金属材料，即省略了泵壳支座又可减薄壁厚，达到两全其美。

⑤ 结实可靠的基础板设计。一些移动使用的泵对基础板并没有很严格的要求，这是因为泵的进出口管都为胶皮软管，泵在运转过程中处于自由状态。而在工艺流程中的固定使用的泵往往跟复杂而强劲的钢制管道联系在一起，管道的装配应力、热胀冷缩产生的应力与变形最终都作用在泵的基础上，因此基础板的设计应有足够的强度和尺寸要求，对于以电动机直联形式的低速泵，应为机械重量的 3 倍以上，高速泵则为 5 倍以上。

2）从制造质量上防治

① 同轴度应达到要求。有不少泵的振动或故障是由于同轴度失调所引起的，同轴度包括泵的所有回转部件，如泵轴、轴承座、联轴器、叶轮、泵壳及轴承精度等，这些都需要按设计图纸上标注的精度加工检测来保证。

② 精细的制造叶轮和泵轴。泵轴的表面光洁度要高，尤其是密封和油封部位。泵轴的热处理质量应达到要求，高速转泵更应严格要求。叶轮的过流面应可能光洁，材质分布应均匀，形线应准确。

3）在安装上防治

① 基础板找平找正。垫铁应选好着力点，最好设置于基础附近并对称布置，同一处垫

铁数量不能多于 3 块。垫铁放置不适当时，预紧螺栓可能造成基础板变形。

② 泵轴和电动机轴要保证同轴度。校联轴器同轴度时，应从上下和左右方向分别校正。两联轴器之间应留有所要求的间隙以保证两轴在运转过程中做限定的轴向移动。

③ 管道配置应合理。泵的进口管段应避免突弯和积存空气，进口处最好配置一段锥形渐缩管，使其流体吸入时逐渐收缩增速，以便流体均匀地进入叶轮。

④ 应设计避免管道应力对泵的影响。管道配置时应当尽可能避免装配应力、变形应力和管道阀门的重力作用到泵体，对温差变化较大的管系，应设置金属弹簧软管以消除管道热应力的影响。

⑤ 检查基础螺栓是否牢固可靠。新泵安装好后，一定要预紧地脚螺栓后再行试机。如果这一关键步骤被忽略，往往造成基础板下的斜垫铁被振动而退位，再紧就容易破坏基础板的水平，这将对泵的运转造成长期的不良影响。

4）在运转维修环节防治

① 尽可能地选用低转速泵。尽管高转速泵可以减小泵的体积和提高效率，但有些高转速泵由于设计制造问题难以适应高速运转的要求，运转稳定性差、使用寿命较短，故从运行方面考虑，为了减少停机损失和延长运行寿命，还是选用低转速泵较为有利。

② 防止小流量运转或开空泵。操作上不允许使用进口阀门调节流量，运行情况下进口阀门一般要全开，控制流量只能调节出口阀门，如果运转过程中阀门长期关得过小，说明泵的容量过大，运行不经济且影响寿命，应当改选泵型或降低转速运行。

③ 保持泵良好的密封状态。密封不好的泵除了造成跑冒滴漏损失以外，最严重的问题是流体进入轴承内部，加剧磨损，引起振动，缩短寿命。施加填料函（盘根）时，除了需遵照通常的操作要求外，最容易被忽视的问题是将填料函弄脏。轴套上显现的道道沟槽往往是由于装入了粘有泥土的砂粒的脏填料函所致。如果是采用机械密封，需要注意的问题是动、静环的材质选择要恰当，材料不能抵抗工作介质的腐蚀作用，是机械密封故障多发的重要因素之一。

④ 严格检查泵的运转状态

a. 检查润滑油的油温及温升。

b. 检查填料函部位的温度及渗漏情况。

c. 检查振动情况和异响噪声等。

d. 要注意排出口、吸入口的压力变化及流量变化情况，排除压力变化剧烈或下降时，往往是由于吸入侧有异物堵塞或者是吸入了空气，要及时停泵处理。

e. 检查电动机的运转情况并经常注意观察电流表指针的波动情况，日常检查情况的内容最好是记入运行档案，发现异常情况应及时停机处理，不可延误。

f. 输油泵运行振动监测与故障诊断。

8.1.3 立式泵组的结构振动

为节省空间、便于管道布置，许多电厂的凝结水泵组、循环水泵组等通常采取垂直立式布置。立式泵轴系是轻载轴承的极限工况，由于立式泵的总高度及重心较高，机座安装尺寸却相对较小，造成轴系支撑刚度低，其本身相比卧式泵组就容易产生振动。同时，近年来随着变频调速技术的日益成熟，变频泵的使用或泵的变频改造作为电厂一项重要的节能技术措施被广泛推广。泵组的变频运行，大大地拓宽了立式泵的工作转速区域，甚至涵盖了设备的结构共振区，会导致泵体在某些运行频率下出现结构共振，以至于许多泵组无法采用变频方式运行，对机组的安全性和经济性均造成了严重影响。因此，立式泵组的振动及稳定性问题比卧式泵组更加突出。

（1）立式泵组的结构安装特点和振动特性

一般，立式泵组具有如下结构及安装特点：1）在轴系设计上，立式泵组往往布置得非常高而细，而且它的机座、轴承和支架的刚度较弱，这就使其泵体的横向刚度较差、结构固有频率较低；2）从结构上说，为便于轴系安装，立式泵组的电机机架（在联轴器部位）往往需在某一方向上留有窗口，这一方面降低了泵组横向固有频率，另一方面也使泵组的两个横向刚度不对称，可能出现两个共振转速；3）相比于卧式泵组安装在一块大面积的基础台板上，立式泵组受管道布置的限制，往往支撑在中心留有空孔的环形基础台板上，这就使其基础支撑刚度较弱，也进一步降低了立式泵组的结构固有频率。（如图 8-1 所示）

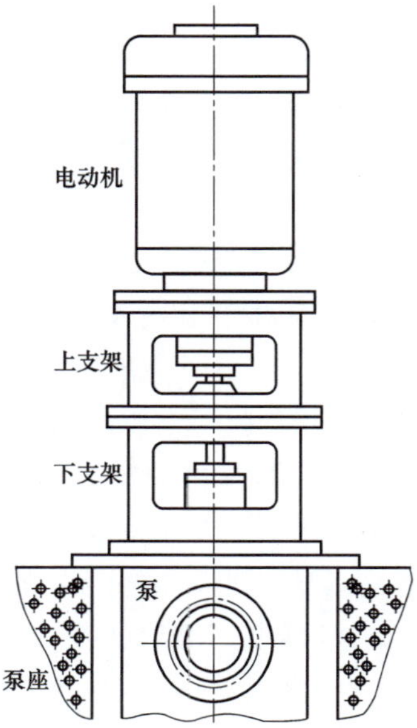

图 8-1　立式泵组的结构示意

基于上述结构安装特点和泵组的运行方式，立式泵组常表现出的振动特性如下：1）驱动电机一般安装在泵组的最上部位置，此处转子偏摆最大，横向支撑刚度最差，因而顶端电机的振动往往最大；2）由于管系、基础布置等因素，泵组并列运行时可能相互影响，出现抢水、共振和拍振现象；3）泵组的振动频率除一般的转子不平衡离心力等机械力引起的 1 倍频、2 倍频外，还可能有因转子叶轮或导流体磨损，以及管道中水的紊流作用激发流体激振力引起的叶片通过等频率，这些频率与结构固有频率重合时都会引发结构共振；4）立式泵组的安装质量，特别是电机转子摆度、机架水平度、导瓦间隙、泵转子的垂直度、泵座基础的水平度，以及泵体进、出水管道是否憋劲等指标的控制，直接影响泵组的振动水平。

现场可能会遇到立式泵组联轴器脱开单转电机振动合格，但水泵和电机连接起来转动时则电机振动大幅超标的情况。严格讲水泵、电机甚至基础单独都没有问题，但三部分连在一起的系统出现了问题，因此问题在于系统设计方面，原因还是设计时泵组系统的固有频率没有避开整个运行转速范围内的激振力频率。

判断泵组是否存在结构共振一般可采用锤击法得到较为准确的结构固有频率，但现场常用的、简便的结构共振识别方法是如果松开电动机与支架的连接螺栓后，电动机振动显著下降，则表明立式泵组存在结构共振；反之，则表明振动源很可能是电动机本身的缺陷。

（2）立式泵组结构振动的治理

如果确认立式泵组出现结构共振，现场一般采取减小激振力和调频隔振两种治理措施。减小激振力的常用措施就是动平衡试验。考虑到系统阻尼的因素，立式泵组即使出现了结构共振，只要激振力足够小，也可把振动控制在合格范围内。但在立式泵的现场动平衡试验中应注意：① 加重最敏感位置是立式泵组的顶部，如电动机顶端风扇环；② 如果立式泵组顶部不能或不便于加重，可尝试在联轴器上进行加重；③ 如果立式泵组没有合适的加重位置，可在轴系上加装平衡盘，如在联轴器附近增加平衡卡圈或者在电动机顶部加装一个平衡盘；④ 立式泵组发生结构共振后，其振动状况会表现得非常敏感，抗振能力很弱，转子激振力较微小的变化（如运行工况变化或检修产生的轻微不平衡）都可能会再次引发振动的波动，因此现场需频繁地进行动平衡试验；⑤ 如果立式泵组两个方向的刚度差异较大，使其在工作转速区域内，存在两个共振峰值，那么在有限的现场加重平面上，有时很难同时把轴系两个固有频率下的振动降至满意水平。

调频隔振就是改变结构的固有频率，避开共振峰值或增加系统阻尼，降低共振峰值。结构固有频率主要与其质量和刚度有关，通过有效改变质量和刚度，就可避开共振频率。为此，现场一般采取的方法是在泵组结构的适当位置增加额外的支撑进行加固。然而，对于已运行立式泵组的狭窄空间，有时寻找合适的支撑能够“生根”的位置较为困难，仅在泵体支座外焊接加强筋进行加固，效果可能有限。为保险起见，在实施具体的支撑加固方案前，最好先进行结构动力学计算分析，评估方案实施后的效果，确保方案能明显增大结构刚度或改变固有频率。现场加固实施后的结果表明，立式泵组加径向支撑比加轴向支撑效果更为明显，特别是在刚度最为薄弱的顶部。

采用隔振垫等隔振阻尼器也是减缓结构振动的一种手段。隔振垫是一种弹性层状纤维织垫，具有一定的弹性和高阻尼特性，强度高、稳定性好，选择合适的隔振垫能达到较好的隔振和减振效果。例如，某国外市政水处理厂新安装的两台由 150 kW 变频电机动的双级立式泵组运行中转速在 1 500～1 700 r/min 都出现振动问题，表现为顶部电机振动严重超标，振动基本为 1 倍频分量。因电机最高转速 1 790 r/min，故在上限转速下近 20%转速范围泵组无法运行。停泵过程的瞬态试验表明，泵组结构水平和垂直方向分别存在 1 597 r/min 和 1 690 r/min 两个固有频率，锤击试验也证实这两个固有频率。因此，在 1 550～1 700 r/min 泵组发生结构共振。尽管振动分析人员认为相对于泵组设备质量，支撑设备的混凝土基础质量过小，是引起泵组结构共振的根源，建议应重新建设大尺寸的混凝土基础，但工厂从土建和泵组拆、装工作量考虑，没有替换原有的基础。随后，在电机和泵头之间加装了 12.7 mm 厚的环垫隔振阻尼器，一方面阻止部分系统激振力，另一方面其给系统提供的阻尼吸收了部分振动，最终取得较好振动控制效果。

8.2 风机振动故障监测与诊断

8.2.1 风机故障基本原因分类

风机与电动机之间由联轴器连接，传递运动和转矩。不对中是风机最常见的故障，风机的故障 60%与不对中有关。风机的不对中故障是指风机、电动机两转子的轴心线与轴承中心线的倾斜或偏移程度。风机转子的不对中可以分为联轴器不对中和轴承不对中。风机转子系统产生不对中故障后，在旋转过程中会产生一系列对设备运行不利的动态效应，引起联轴器的偏转、轴承的磨损、油膜失稳和轴的挠曲变形等，不仅使转子的轴颈与轴承的相互位置和轴承的工作状态发生了变化，同时也降低了轴系的固有频率，使转子受力及轴承所受的附加力导致风机的异常振动和轴承的早期损坏，危害极大。

表 8-1 给出风机各种故障时呈现的征兆和参数变化，表中“●”表示如果出现故障，征兆可能出现或参数可能变化。大多故障都会引起振动参数的改变。通常发生各种故障后，其振动波形和频谱一般呈现出固有的特性，并表现出一定的振动特征。

表 8-1　风机故障征兆和参数变化关系表

故障	征兆或参数变化									
	空气泄漏	长度尺寸	功率	压力或真空度	转速	振动	温度	惰转时间	油中磨粒	油泄漏
叶轮损坏		●	●	●	●	●	●	●	●	
油封损坏		●		●	●				●	●
风箱损坏	●									
叶轮偏心			●	●	●	●	●	●		
轴承损坏		●	●		●	●	●	●	●	●
轴承磨损		●				●	●	●	●	
安装故障						●				
转子结垢						●				
不平衡						●				
不对中		●				●				

总结风机故障现象及原因，有其规律可循，风机故障按其原因分类，如表 8-2 所示。转子系统的异常振动类型及其特征如表 8-3 所示。

表 8-2　风机机械故障原因分类

故障分类	主要原因
设计原因	（1）设计不当，动态特性不良，运行时发生强迫振动或自激振动； （2）结构不合理，应力集中； （3）设计工作转速接近或落入临界转速区； （4）热膨胀量计算不准，导致热态对中不良
制造原因	（1）零部件加工制造不良，精度不够； （2）零件材质不良，强度不够，制造缺陷； （3）转子动平衡不符合技术要求
安装、维修	（1）机械安装不当，零部件错位，预负荷大； （2）轴系对中不良； （3）机器几何参数（如配合间隙，过盈量及相对位置）调整不当； （4）管道应力大，机器在工作状态下改变了动态特性和安装精度； （5）转子长期放置不当，改变了动平衡精度； （6）未按规程检修，破坏了机器原有的配合性质和精度

续表

故障分类	主要原因
操作运行	（1）工艺参数（如介质的温度，压力，流量，负荷等）偏离设计值，机器运行工况不正常； （2）机器在超转速，超负荷下运行，改变了机器的工作特性； （3）运行点接近或落入临界转速区； （4）润滑或冷却不良； （5）转子局部损坏或结垢； （6）启停机或升降速过程操作不当，暖机不够，热膨胀不均匀或在临界区停留时间过久
机需劣化	（1）长期运行，转子挠度增大或动平衡劣化； （2）转子局部损坏、脱落或产生裂纹； （3）零部件磨损，点蚀或腐蚀等； （4）配合面受力劣化，产生过盈不足或松动等，破坏了配合性质和铺度； （5）机器基础沉降不均匀，机器壳体变形

表 8-3　转子系统的异常振动类型及其特征

频带区域	主要异常振动原因	异常振动的特征
低频	不平衡	由于旋转体轴心周围的质量分布不均，振动频率一般与旋转频率相同
	不对中	当两根旋转轴用联轴器连接有偏移时，振动频率一般为旋转频率或高频
	轴弯曲	因旋转轴自身的弯由变形而引应的振动，一般发生旋转频率的高次成分
	松动	因基础螺栓松动或轴承磨损而引起的振动，一般发生旋转频率的高次成分
	油膜振荡	在沿动轴承做强制润滑的旋转体中产生，振动频率为旋转频率的 1/2 倍左右
中频	正力脉动	发生在水泵、风机叶轮中，每当流体通过涡旋壳体时发生压力变动，如压力发生机构产生异常时，则压力脉动发生变化
	干扰振动	多发生在轴流式或离心式压缩机上。运行时在动静叶片间因叶轮和扩压器、喷嘴等干扰而发生的振动
高频	空穴作用	在流体机械中，由于局部压力下降而产生气泡，到达高压部分气泡破裂，通常会发生随机的高频振动和噪声
	流体振动	在流体机械中，由于压力发生机构和密封件的异常而发生的一种涡流，也会产生随机的高频振动和噪声

8.2.2　风机振动概述

某风机为双吸、双支撑离心式通风机，齿式联轴器传动，结构及测点布置如图 8-2 所示。

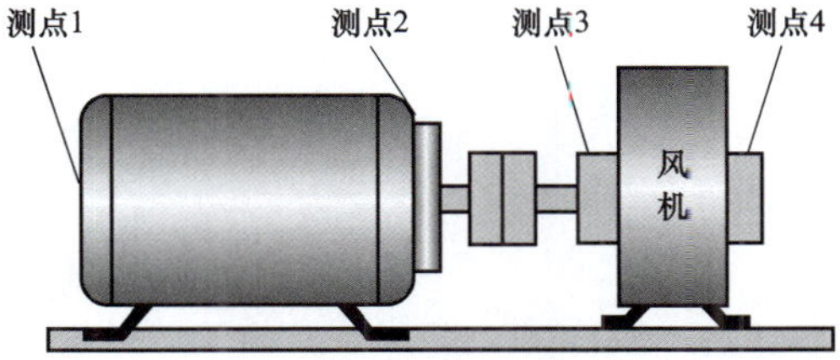

图 8-2　风机的结构简图

该风机按计划进行检修，由于自由端轴颈变细，在检修期间利用可赛新技术实施了修复，并更换了自由端轴承及轴承座。在试运行时，风机振动严重超标，其振动值如表 8-4、表 8-5 所示，振动谱图如图 8-3 所示。

表 8-4　风机处理前数据（单位：μm）

测点	水平	垂直	轴向
电机自由端 1	21	9	16
电机驱动端 2	28	12	21
风机驱动端 3	25	10	14
风机自由端 4	28	14	20

表 8-5　风机处理后数据（单位：μm）

测点	水平	垂直	轴向
电机自由端 1	28	20	24
电机驱动端 2	29	25	30
风机驱动端 3	26	9	178
风机自由端 4	29.8	19	204

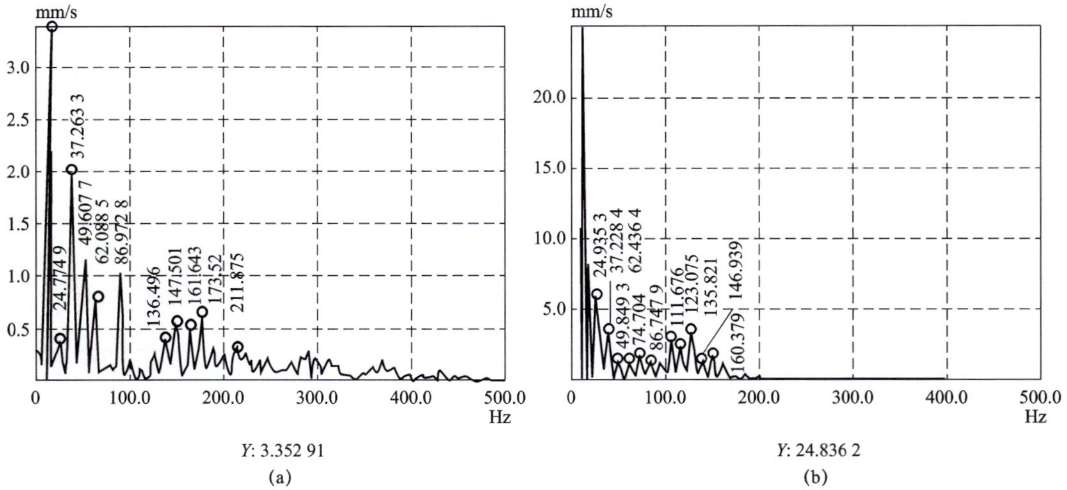

图 8-3　风机振动谱图

（a）驱动端轴承水平方向振动谱图；（b）驱动端轴承轴向振动谱图

风机的振动呈现以下特征。

（1）测点 1、测点 2 在水平、垂直、轴向 3 个方向的振动均在 30 μm 以下。

（2）测点 3、测点 4 在水平、垂直两个方向的振动均不足 30 μm，但轴向振动严重超标，最大振动为测点 4，高达 204 μm。

（3）振动数据再现性差，往往不同时间测到的同一工况的振动也有明显差别。

（4）振动不断波动，瞬间的变化范围可达几十微米。

（5）该风机在检修以前，水平、垂直方向的振动很小，轴向振动偏大（134 μm），但振值稳定，长时间变化不大。

8.2.3　故障的前期诊断

（1）故障诊断的思路

随着故障诊断工作的深入，此次对风机的故障诊断彻底摆脱了传统观念，避免了解检查直观寻找故障的现象，同时也抛弃了目前人们常用的反向推理方法，而是采用正向推理方法，避免诊断结果不肯定、产生漏诊和误诊的现象。

使用正向推理诊断故障必须明确诊断故障范围，在能够引起风机振动故障的全部原因中与风机实际存在的振动特征、故障历史，进行搜索、比较、分析，采取逐个排除的方法，剩下不能排除的故障即为诊断结果。这一诊断结果包括两个方面。

1）当只有一个故障不能排除时，它是引起振动故障的原因。

2）当还剩下两个以上故障不能排除时，这些故障都是振动的可能原因，需要进一步试验，排除其中无关的故障。

（2）风机振动的类型

从振动诊断的角度来看，风机具有以下特点：1）风机是一种旋转机械因而有不平衡、不对中之类的故障；2）风机是一种流体机械，有旋转失速、喘振存在的可能性；3）风机受工作环境的影响，经常造成叶片的磨损，输入的介质还可能黏附在转子上形成随机变化的不平衡；4）风机由电动机驱动，可能存在电磁振动。

基于上述特点，风机的振动可归结为 8 种类型，见表 8-6。

表 8-6　风机的振动类型

序号	故障类型	特征频率/Hz	振源
1	基础不牢	$f=n/60$	支承动刚度不足
2	风机转速接近临界转速	$f=n/60$	共振
3	喘振	$f=n/60$ 或 $f=zn/60$	气流不稳定力
4	电磁振动	$f=n/60$，p 为转子磁极个数	电磁力
5	转子不平衡	$f=n/60$	不平衡量产生的离心力
6	不对中	$f=Kn/60$（K=1，2，3，…）	轴器故障；转子不同心、不平直和轴径本身不圆
7	部件松动（或配合不良）	$f=Kn/60$（K=1，2，3，…）	部件引起的冲击力
8	轴承故障	轴承各部件的特征频率	轴承各部件的冲击力

注：n 为风机的转速；z 为风机的叶片数。

8.2.4　振动试验与分析

（1）轴承座动刚度的检测

影响轴承座动刚度的因素有连接刚度、共振和结构刚度，通过检测可知：连接部件的差别振动仅为 2～3 μm，认为动态下连接部件之间的紧密程度良好；风机的工作转速为 740 r/min，远远低于共振转速，风机的振动不属于共振；风机为运行多年的老设备，结构刚度不存在什么问题。因此，风机轴承座动刚度没问题，可以排除风机转速接近临界转速和基础不牢的故障。

（2）气流激振试验

利用调节门开度对风机进行气流激振试验，在调节门开度为 0、25%、50%、75%和 100%的工况下，对各轴承的水平、垂直、轴向振动进行测试，目的是判别风机振动是否是由喘振引起的。但测量结果表明：风机振动与调节门的开度无关，喘振引起的振动是高频的，振动方向为径向。从频谱上未发现高频振动，且风机的振动主要表现在轴向。因此，风机的振动不是由喘振引起的。

（3）电动机的启停试验

将简易测振表的传感器置于电动机地脚，若在启动电动机的瞬间，测振表的数值即刻上升到最大值，或在电动机断电后，数值迅速下降到零，则属于电磁振动。通过测试得知，振动随转速的升高而逐渐增大，随转速的降低而逐渐下降。因此，风机的振动不属于电磁振动。

（4）不平衡振动

风机不平衡振动最明显的特征：一是径向振动大；二是谐波能量集中于基频。而该风机径向振动均在 30 μm 以下，在图 8-4 所示的径向频谱中，基频振动最大只有 3.35 mm/s. 因此，风机的振动并非由不平衡引起。

（5）不对中故障

由不对中引起的振动主要有 3 个特点：① 表现在轴向振动较大；② 与联轴器靠近的轴承振动增大；③ 不对中故障的特征频率为 2 倍频，同时常伴有基频和 3 倍频。

该风机振动最明显的特征是轴向振动较大。由表 8-6 可知，靠近联轴器的轴承轴向振动为 178 μm，自由端轴承轴向振动为 204 μm；由图 8-4（b）和图 8-4（c）可知，轴向振动的频谱中除基频外，有明显的 2 倍频和 3 倍频，且 2 倍频的幅值高达基频的 44%。尽管检修人员一再强调对中没有问题，但是，如果联轴器本身有问题，检修水平再高也无法排除不对中故障。

（6）部件松动或配合不良

由图 8-4（a）和图 8-4（c）可知，在测点 3 的水平方向，3 倍频的分量占基频的 37%，而在测点 4 的水平方向，3 倍频的分量达到基频的 60%，且存在 4、5 等高次谐波。显然，自由端轴承与轴配合不良，所以，也不能排除自由端轴承的松动故障。

（7）轴承故障

进一步分析谱图，未发现轴承的故障频率，说明轴承本身没问题。

综上所述，引起风机轴向振动故障的原图有两个：1）自由端轴承与轴配合不良或者轴承松动；2）联轴器本身的故障。其中轴承与轴配合不良是振动的根本原因，联轴器本身的故障属于次要原因，对轴承与轴配合不良产生的振动起到了加剧作用。经检查发现，自由端轴承偏转，联轴器部分齿面有凹坑和麻点。

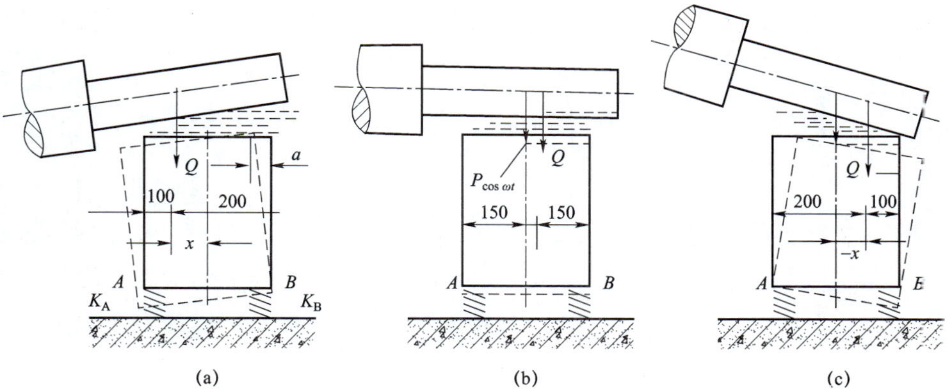

图 8-4　轴径承力中心变化引起的轴向振动

8.2.5　振动机理

由于轴承座偏转，在旋转状态下，轴承对轴径的承力中心点将随转速周期性地沿轴向变化。图 8-4（a）表示转子在某一位置时，轴承承力中心点偏于 *A* 侧；图 8-4（c）表示转子转性，则轴承承力中心点的变化始终在轴承座底边 *AB* 范围内，不会引起轴承座的轴向振动。实际上，轴承座和基础组成的支承系统具有一定的弹性，在轴承承力中心点周期性变化的作用下，轴承座将沿某一底边发生周期性的轴向振动，且振值忽大忽小，极不稳定。即使轴承座固定螺栓很紧，这种现象也难以避免。

振动的 3 个要素是振动幅值、圆频率和相位。因此，振动是一个具有大小和方向的矢量，相位与频率一样，也含有丰富的振动信息，该风机轴承偏转和不对中的故障也可以从相位的变化来判断。

对于风机自由端轴承来讲，可以对比图 8-5 所示的 4 个测点的相位来识别轴向的故障源。如果 4 个测点的相位明显不同，说明轴承在扭振，是由于轴承在轴上或者在轴承座中翘起造成的。联轴器两侧（图 8-2 中测点 2、3）径向振动的相位差如基本上为 180 度，说明齿式联轴器属于平行不对中；两侧轴向振动相位差如果接近 180 度，说明齿式联轴器属于偏角不对中。但遗憾的是当时没有意识到这一点，只注重振动的幅频特性，否则，利用幅、频、相进行综合诊断，会大大增强诊断的信心，提高诊断的准确性。

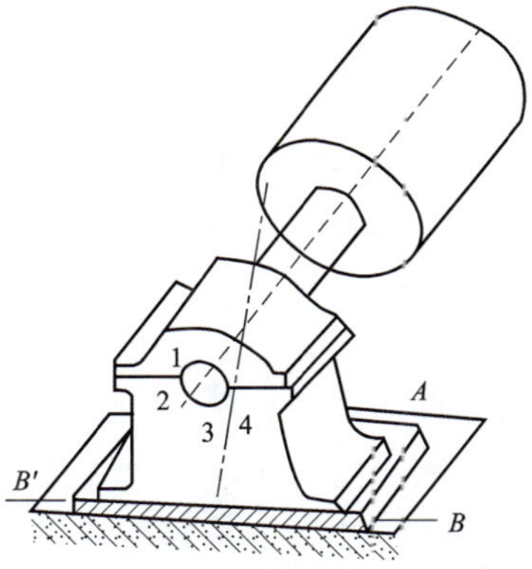

图 8-5　风机自由端轴承座示意图

该风机更换了自由端轴承和齿式联轴器后，振动值如表 8-4 所示振动状况良好。

第九章

典型零部件的振动诊断

齿轮传动具有结构紧凑、效率高、寿命长、工作可靠和维修方便等特点，所以在运动和动力传递以及变更速度等各个方面得到了普遍应用。

齿轮传动也有明显缺点，由于其特有的啮合传力方式造成两个突出的问题：一是振动、噪声较其他传动方式大；二是当其制造工艺、材质、热处理、装配等因素未达到理想状态时，常成为诱发机器故障的重要因素，且诊断较为复杂。

9.1　电机振动故障与诊断处理

电动机是各种设备的动力源，其连续、稳定运行对生产起着非常重要的作用。对处于关键部位且位置分散的电动机进行状态监测与故障诊断是非常必要的。要及时、准确判断电动机是否发生故障、故障部位以及故障程度，需要故障分析人员在充分熟悉被监测设备的基础上掌握扎实的振动理论知识和一定的频谱分析能力。

振动信号是由一系列简谐振动分量、其他分量和随机噪声叠加组成。频谱分析的目的，是将信号中所有这些成分都分解出来，变成各种振幅、频率和相位的简谐振动。原有的简谐振动分量，经过分解自然还是简谐振动，其他成分也可以分解为简谐振动分量的组合。

常用的频谱是幅值谱，表示对应各种频率的简谐振动分量的振幅。对于转子而言，振动信号中很多频率分量都与转子转速密切相关，往往是转速频率的整数或分数倍。所以，振幅谱更直观。

在转子振动频谱上，不同频率分布往往对应着不同的振动原因。如果知道了振动信号包含的频率分量，将比较容易找到引起振动的原因。如，转子不平衡会产生转速频率的振动分量，对中不良容易导致 2 倍频的振动分量等。

一般来说，频率分量与振动原因之间的关系是很复杂的。一个故障在电机上常常表现出多种的故障征兆，也有几个故障起因反映同一个故障征兆。仅靠振幅谱有时还很难判断，还要综合其他因素考虑，如机器负载变化情况，历时故障情况等，不能机械地套用别人的试验或现场结论。

电机的故障和诊断技术与电机的工作原理、运行方式、具体结构密切相关。无论是何种电机，其内部按能量转换的原理分为三个环节（或称系统）：电气环节、磁耦合环节、机械环节。因为这三个环节的能量形式不同，所应用的故障诊断技术相应地有所差异。电气环节的故障主要通过对电压、电流的各种测量和分析来诊断，例如绝缘材料的老化，通过测量漏地电流来判定等等。

9.1.1　电动机基本介绍

（1）结构组成

电动机的主要部件包括定子、转子、集电环和换向器、轴承等。

1）定子。是输入电功率，产生磁场的静止部件。对于交流电机，通常定子磁场是旋转的。对于直流电机，定子磁场是静止的。

2）转子。是产生一个与定子磁场相对运动的磁场，并输出机械功率的重要部件。所承受的电磁力转为输出的扭矩，因此往往要承受较大的机械应力。

3）集电环和换向器。是构成旋转部分导电，建立相对运动磁场的滑动接触机构。

4）轴承装置。是支撑转子旋转，保持定子、转子相对位置的机械结构。

（2）分类

根据结构及工作原理的不同，电动机可分为直流电机、同步电机和异步电机。

1）电动机的两个磁场均由直流励磁产生，则为直流电动机。

2）电动机的一个磁场由直流励磁产生，另一个由交流电流产生，为使这两个磁场相对静止，直流励磁磁场相对交流电产生的旋转磁场必须严格同步，这就是同步电动机。

3）电动机的两个磁场分别由不同频率的交流电流产生，则为异步电动机。

9.1.2　电动机振动类型

电机运行中由于过载、机械振动、换向器变形、维护不当、湿度过低等原因，造成换向恶化故障。恶劣的环境和苛刻的运行条件，以及超过技术条件所规定的允许范围运行，往往是直接导致电机故障的起因。

电动机常见振动类型如下。

（1）三相交流电机定子异常产生的电磁振动；

（2）气隙静态偏心引起的电磁力；

（3）气隙动态偏心引起电磁振动（偏心的位置对定子是不固定的，对转子是固定的，因此偏心的位置随转子而转动）；

（4）转子绕组故障引起的电磁振动；

（5）转子不平衡产生的机械振动；

（6）滑动轴承由于油膜涡动产生振动；

（7）滑动轴承由于油膜振荡产生振动；

（8）加工和装配不良产生振动；

（9）安装时轴线不对称引起振动；

（10）定子铁芯和定子线圈松动；

（11）电动机座底脚螺钉松动，相当于机座刚度降低。

9.1.3 电动机测振要求

电机振动测定是指电机在制造厂出厂试验或试验室内的振动研究试验、检修后现场试验时的电机振动水平的准确测量，因此，对于电机的安装条件、测试仪器、测点装置、测量要求等都做了规定。（见图 9-1）

这种测定的目的：一是为了确定电机振动初始状态时的振动水平，判定这台电机出厂时或投入运行时振动值是否符合有关标准的规定；二是为以后电机异常振动的诊断提供初始的参照数据。因此电机振动的测定，其目的和方法均与电机异常振动诊断有所区别。

测振要求

（1）相关标准

1）GB 10068—88《旋转电机振动测定方法及限值》（国家标准）。

2）IEC 34-14（1986）《中心高为 56 mm 及以上旋转电机的振动——振动烈度的测量、评定及限值》（国际电工协会颁布）。

3）ISO 2372（1974）《转速从 10 r/s 机器的机械振动——评定标准的基础》（国际标准化组织颁布）。

4）ISO 3945（1985）《转速 10 r/s 机器的机械振动——在运行地点对振动烈度的测量和评定》（国际标准化组织颁布）。

5）VDI 2056《机器的机械振动评价标准》（德国标准）。

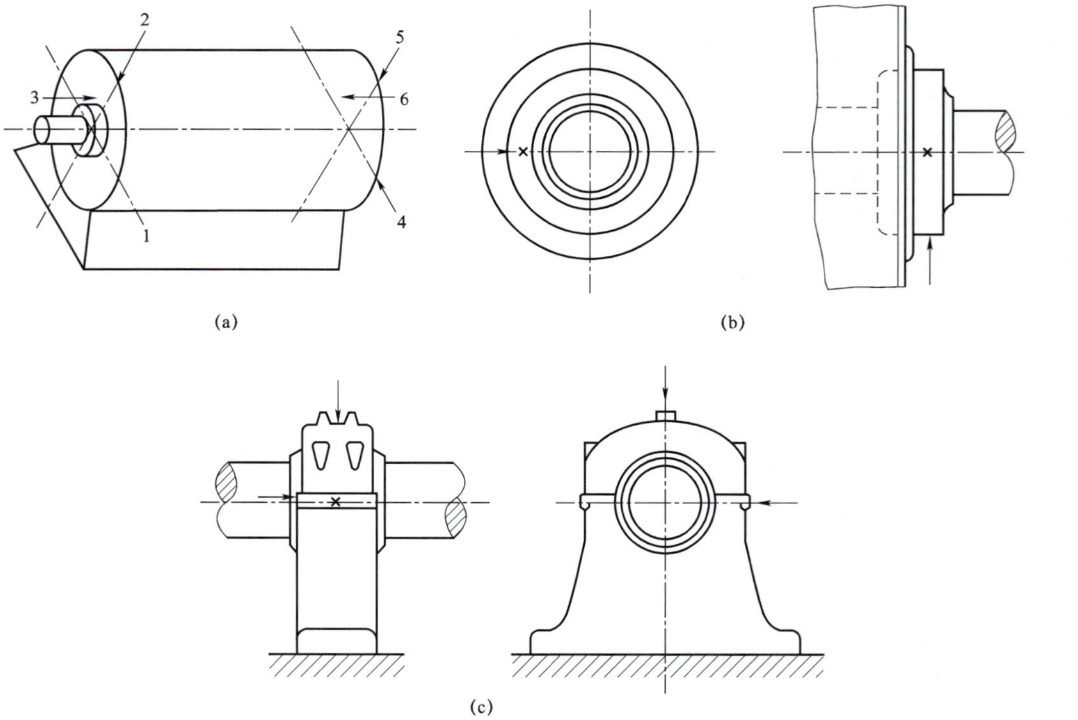

图 9-1 电动机振动测点布置

（a）小型电机测点布置；（b）端盖轴承电机的测点布置；（c）机座式轴承电机的测点布置

（2）测振方法

1）振动表示方法

不同转速范围的电机，其测量值的表示方法是不同的。国家标准规定，对转速为 600～3 600 r/min 的电机，稳态运行时采用振动速度有效值表示，其单位 mm/s。对转速低于 600 r/min 的电机，则采用位移振幅值（峰–峰值）表示，其单位为 mm。

2）对测量仪器的要求

仪器的频率响应范围应为 10～1 000 Hz，在此频率范围内的相对灵敏度以 80 Hz 的相对灵敏度为基准，其他频率的相对灵敏度应在基准灵敏度+10%～–20%的范围以内，测量误差不超过±10%。

测量转速低于 600 r/min 电机的振动时，应采用低频传感器和低频测振仪，测量误差应不超过±10%。

电机的测振应在电动机空载状态下进行。

轴中心高为 400 mm 及以下的电机，测振时应采用弹性安装。

轴中心高超过 400 mm 的电机，测振时应刚性安装。

根据国家标准 GB 10068.2—88《旋转电机振动测定方法及振动限值》的规定：对不同轴中心高和转速的单台电机，在按 GB 10068.1 规定的方式测定时，其振动速度有效值应不超过表 9-1 的规定。

表 9-1 电动机振动速度有效值的极限标准（mm/s）

安装方式		弹性悬置			刚性安装
轴中心高/mm		45≤H≤132	132＜H≤225	225＜H≤400	H＞400
标准转速 r/min	600≤n≤1 800	1.8	1.8	2.8	2.8
	1 800＜n≤3 600	1.8	2.8	4.5	2.8

9.1.4 电动机振动原理

一、交流电机的电磁振动

（1）基频磁通的电磁振动

在电机气隙中磁通密度是沿着转子的圆周的空间而随着时间按正弦波分布，可以用下式表示：

$$B = B_0 \sin(P\theta - \omega t) \tag{9-1}$$

由于磁通密度的作用力与磁通密度 B 的平方成正比：

$$F = (B_0)^2 \frac{1}{2\mu_0}\{1-\cos(2(P\theta - \omega t))\} \tag{9-2}$$

根据上式可知基波电磁力具有以下特点：

1）频率为电源频率的两倍，即 $2f = 100$ Hz。

2）以正弦波规律在圆周上分布。（见图 9-2）

3）随时间以角速度ω回转。

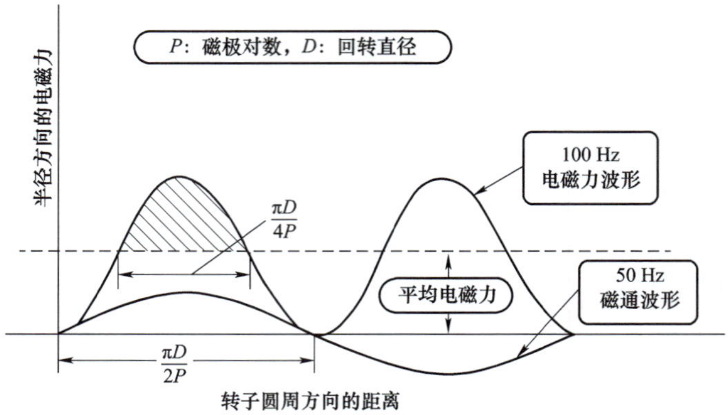

图 9-2　基波电磁力分布

当空气隙长度和磁路不平衡/一次电压不平衡/转子绕组不平衡（断条和接触不良）时，这一振动，在转子受椭圆形电磁力的两极电机中特别明显地表现出来。

二倍电源频率的振动是电机中的主要振动分量之一，尤其是在大型电机中，由于定子的固有频率较低，这种频率的振动分析和研究显得特别重要。

基波电磁力不仅作用于转子，也同时作用于定子，是造成定子槽内线包松动等故障的原因之一。

（2）高频磁通的槽振动

由于槽的磁导率变化等原因，产生高频槽振动，在它引起的槽齿谐波中，特别要注意的频率成分是f_k：

$$f_{k0}=\left\{\frac{Z_R}{P}(1-s)\right\}f$$

$$f_{k1}=\left\{\frac{Z_R}{P}(1-s)+2\right\}f \tag{9-3}$$

$$f_{k2}=\left\{\frac{Z_R}{P}(1-s)-2\right\}f$$

$$K=|Z_R-Z_s\pm 2P| \tag{9-4}$$

根据K值，电磁力的各阶模态呈如图 9-3 所示的形状。

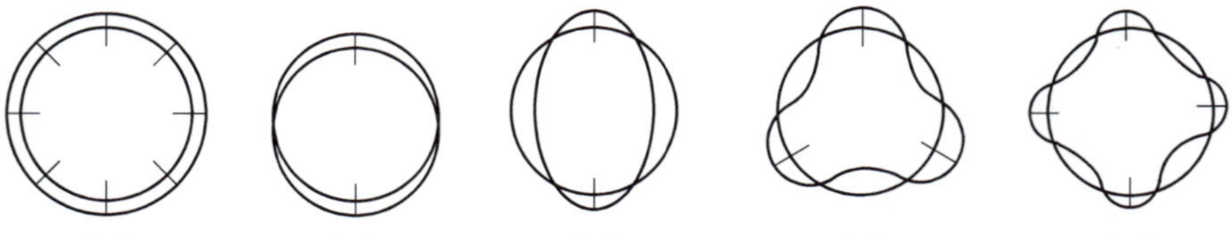

图 9-3　电磁力的各阶模态

这种电磁力是一种径向力波（又称旋转波），并且是单位面积上的力，当这些力波频率以及其阶次与定子对应的固有频率及其模态阶次接近或一致时，将发生共振效应，此时，电机的振动和噪声将特别大。

二、直流及同步电动机的电磁振动

直流电动机的主磁极和转子绕组之间作用着半径方向的电磁力 $F(x,t)$——这是振动的原因，它可用下式表示：

$$F(x,t)=F_{Rr}\cos(\mu Z_R x-\mu Z_R\omega_r t) \tag{9-5}$$

$$\omega_r=\frac{2\pi N}{60} \tag{9-6}$$

电磁力 $F(x,t)$在空间上以余弦波 cos（$\mu Z_R x$）在圆周上分布，圆周上具有的余弦波数根据 μ 的值分布，并保持这种分布形状以槽角速度（$\mu Z_R\omega_r$）旋转，形成激振力引起定子振动。定子根据 μ 的值产生伸缩模态、弯曲模态、椭圆模态、三角形模态而变形。（见图 9-4）

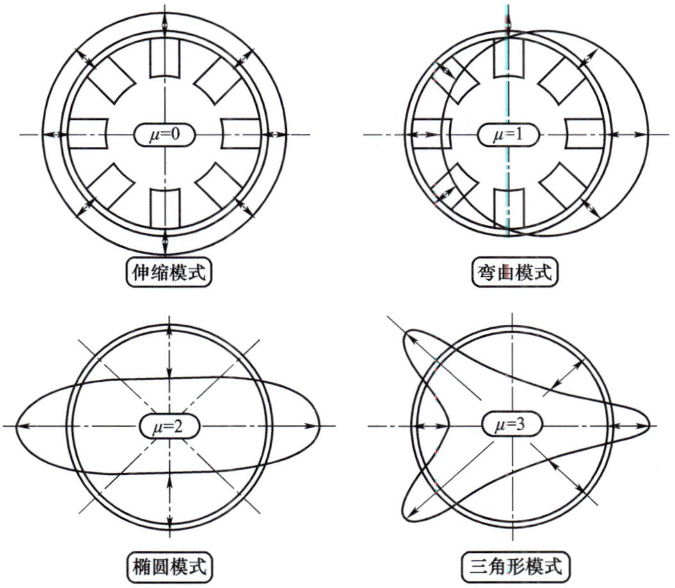

图 9-4　电磁力 $F(x,t)$在圆周上的分布——振型模态

这个振动电磁力 $F(x,t)$在时间上从式 9-6 第二项看，是用 cos（$\mu Z_R\omega_r t$）表示的余弦波，因此，作为振动频率体现出的成分是下式的槽频率

$$f_z=\mu Z_R\frac{N}{60} \tag{9-7}$$

直流电机主要的激振力为这个 f_z 和其高次谐波。

当槽数 ZR=75，极对数 $2P$=6 时，

N=300 r/min 时，f_z=375 Hz；

N=1 200 r/min 时，f_z=1 500 Hz。

对于同步电机的电磁噪声和振动频率，它有一个大的特点，就是与电网频率成整数倍的关系。在同步电机中，有二类径向力波引起的振动必须注意。其一是二倍电网频率的振动；其二是定、转子谐波磁场相互作用，而产生的径向力波引起的振动。

对于直流电动机的故障特征可以归纳为以下几条。

（1）如果转频 f_r 的振动很明显，则有不平衡、轴弯曲等机械异常。

（2）如果 $2xf_r$ 振动明显，则有不对中等安装方面的异常。

（3）槽频率 f_z 以及边频带 $f_z \pm f_r$ 的振动明显，则有包括电路异常的电气故障的可能。

（4）如 f_z 和 f_n 接近，则设计不合理。

（5）高频 f_c 成分明显时，线圈绝缘磨损或楔松动。

三、电动机故障特征

（1）电动机温升过高（见图 9-5）

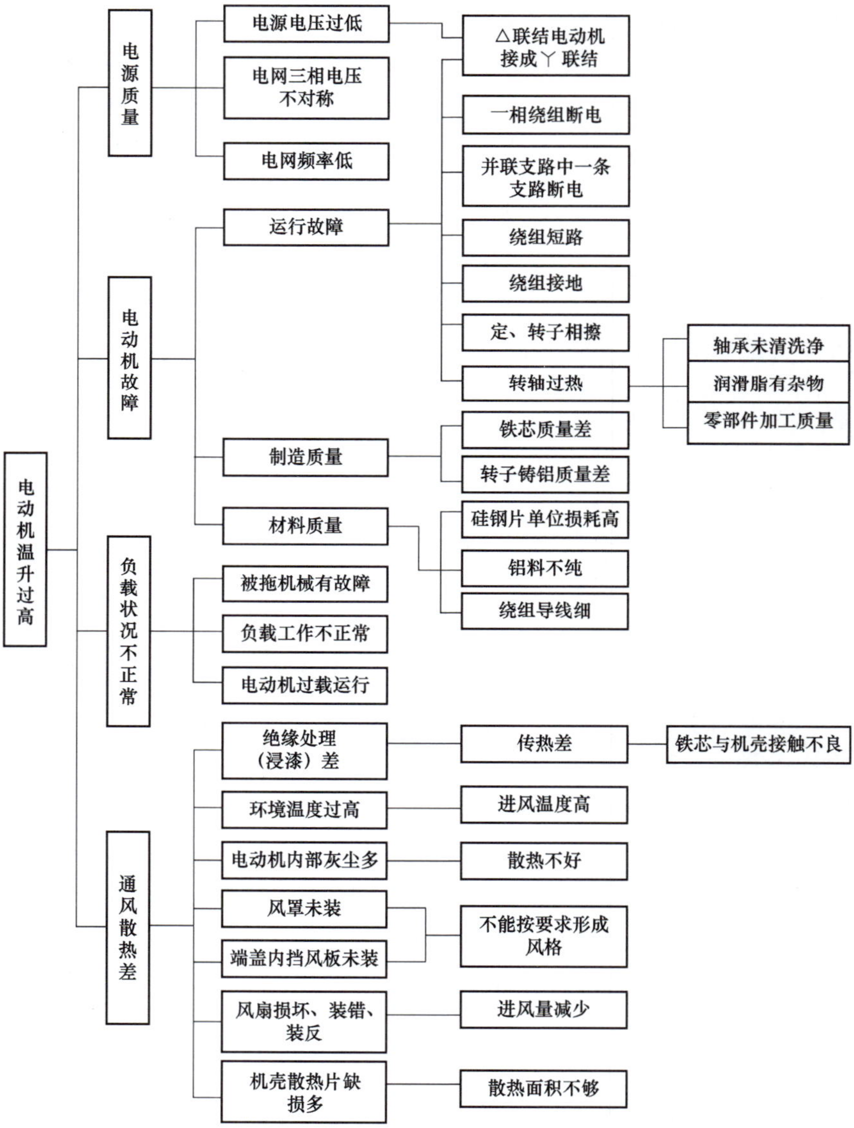

图 9-5　电机温升过高故障示意图

（2）定子异常产生的电磁振动

电机运行时，转子在定子内腔旋转，由于定、转子磁场的相互作用，定子机座将受到一个旋转力波的作用，而发生周期性的变形并产生振动。

由于定子三相绕组产生的是一个旋转磁场，它在定、转子气隙中以同步速度 n_0 旋转。若电网频率为 f_0，则同步速度 $n_0=60\times f_0/P$。因此，作用在机座上的磁拉力不是静止的，而是一个旋转力，随转子旋转而转动，机座上受力部位是随磁场的旋转而在不断改变位置。从图 9-6（c）至（e）中可以看出，旋转磁场回转一周，磁拉力和电磁振动变化两次。

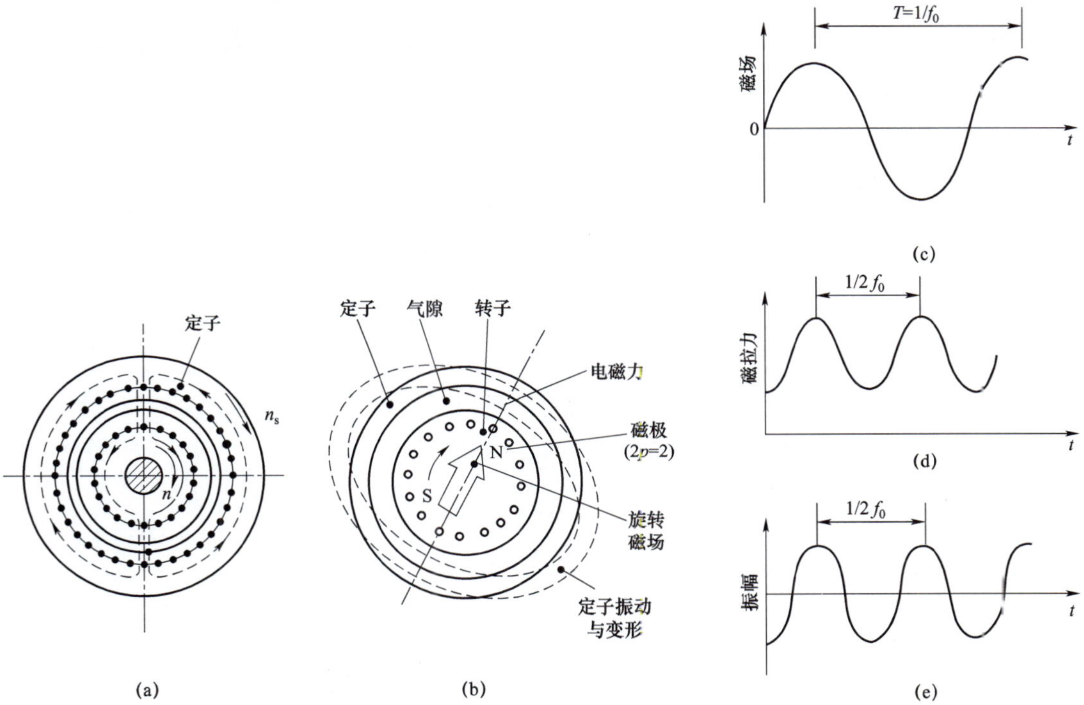

图 9-6　电磁振动发生机理

（a）2 极电机定、转子和磁通；（b）定子所受电磁力和旋转力波；

（c）旋转磁场波形；（d）磁拉力变化波形；（e）电磁振动的波形

电机磁场是以同步速度 n_0 在旋转，则其磁场交变频率与电网频率 f_0 相同。而其电磁力的频率和机座振动频率由 b）中可以看出，由于旋转磁场的磁极产生的电磁拉力是每转动一圈，电磁力交变 P 次。

因电磁振动在空间位置上和旋转磁场是同步的，定子电磁振动频率应为旋转磁场频率（f_0/P）和电磁力极数（$2P$）之乘积 $2f_0$，也就是 2 倍的电源频率。由此可知，电机在正常工作时，机座上受到一个频率为电网频率 2 倍的旋转力波的作用，而可能产生振动，振动大小则和旋转力波大小和机座刚度直接有关。

1）定子电磁振动异常的主要原因（见图 9-7）

① 定子三相磁场不对称。如电网三相电压不平衡，因接触不良造成单相运行，定子绕组三相不对称等原因，都会导致定子磁场的不对称，而产生异常振动。

② 定子铁芯和定子线圈松动，将使定子电磁振动和电磁噪声加大，在这种情况下，振动频谱图中，电磁振动除了 $2f_0$ 的基本成分之外，还可以出现 $4f_0$、$6f_0$、$8f_0$ 的谐波成分。

③ 电动机座底脚螺钉松动，其结果相当于机座刚度降低，使电动机在接近 $2f_0$ 的频率的范围发生共振，因而使定子振动增大，结果产生异常振动。

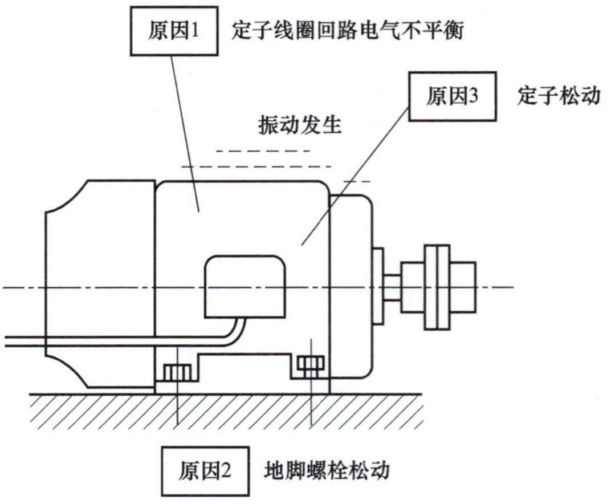

图 9-7　定子异常电磁振动

2）定子电磁振动的特征（见图 9-8、图 9-9）

① 振动频率为电源频率的 2 倍。

② 切断电源，电磁振动立即消失。这是区分电磁振动与其他振动的基本方法。

③ 振动可以在定子机座和轴承上测得。

④ 振动幅值与机座刚度和电机的负载有关。

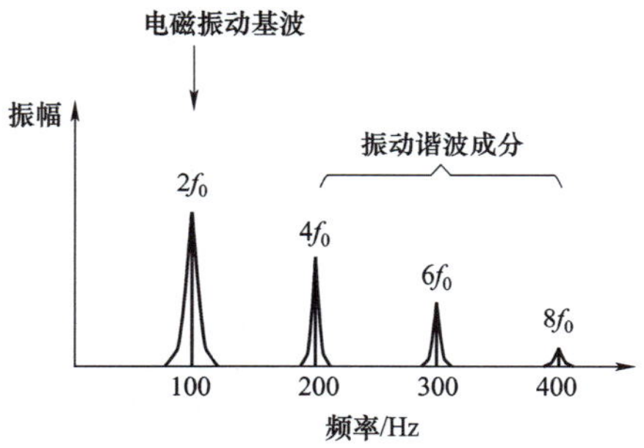

图 9-8　定子电磁振动频率

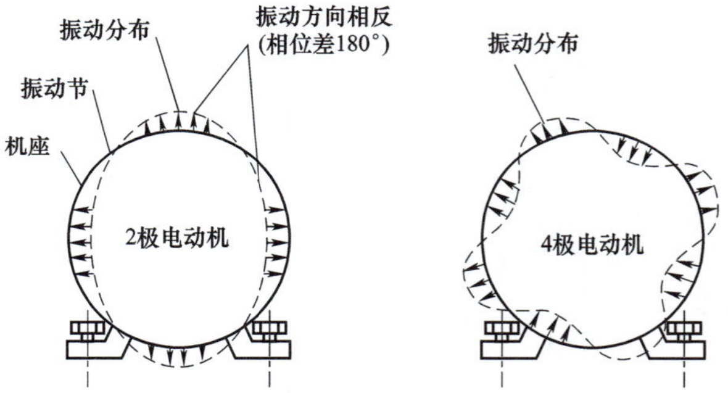

图 9-9　定子电磁振动

（3）气隙不均匀引起的电磁振动

气隙不均匀（或称气隙偏心）有两种情况，一种是由于定子、转子不同心产生的静态不均匀；另一种是由于轴弯曲或转子与轴不同心所产生的动态不均匀。它们都会引起电磁振动，但是振动的特征并不完全相同，分述于下。

1）气隙静态不均引起电磁振动

电动机定子中心与转子轴心不重合时，定、转子之间气隙将出现偏心现象，这种气隙偏心往往固定在某一位置，它不随转子旋转而改变位置。从图 9-10（a）中可以看出，由于通过气隙最小点 A 的旋转磁场频率为 f_0/P，这时不平衡磁拉力将变化 $2P$ 次，因不平衡磁拉力和电磁振动频率为 $f=2P\times f_0/P=2f_0$。

静态气隙偏心产生的电磁振动特征如下。

① 电磁振动频率是电源频率 f_0 的 2 倍，即 $f=2f_0$；

② 振动随偏心值的增大而增加，与电动机负荷关系也是如此；

③ 气隙偏心产生的电磁振动与定子异常产生的电磁振动较难区别。

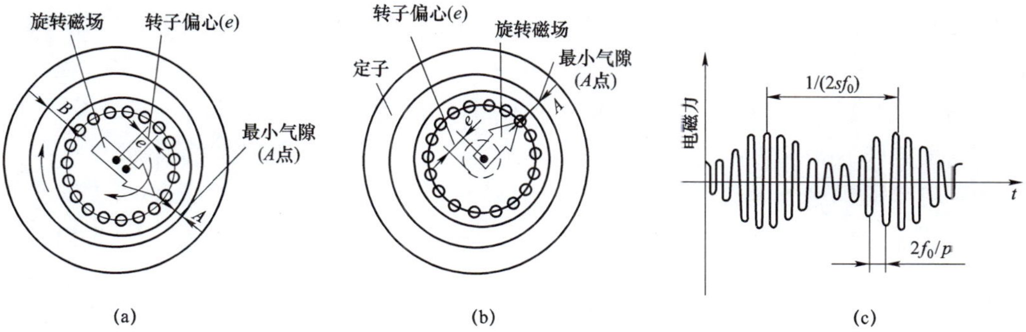

图 9-10　静态、动态偏心的电磁振动

（a）静态偏心；（b）动态偏心；（c）动态偏心电磁力的拍振

2）气隙动态偏心电磁振动

电动机气隙的动态偏心是由转轴挠曲、转子铁芯不圆或转子与轴不同心等造成的，偏心的位置对定子是不固定的，对转子是固定的，因此，偏心位置随转子的旋转而同步的移动。

气隙动态偏心产生电磁振动的特征如下。

① 转子旋转频率和旋转磁场同步转速频率的电磁振动都可能出现。

② 电磁振动以 1/（$2sf_0$）周期在脉动，因此，在电动机负载增加，s 加大时，其脉动节拍加快。

③ 电动机往往发生与脉动节拍相一致的电磁噪声。

（4）转子绕组不平衡引起的电磁振动

转子绕组不平衡引起电磁振动主要原因如下。

1）笼型异步电动机因笼条铸造质量不良，产生断条或高阻。

2）笼形转子因频繁起动，电机负载大产生断条或高阻。

3）绕线式异步电动机的转子绕组回路电气不平衡，产生不平衡电磁力。

4）同步电动机励磁绕组匝间短路。

不平衡电磁力 F 在转子旋转时是随转子一起转动的，其性质和转子动态偏心的情况相同。（见图 9-11）

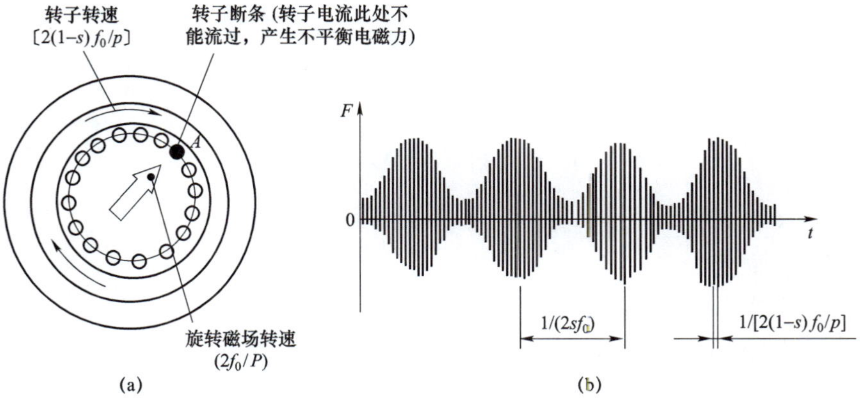

图 9-11　转子绕组不平衡引起的电磁振动

（a）发生振动的机理；（b）电磁振动波形

1）转子绕组异常引起电磁振动与转子动态偏心所产生的电磁振动的电磁力和振动波形相似，现象相似，较难判别。虽然拍频都是 $2sf_0$，但电磁振动的高频部分不同，转子动态偏心的高频为 $2f_0/P$，转子绕组异常的高频为 $2(1-s)f_0/P$。

2）电动机负载增加时，这种振动随之增加，当负载超过 50%时较为显著。

3）若对电动机定子电流波形或振动波形做频谱分析，在频谱图中，基频两边出现 $\pm 2sf_0$ 的边频，根据边频与基频幅值之间的关系，可判断故障的程度（见图 9-12、图 9-13）。

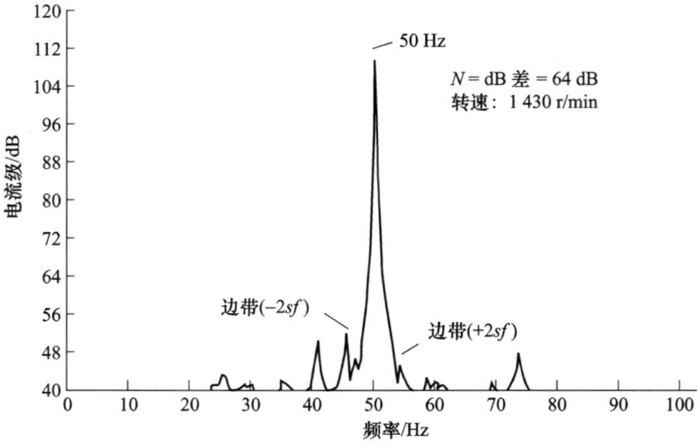

图 9-12　正常的电流频谱图

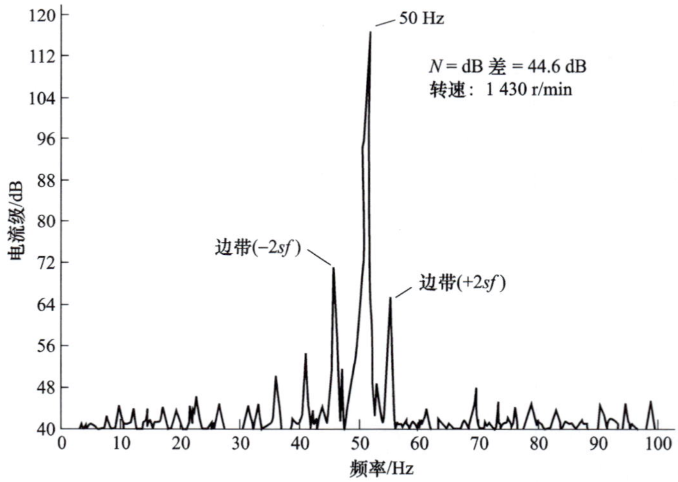

图 9-13　一根断条时电流频谱图（满载）

（5）转子不平衡产生的机械振动

转子不平衡的原因如下。

1）电机转子质量分布不均匀。

2）转子零部件脱落和移位。

3）联轴器不平衡，冷却风扇不平衡，皮带轮不平衡。

4）冷却风扇与转子表面不均匀积垢。

四、电动机故障诊断

（1）电机振动简易诊断

电机的振动简易诊断一般在运行现场进行，使用便携式测振仪，定期、定点测量单一频段内的总振级，仪器频响范围一般为 10～1 000 Hz，对于电机的振动是否正常迅速作出评价（见图 9-14）。

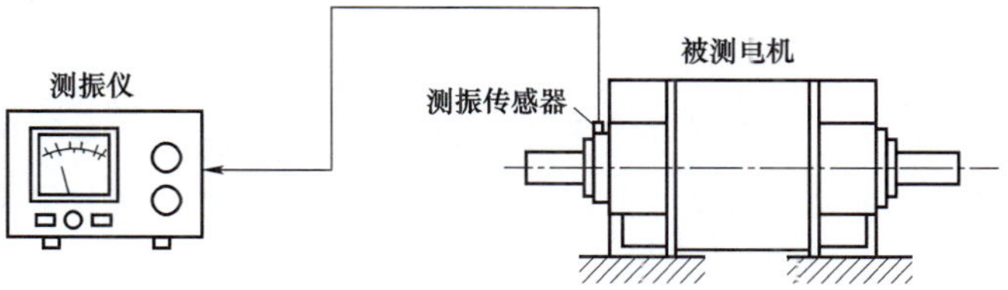

图 9-14　电机振动简易诊断

（2）电机振动精密诊断

1）利用数据采集器、计算机和专用诊断软件进行精密诊断（见图 9-15）。

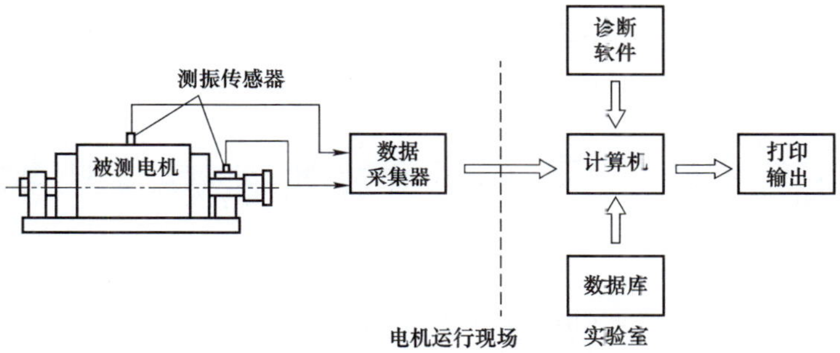

图 9-15　电机振动精密诊断 1

2）利用测振和信号分析仪器作精密诊断（见图 9-16）。

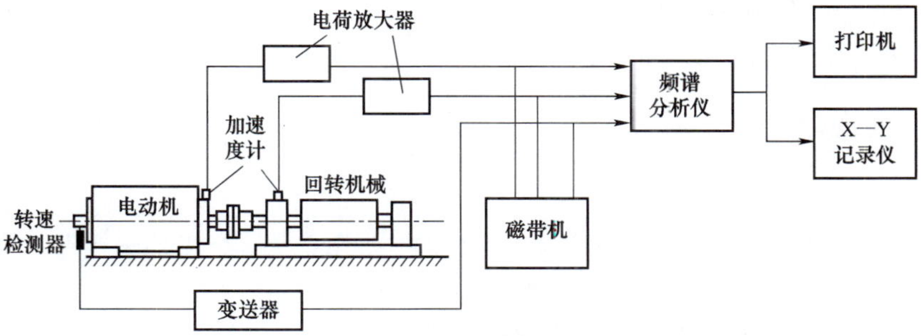

图 9-16　电机振动精密诊断 2

9.2　齿轮箱的失效原因与振动诊断

齿轮传动多以齿轮箱的结构出现。齿轮在运动中若产生故障，温度、润滑油中磨损物的含量及形态、齿轮箱的振动及辐射的噪声、齿轮传动轴的扭转和扭矩、齿轮齿根应力分布等，都会从各自角度反映出故障信息，但是由于现场测试条件及分析技术所限，有些征兆的提取与分析不易实现，有些征兆反映的状态情况不敏感。相对来讲，齿轮箱的振动与噪声（尤其是振动）是目前公认的最佳征兆提取量，它对运行状态的反应迅速、真实、全面，能很好地反映出绝大部分齿轮故障的性质范围，所以振动诊断在齿轮的故障中占有重要的地位。

9.2.1 齿轮箱的失效形式和原因

在齿轮箱的各类零件中，失效比例分别为：齿轮 60%，轴承 19%，轴 10%，箱体 7%，紧固件 3%，油封 1%。由此可看出，在所有零件中，齿轮自身的失效比例最大。

（1）由制造误差引起的缺陷

制造齿轮时通常会产生偏心、齿距误差、基节误差、齿形误差等几种典型误差。偏心指齿轮基圆或分度圆与齿轮旋转轴线不同轴的程度；齿距误差指齿轮同一圆周上任意两个齿距之差；基节误差指齿轮上相邻两个同名齿形的两条相互平行的切线间，实际齿距与公称齿距之差；齿形误差指在轮齿工作部分内，容纳实际齿形的两理论渐开线齿形间的距离。当齿轮的这些误差较严重时，会引起齿轮传动中忽快忽慢的转动，啮合时产生冲击引起较大噪声等。

（2）由装配误差引起的故障

由于装配技术和装配方法等原因，通常在装配齿轮时会造成“一端接触”和齿轮轴的直线性偏差（不同轴、不对中）及齿轮的不平衡等异常现象。

（3）运行中产生的故障

齿轮运行一段时间后才产生的故障，主要与齿轮的热处理质量及运行润滑条件有关，也可能与设计不当或制造误差或装配不良有关。根据齿轮损伤的形貌和损伤过程或机理，故障的形式通常为齿的断裂、齿面疲劳、齿面磨损或划痕、塑性变形四类。

（4）滚动轴承的失效

滚动轴承是齿轮箱中最常见也是最易损坏的零件之一，它的破坏形式很复杂，主要有磨损失效、疲劳失效、腐蚀失效、压痕失效、断裂失效和胶合失效。

9.2.2 齿轮箱振动诊断分析方法

（1）时域平均法

其原理是在检测信号中消除噪声干扰。此方法应用于故障分析的要点是：① 要有两个检测信号，一是振动信号，二是转轴旋转的时标信号；② 光滑滤波；③ 如需对传动链中每一个齿轮进行监测，则需根据每个齿轮的周期更换时标。

（2）频谱分析法

将测得的齿轮加速信号进行频谱分析，从频谱图上看齿轮的啮合频率及其各阶谐波的幅值变化情况，从而判断有误故障。

（3）倒频谱分析法

倒频谱方法用于齿轮故障边频带的分析具有独特的优越性，它的主要特点是受传输途径的影响很小，在功率谱中模糊不清的信息在倒频谱中却一目了然，且倒频谱能较好地检测出功率谱上的周期成分，使之定量化。

（4）其他分析法

上述几种方法是齿轮箱故障检测的常用方法，但仅仅应用这些方法还不够，这是因为齿轮箱的局部故障对振动的影响往往是短促的、脉冲式的，它既改变振动信号的振幅，也使信号相位发生突变。因此，必须重视相位信号，应用时序模型、频率解调等方法来解决。

9.2.3　齿轮故障高频共振诊断

对于齿轮箱的故障诊断，通常只能将加速度传感器安装在箱体表面测取振动信号，由于振动信号不是直接在被监测齿轮上测取，故受传输途径与设备中其他部件振动的影响，其中常常含有大量噪声，甚至抑制了有用的故障信息。采用适当的信号处理技术降低噪声的影响和提取感兴趣的特征信息，是齿轮故障诊断的关键。

一种齿轮故障诊断方法是把齿轮故障冲击激起的高频共振频带作为带通滤波器的通带，对同步平均振动信号进行带通滤波，然后进行包络检波，实现齿轮故障的高频共振诊断。由于该诊断方法是以信噪比更高的高频共振信息作为诊断依据，因此具有更高的诊断准确性。

（1）诊断原理

在齿轮箱中，由于某啮合齿局部受损，该齿啮合时的承载能力便急剧下降，所加载荷需依赖该齿轮上的其他齿轮承担，导致其他齿因过载而有更大的挠度。于是，该受损齿轮上即将进入啮合的齿提前到位，而另一齿轮的齿仍然正点到位。这个时间差将导致下一对齿啮合时的碰撞力度大于正常啮合时的力度，将发生显著的脉冲冲击波。这一冲击将激起齿轮产生高频共振。这就是高频共振技术得以在齿轮故障诊断中应用的基础。

（2）诊断流程

图 9-17 所示是高频共振技术用于齿轮故障诊断的流程。

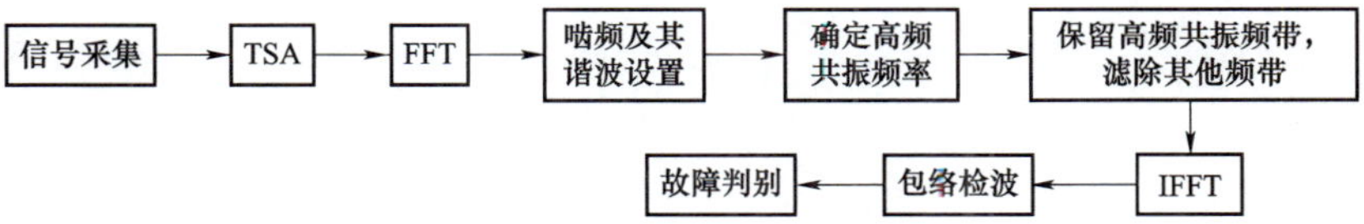

图 9-17　高频共振技术用于齿轮故障诊断的流程图

高频共振技术用于齿轮故障诊断主要分为如下几步进行。

1）对齿轮箱的振动信号进行整周期采样，并连续采集多个整周期的振动信号；

2）将齿轮箱振动信号进行时域同步平均，得到时域同步平均信号；

3）对时域同步平均信号进行傅里叶变换，即计算 FFT；

4）滤除信号频谱中的啮合频率及倍频成分；

5）确定信号频谱中的高频共振频带；

6）根据确定的高频共振频带，对信号频谱进行带通滤波；

7）对带通滤波后的频谱进行逆傅里叶变换，即计算 IFFT，得到残余信号；

8）对残余信号进行包络检波，得到包络信号；

9）计算包络信号的 FFT；

10）根据包络频谱，进行齿轮故障诊断。

在实际应用中，可以不必进行上述的第 9）和第 10）步，直接根据残余信号的包络进行齿轮故障诊断。

9.3 滚动轴承振动故障与诊断处理

滚动轴承是机电设备中应用最为广泛的机械部件，也是最易损坏的部件之一。近年来，国内外因轴承损伤性故障而引起的重大事故屡有发生。

9.3.1 滚动轴承

滚动轴承由内圈、外圈、滚动体和保持架四类零件组成（见图 9-18），它的主要优点是：摩擦阻力小、启动快、效率高；安装、维修方便；制造成本低。

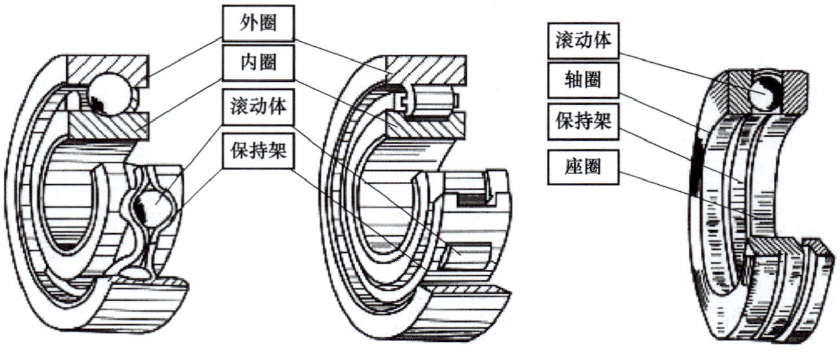

图 9-18 滚动轴承的构造

（a）深沟球轴承；（b）圆柱滚子轴承；（c）推力球轴承

滚动轴承在运转过程中可能会由于各种原因引起损坏，如装配不当、润滑不良、水分和异物侵入、腐蚀和过载等都可能会导致轴承过早损坏。即使在安装、润滑和使用维护都正常的情况下，经过一段时间运转，轴承也会出现疲劳剥落和磨损而不能正常工作。滚动轴承工作时间、外套圈间有相对运动，滚动体既自转又围绕轴承中心公转，滚动体和套圈分别受到不同的脉动接触应力。根据工作情况，滚动轴承的故障原因是十分复杂的。

9.3.2 滚动轴承的失效形式

（1）疲劳剥落

在滚动轴承的滚道或滚动体表面，由于承受交变负荷的作用使接触面表层金属呈片状剥落，并逐步扩大而形成凹坑。若继续运转，则将形成面积剥落区域。

由于安装不当或轴承座孔与轴的中心线倾斜等原因将使轴承中局部区域承受较大负荷而出现早期疲劳破坏。

（2）磨损

当滚动轴承密封不好，使灰尘或微粒物质进入轴承，或是润滑不良，将引起接触表面较严重的擦伤或磨损，并使轴承的振动和噪声增大。

（3）裂纹和断裂

材料缺陷和热处理不当，配合过盈量太大，组合设计不当，如支承面有沟槽而引起应力集中等，将形成套圈裂纹和断裂。

（4）压痕

外界硬粒物质进入轴承中，并压在滚动体与滚道之间，可使滚动表面形成压痕。此外，过大的冲击负荷也可以使接触表面产生局部塑性变形而形成凹坑。当轴承静止时，即使负荷很小，由于周围环境的振动也将在滚道上形成均匀分布的凹坑。

9.3.3　振动机理

（1）滚动轴承故障的基本频率

滚动轴承基本结构如图 9-19 所示。

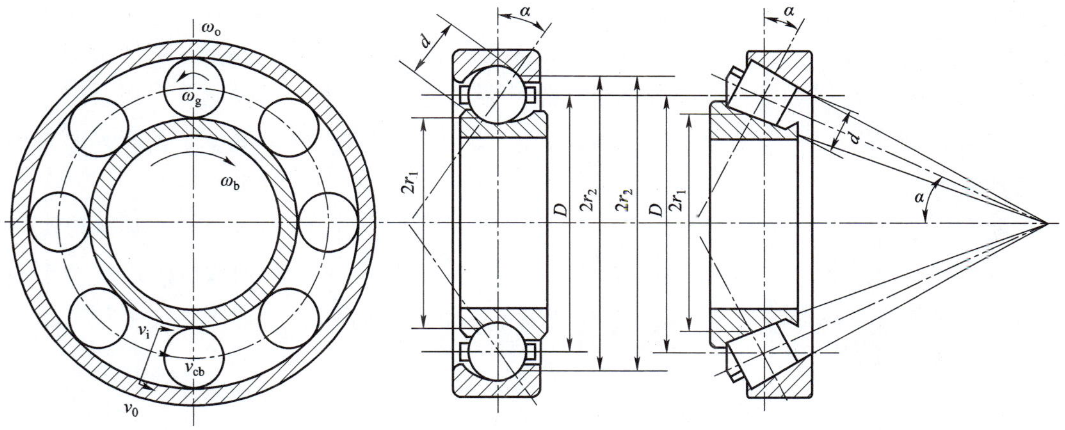

图 9-19　滚动轴承基本结构

轴承节径 D——轴承滚动体中心所在的圆的直径；

滚动体直径 d——滚动体的平均直径；

接触角 α——滚动体受力方向与内外垂直线的夹角；

滚动体个数 z——滚动体或滚动体的数目。

基本频率：

内圈滚道回转频率为：$f=N/60$

外圈滚道回转频率为 f_0，一般为 0。

（2）滚动轴承故障的通过频率

通过频率：滚动轴承元件出现局部损伤时，机器在运行中就会产生相应的振动频率，称为故障特征频率，又称轴承通过频率。

设外圈固定。

滚动体在外圈上的通过频率

$$f_{bc}=\frac{1}{2}\frac{D}{d}(f_i-f_0)\left[1-\left(\frac{d}{D}\right)^2\cos^2\alpha\right] \tag{9-8}$$

滚动体在内圈上的通过频率

$$f_{bi}=zf_{ic}=\frac{1}{2}z\left[1+\frac{d}{D}\cos\alpha\right] \tag{9-9}$$

保持架相对内圈的旋转频率

$$f_{ci}=\frac{1}{2}f_i\left[1+\frac{d}{D}\cos\alpha\right] \tag{9-10}$$

保持架相对外圈滚道的旋转频率

$$f_{co}=\frac{1}{2}f_i\left[1-\frac{d}{D}\cos\alpha\right] \tag{9-11}$$

需特别指出的是，以上的故障频率和特征频率相等只是理论上的推导，在实际情况中，由于滚动体除正常公转与自转外，还会发现随轴向力变化而引起的摇摆和横向滚动，因此，尤其是滚动体表面存在小缺陷时，在其滚动过程中缺陷可能时而能碰到内外圈，时而又碰不到，以致产生故障信号的随机性，给故障诊断带来复杂性。

（3）滚动轴承故障的固有频率

当轴承某一元件表面出现损伤时，在受载运行过程中损伤点要撞击其他元件表面而产生冲击脉冲力。

损伤产生的冲击可以激起系统的各个固有振动。但所产生的脉冲不像理想脉冲那样能量沿频率轴分布，而是频率越高，能量分布越小。所以，在损伤大小和轴承运动速度一定的条件下，在轴承系统的多个固有振动中，损伤更容易引起频率较低的固有振动而更难引起频率较高的固有振动。

另外，在滚动轴承中，由于损伤点在运动过程中周期性地撞击其他元件表面，所以产生周期性的脉冲力，也就产生一系列高频固有衰减振动。这种振动是一种受迫振动，当振动频率与轴承元件固有频率相等时振动加剧。固有频率仅取决于元件本身的材料、形状和质量，与轴转速无关。

9.3.4 信号特征

（1）轴承内圈损伤

轴承内圈产生损伤时，如剥落、裂纹、点蚀等，若滚动轴无径向间隙时，会产生频率为 $nzf_{\mathrm{i}}(n=1,2,\cdots)$ 的冲击振动。

通常滚动轴承都有径向间隙，且为单边载荷，根据点蚀部分与滚动体发生冲击接触的位置的不同，振动的振幅大小会发生周期性的变化，即发生振幅调制。

若以轴旋转频率进行振幅调制，这时的振动频率为

$$nzf_i\pm f_r(n=1,2,\cdots) \tag{9-12}$$

若以滚动体的公转频率（即保持架旋转频率）进行振幅调制，这时的振动频率为

$$nzf_i \pm f_m (n = 1, 2, \cdots) \tag{9-13}$$

（2）轴承外圈损伤

当轴承外滚道产生损伤时，如剥落、裂纹、点蚀等，在滚动体通过时也会产生冲击振动。由于点蚀的位置与载荷方向的相对位置关系是一定的，所以这时不存在振幅调制的情况，振动频率为 nzf_0（n=1，2，…）。

（3）轴承滚动体损伤

当轴承滚动体产生损伤时，如剥落、裂纹、点蚀等，缺陷部位通过内圈或外圈滚道表面时会产生冲击振动。

在滚动轴承无径向间隙时，会产生频率为 nzf_b。的冲击振动。

通常滚动轴承都有径向间隙，因此，同内圈存在点蚀时的情况一样，根据点蚀部位与内圈或外圈发生冲击接触的位置不同，也会发生振幅调制的情况，不过此时是以滚动体的公转频率进行振幅调制。这时的振动频率为 $nzf_b \pm f_m$

（4）轴承偏心

当滚动轴承的内圈出现严重磨损等情况时，轴承会出现偏心现象，当轴旋转时，轴心（内圈中心）便会绕外圈中心振动摆动，此时的振动频率为为 nf_r（n=1，2，…）。

9.3.5　滚动轴承的振动测量与简易诊断

（1）测点位置的选择

不同机械轴承安装的方式和结构是不同的。有的轴承安装在轴承座上，而轴承座是外露的，测点（即传感器）应布置在轴承座上。有的装在机械内部，或直接装在箱体上，测点应选在与轴承座连接刚度较高的地方或箱体上的适当位置。

总之，测点选择应以尽可能多地获得轴承外圈本身的振动信号为原则。

注意：如果定期巡回监测，则每次测量时测点的位置要一致，这样采得的数据才具有可比性。

（2）测点方向的选择

测量方向应根据轴承的承载情况来考虑。如果轴承承受径向载荷，则应测量径向振动；如果轴承承受轴向载荷，则应测量轴向振动；如果轴承同时承受径向和轴向载荷，则一般应同时在两个方向布置传感器。

传感器应尽可能布置在载荷密度最大的地方，以保证获取尽可能大的轴承本身的振动信号。

（3）测量标准的确定

1）绝对标准。绝对标准是在规定了正确的测量方法后而制订的标准。它包括国际标准、国家标准、部颁标准、行业标准和企业标准等。使用绝对标准，必须用相同仪表、在同一部位、按相同条件进行测量。选用绝对标准，必须注意掌握标准适用的频率范围和测量方法等。

2）相对标准。相对判断标准是对同一部位定期进行测量，并按时间先后进行比较，以

正常情况下的值为基准值，根据实测值与基准值的倍数比来进行判断的方法。对于低频振动，通常规定实测值达到基准值的 1.5～2.0 倍时为注意区，约 4 倍时为异常区；对于高频振动，当实测值达到基准值的 3 倍时为注意区，6 倍左右时为异常区域。

3）类比标准。类比判定标准是指对若干个同一型号的轴承在相同的条件下同一部位进行振动监测，并将振值相互比较进行判别的标准。

需要注意的是，绝对判定标准是在标准和规范规定的检测方法的基础上制定的标准，因此必须注意其适用频率范围，并且必须按规定的方法进行振动检测。适用于所有轴承的绝对判定标准是不存在的，因此一般都是兼用绝对判定标准、相对判定标准和类比判定标准，这样才能获得准确、可靠的诊断结果。

（4）滚动轴承振动信号的简易诊断

1）振幅值诊断法。峰值反映的是某时刻振幅的最大值，因而它适用于像表面点蚀损伤之类的具有瞬时冲击的故障诊断。另外，对于转速较低的情况（如 300 r/min 以下），也常采用峰值进行诊断。

均值用于诊断的效果与峰值基本一样，其优点是检测值较峰值稳定，但一般用于转速较高的情况（如 300 r/min 以上）。

均方根值由于是对时间取平均的，因而它适用于像磨损、表面裂痕无规则振动之类的振幅值随时间缓慢变化的故障诊断。对于表面剥落或伤痕等具有瞬变冲击振动的异常实践证明是不合适的。

波形因数诊断法。波形因数定义为峰值与均值之比，为：X_p/X^{-}。

波形因数值过大时，表明滚动轴承可能有点蚀；而波形因数值过大时，表明发生了磨损，如图 9-20 所示。

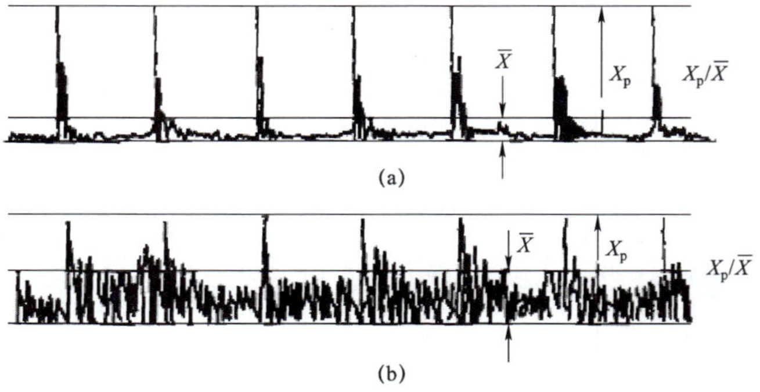

图 9-20　波形因数诊断法

（a）波形因素大；（b）波形因素小

2）概率密度诊断法

无故障滚动轴承振幅的概率密度曲线是典型的正态分布曲线；而一旦出现故障，则概率密度曲线可能出现偏斜或分散的现象，如图 9-21 所示。

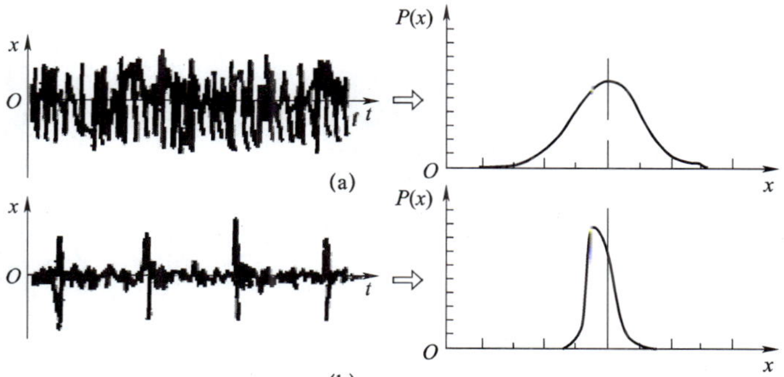

图 9-21　概率密度诊断法

3）峭度系数诊断法。峭度 k 表达式为

$$k=\frac{\int_{-\infty}^{+\infty}(x-\overline{x})^4 p(x)\mathrm{d}x}{\delta^4} \tag{9-14}$$

当振幅满足正态分布规律的无故障轴承，其峭度值约为 3。随着故障的出现和发展，峭度值具有与波峰因数类似的变化趋势。此方法的优点在于与轴承的转速、尺寸和载荷无关，主要适用于轴承表面有伤痕的诊断。缺点是峭度系数波动较大，对轴承表面皱裂、磨损等异常缺乏诊断能力，特别是在信噪比很低的情况下几乎无法做出判断。

滚动轴承的精密诊断与旋转机械、往复机械等精密诊断一样，主要采用频谱分析法，由于滚动轴承的振动频率成分十分丰富，既含有低频成分，又含有高频成分，而且每一种特定的故障都对应特定的频率成分。进行频谱分析之前需要通过适当的信号处理方法将特定的频率成分分离出来，然后对其进行绝对值处理，最后进行频率分析，以找出信号的特征频率，确定故障的部位和类别。

9.3.6　轴承状态监测与诊断系统

轴承状态监测一直是机械故障诊断的重要内容，传统的监测及分析方法如幅值分析法、频域分析法、共振解调等只能分析平稳信号，并且不能做局部分析。因此，这些传统的方法已经无法分析轴承这一非线性系统的振动信号。利用虚拟仪器技术研制开发了轴承状态监测与诊断系统，采用分形法对轴承振动信号进行监测分析，利用能描述非线性系统特征的分维数来判别轴承的状态。该系统结构为开放式，可按照用户的需要增加各种功能，维护升级方便。

在工程实际中，通过对轴承的振动信号波形进行研究得出，轴承的时域波形在一定的时域长度下存在自相似性。因此，可用分形理论来研究轴承的状态。其诊断原理如下。轴承在不同状态下由于振动非线性特性不同而具有不同的分维数，因此分维数可以作为识别轴承故障状态的特征量。在众多分维数中，关联维数对吸引子的不均匀性反应敏感，能较好地反映客体的分形性质。通常采样信号是单变量的时间序列$\{X_k\}$，其中 $K=1,2,\cdots,N$，用时延法对 X 进行相空间重构。由 Takens 重构原理，嵌入维数 $m\geqslant 2d+1$（d 为吸引子的真实维数，m 为重构相空间的维数），重构结果记为 $X_n(m,r)=[X_n,X_{(n+1)},\cdots,X_{(n+(m-1)r)}]$。其中 $n=1,2,\cdots,N-m+1$；

$\tau=K\Delta t$ 为时间延迟；Δt 为数据的采样间隔；K 为任意整数；m 为重构相空间的维数。则重构相空间吸引子的关联维数为

$$D_2=\lim_{r\to\infty}\frac{\ln C(r)}{\ln r} \tag{9-15}$$

$$C(r)=\frac{1}{N(N-1)}\sum_{i=1}^{N-m+1}\sum_{j=1}^{N-m+1}H(r-|X_i-X_j|)\ (i\neq j) \tag{9-16}$$

式中，r 为 m 维超球半径；H 为 Heaviside 函数，即

$$\mathrm{H}(r-|X_i-X_j|)=\begin{matrix}1(r-|X_i-X_j|)\geqslant 0\\0(r-|X_i-X_j|)<0\end{matrix} \tag{9-17}$$

画出标度曲线 Inr-ln$C$（r），取标度线中的直线部分，其斜率即为对应时间序列的关联维数。本系统即通过轴承振动信号关联维数的变化来判别其状态。

9.3.7 电动机滚动轴承异常振动噪声的分析及处理

电动机是使用最广泛的动力设备，其可靠性直接影响生产正常进行，尤其是电动机的轴承故障在设备运行中占有很大的比例。作为电动机的易损件轴承需要及时按要求进行更换，如不能准确判断轴承异常振动噪声的原因，这会给电动机运行带来较大隐患，最终造成电动机无法正常运转，给企业生产带来巨大的损失。

一、电动机轴承异常振动噪声的识别

（1）电动机噪声的识别方法

电动机噪声分为电磁噪声、通风噪声及机械振动噪声。其中机械振动噪声中主要是轴承振动噪声。轴承振动噪声是相对滚动轴承基本噪声而言，轴承振动噪声的频率的频带分布较宽，不同的人可能感觉到异响的大小不一样。因此，要识别异常振动噪声还要有一定的实践经验。根据经验提出可识别轴承异常振动噪声的几种方法。

1）根据声音的特征识别。基本噪声一般是连续的平坦的声音，没有明显的高低，而轴承异常振动噪声则是断续声响或嗡嗡声，甚至有时能感觉到似乎有物体的互相摩擦声或撞击声等。

2）根据声源识别。根据异响声源是否来自电动机端盖或轴承部位进行判断。一般滚柱轴承比滚珠轴承的异响发生的概率要高，所以可以根据电动机滚柱轴承的位置初步判断声源的来源。

3）更换轴承识别。将原轴承重新清洗或更换后，异常振动噪声消失，则可判断轴承异常振动噪声。

4）用电子听诊器识别。轴承噪声分布在 1～20 kHz 广阔范围内，随时间的波动，而往往被电动机的端盖所放大。大多数轴承噪声多出现在 1～5 kHz 频段内，用电子听诊器听起来呈呲沙声。

（2）电动机轴承异常振动噪声形成的原因

1）轴承质量。轴承异常振动噪声可能出自轴承本身。轴承本身的质量也对异常振动噪声的大小起决定作用。轴承有先天性的品质缺陷，如轴承滚柱或滚珠的加工精度差，表面有

划痕碰伤，内外轴承套的圆度、波度、粗糙度较差，保持架加工精度及定位精度不高，与滚柱或滚珠间的窜动较大等。也有轴承购进后，由于保存或安装过程中形成了品质性缺陷，如锈蚀、碰伤、划伤等。这些因素均是形成异常振动噪声的重要因素。

2）轴承的润滑。良好的润滑是保证轴承正常运行维持低振动噪声的基本条件。在正常润滑情况下，滚动体与滚道之间会被一层润滑油膜隔开，这层油膜起到减少金属与金属间的摩擦、吸振延缓作用。一旦油膜因外界因素而失效或消失，或油膜厚度不足时均会产生刚性体之间的接触、碰撞，最终出现异常振动噪声，多数中小型电动机一般采用锂基润滑脂，润滑的稠度大小也会影响轴承异常振动噪声。

3）轴承的清洁度。轴承在污染的条件下工作，很容易让杂质和微粒进入。当这些污染微粒被滚动体碾压后，会产生振动。杂质内不同的成分、微粒的数量和大小会导致振动水平有所不同，频率也没有固定的模式，同样可能会产生令人烦扰的噪声。

4）轴承的配合及装配。轴承的内外圈与电动机轴及轴承室配合精度至关重要。轴承在装入电动机后，因轴承内外圈与轴及轴承室有一定的配合公差，使轴承产生径向变形，引起游隙减小，故运行时另有一个工作游隙值，试验研究表明：当工作游隙为 10 μm 左右时，对噪声来说是最佳值。过大会使振动加大，过小则使噪声加大。工作游隙与原始游隙的差值主要与轴承内外圈、轴及轴承室的加工精度有关，如果配合选择过紧，加工精度过低，致使大部分轴承工作游隙偏小，甚至造成无间隙运行，导致轴承产生噪声。轴承装配时由于不按轴承装配工艺要求进行，野蛮装配，而造成的轴承损伤，也会引起轴承异常振动噪声。

二、电动机轴承异常振动噪声的消除措施

（1）严格控制进厂轴承质量及防止轴承锈蚀

轴承进厂时应进行相应的检验，除进行外观及尺寸的检查外，还要对轴承用仪器进行振动检测，检测方法是采用冲击脉冲法进行诊断，其原理是：当两个不平的表面撞击时，就会产生冲击波，即冲击脉冲，这个冲击脉冲的强弱直接反映了撞击的猛烈程度。根据这个原理，如果通过检测轴承内滚珠或滚柱与滚道的撞击程度，也就可以了解轴承的工作状态。低的冲击脉冲值客观地反映了轴承良好的工作状态，而当测得较高的冲击脉冲值时，说明轴承处于不良好的工况，原理如图 9-22 所示。

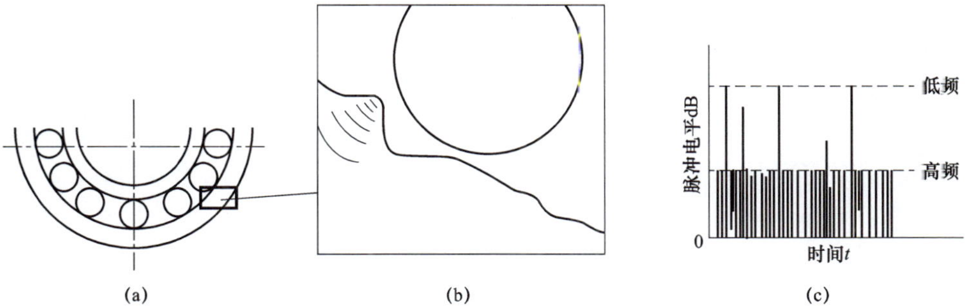

(a)　(b)　(c)

图 9-22　冲击脉冲法检测滚动轴承缺陷

（a）轴承缺陷部位；（b）缺陷放大图；（c）脉冲电平图

一般用户对轴承的保存期不太注意，实际上，普通轴承涂的防锈油有效期只有一年，如果超过期限，不进行重新防锈处理，就有可能生锈，如果轴承滚珠或滚柱及滚道锈蚀，一定

会引起异常振动噪声，因此，对轴承的保存管理一定注意轴承的出品期和防锈有效期，做到定期检查。

（2）严格控制清洁度

电机行业有许多企业不重视清洗，大多数企业没有专门的清洗设备，靠手工吹、扫或随意清洗一下，导致电动机在一个不干净的条件下装配，既影响电动机的内表观质量，又会使轴承产生异响。

为了控制清洁度，在电动机装配时，要对装配的零部件，如机座、端盖、轴承套、转子及轴等进行清洗。只有清洗干净、通过验收合格的零部件才能装配。

（3）严格控制轴承室及轴承台内外径公差

多年的实践证明：多数轴承外径均为减差，为降低轴承异常振动噪声，轴承室内径的公差设计值一般取 J6 或 JS6 为宜，这样可以保证轴承与轴承室为过渡配合，并保证轴承室公差尽量取中间公差，既不要接近正公差太多，也不要接近负公差太多，且轴承室内径圆柱度公差为 5 级。为保证轴承内圈与轴承台配合的合理性，一般轴承台处公差根据需要取 k5 或 k6，且轴承台外径圆柱度公差为 5 级，轴承台台肩处倒角不应大于轴承倒角，否则轴承装配时不到位，所以轴承台台肩处倒角应小于轴承倒角。

（4）改进轴承装配工艺

安装轴承时，可以根据轴承类型和尺寸选择机械、加热或液压等方法进行。但在任何情况下，都不可以直接敲击轴承圈、保持架、滚动体或密封件。安装时对轴承施加的作用力绝不可通过滚动体从一个轴承圈传递到另一个轴承圈，否则会对滚道造成损伤，使轴承产生异常振动噪声。轴承装配最好是采用油加热或用专用的感应加热器加热，对于小型电动机轴承尽量采用油加热，油加热设备简单，但油经多次使用后会不干净，所以用油加热的轴承装配后，要用汽油清洗两次。第一次清洗的汽油变得不干净了，要用汽油进行第二次清洗，然后加入少许的 20 号机油，可提高轴承抗耐磨性，延长寿命，降低轴承噪声，在涂油时一定保证均匀涂抹，使之形成均匀油膜，最后加入锂基脂。对中大型电机必须采用专用的感应加热器加热，可以保证轴承均匀加热，不会产生尺寸变形。

9.3.8 齿轮箱中滚动轴承的故障诊断与分析

齿轮箱运行状态往往直接影响到传动设备能否正常工作。

齿轮箱通常包含有齿轮、滚动轴承、轴等零部件。据资料统计，齿轮箱内零部件失效情况中，齿轮和轴承的失效所占比重最大，分别为 60%和 19%，因此，齿轮箱故障诊断研究的重点是齿轮和轴承的失效机理与诊断方法。作为齿轮箱中滚动轴承的故障诊断，其具有一定的技巧性和特殊性。

（1）齿轮箱振动信号及分析

对齿轮箱的故障诊断，目前普遍采用的是基于振动技术的诊断方法，它通过提取齿轮箱轴承座上或齿轮箱壳体中上部的振动信号，运用适当的信号处理技术，分析可能出现的故障特征信息，以判断发生故障性质及部位。

振动检测技术是基于机械设备在动态下（包括正常状态和异常状态）都会产生振动这一事实，振动的强弱及其包含的主要频率成分和故障的类型、程度、部位以及原因等有着密切的联系。它可以检测出人的感官和经验无法直接查出的故障因素，尤其是不明显的潜在故障。齿轮箱中的轴、齿轮和轴承在工作时都会产生振动，若发生故障，其振动信号的能量分布和频率成分将会发生变化，振动信号是齿轮箱故障特征的载体。

（2）齿轮箱中滚动轴承故障的特点

一般情况下，当齿轮箱发生故障时，故障的特征频率会大量出现谐波，同时其周边会存在许多边频带。由于引起故障的原因很多，许多故障的振动现象不是单一的，轴承故障特征频率也会受到调制。

当齿轮箱滚动轴承出现故障时，在滚动体相对滚道旋转过程中，常会产生有规律的冲击，能量较大时，会激励起轴承外圈固有频率，形成以轴承外圈固有频率为载波频率，以轴承通过频率为调制频率的固有频率调制振动现象。

齿轮箱滚动轴承出现严重故障时，在齿轮振动频段内可能会出现较为明显的故障特征频率成分。这些成分有时单独出现，有时表现为与齿轮振动成分交叉调制，出现和频与差频成分，和频与差频会随其基本成分的改变面改变。

（3）齿轮箱中滚动轴承故障诊断的难点

1）确定齿轮箱中间传动轴的转速难。齿轮箱通常具有多级结构，每级传动产生不同的速比。一般情况下，齿轮箱厂家仅提供齿轮总速比，并不详细提供每级传动速比以及齿轮齿数，这为准确判断中间传动轴的轴承故障增加了难度。确定每根传动轴的转速，是正确分析判断轴承故障的关键，因为轴承故障特征频率是与轴承结构尺寸及轴的转速相关的。轴承的结构尺寸（滚子直径、滚子分布圆直径、接触角）以及轴承滚子数量等是内在因素，是由轴承制造商决定的。而转速是外在因素，同一轴承在不同的转速上，轴承的故障特征频率不同。

2）确定频谱中故障特征频率成分难。目前齿轮箱故障诊断方法是以箱体振动信号进行研究的，信号在传递过程中经过的环节很多，例如齿轮信号传递会经过以下环节：齿轮—轴—轴承—轴承座—测点，这样会导致部分信号在传递过程中衰减或受调制。另外，由于齿轮箱结构复杂，工作条件多样，箱内多对齿轮和滚动轴承同时工作，频率成分多且复杂，各种干扰较大。所以传感器所提取的振动信号中，各信号频率杂、多且不易区分，确定其中某故障特征频率就存在一定难度。滚动轴承故障产生的振动信号能量要比齿轮或轴承故障产生的振动能量小，其故障信号很容易被淹没在其他振动信号中，故障特征更不明显，这为确定轴承故障特征频率增加了很大难度。

参考文献：

[1] 施维新. 汽轮发电机组的振动及转子找平衡［M］. 北京：水力电力出版社，1991.

[2] 杨毅，CPR1000 技术核电机组高频振动故障诊断及处理［J］. 广东电力，2016（1）.

[3] 张秋生，范永胜，史文韬，等. 1000MW 汽轮机组轴瓦振动保护误动的原因分析及对策. 中国电力，2012（12）：7-11.

[4] 王浩森，景效国，张国荣，等. 浅析 TSI 振动测量信号的保护逻辑组合［J］. 热力发电，2007，250（10）：57-58.

[5] 张煜，韩宝军，张荣佩. 凝汽器真空变化对机组振动的影响分析［J］. 河北电力技术，

2008，27（1）：36-38.
[6] 郭学，程明都，李新峰，等. 210MW汽轮发电机组振动分析及处理［J］. 华电技术，2008（9）：27-29.
[7] 扬海斌. 某电厂360MW汽轮机组不平衡振动分析［J］. 应用能源技术，2008（7）：47-49.
[8] 王家胜，邓彤天，冉景川. 300MW汽轮机组振动原因诊断和处理［J］. 热力透平，2008（3）：197-200，211.
[9] 张俊杰，韩阳，王顶辉，等. 600MW机组11号瓦振动故障诊断和消除［J］. 广东电力，2008（5）：70-74.
[10] 袁周，黄志坚. 工业泵常见故障及维修技巧［M］. 北京：化学工业出版社，2008.
[11] 吕志远. 基于振动频谱分析的电动机故障诊断［J］. 冶金动力，2008（5）：17-19.
[12] 严自新. 永磁直流电动机振动和噪声分析［J］. 威特电机，2008（7）：56-59.
[13] 杨鸿儒，王新梅. 振动检测仪在电动机状态监测和润滑管理中的应用机械，2008（9）：75-79.
[14] 李建宏. 多级给水泵转子不平衡引起振动原因分析［J］. 山西焦煤科技，2008（6）：25-27.
[15] 肖小清，冯永新. 交流润滑油泵振动故障原因分析及处理［J］. 广东电力，2008（8）：58-60.
[16] 徐颜军. 循环水泵振动原因分析与处理［J］. 电力学报，2008（4）：328-329，352.

第四篇　提高篇

智能诊断技术应用

第十章

智能诊断技术与发展

10.1　核电厂转机振动故障诊断技术应用现状及特点

振动故障诊断的过程，实际上是提取识别振动故障的症候，并建立振动故障与识别故障症候的关系。测振装置的频谱分析为振动故障的识别提供了丰富的振动故障症候信息，振动分析师通过“看图识谱”的方式，实现对设备故障原因的诊断。目前在核电厂对机组的振动诊断工作仍然主要是采用人工诊断方式，即振动专业技术人员通过对振动测量数据进行采集，结合分析软件或仪器，以及对机组工作原理和具体结构和以往的现场振动诊断经验，在现场或离线完成具体振动故障原因的诊断，制定应对措施。振动装置技术应用水平和诊断人员经验、知识背景等，是设备故障诊断应用水平的两个主要决定性因素。

振动故障人工诊断的准确性主要取决于振动专业技术人员的技术水平和经验程度。为提高故障诊断准确性，应按合理的过程进行综合分析，排除故障原因，找出故障的根源。通常人工诊断过程分为四个步骤：一是判断故障的真伪；二是确定故障的类型和具体部位；三是故障危害程度的评估；最后是故障趋势的预测及制定处理意见。振动故障类型诊断工作的效果，除要求具有扎实的振动理论知识和掌握典型振动故障特征外，在很大程度上还取决于有关人员对机组工作原理与具体结构的熟悉程度，以及在机组运行和检修方面的实际经验。但在确定故障的具体原因时，由于受对机组结构的认识及专业技术人员的见识和经验等因素的影响，使误判时有发生，进而也无法采取正确的处理振动的方法。有些情况下，机组一些故障反映出的振动特征与现有理论研究描述的特征有一定的差异。因此，在机组振动故障的诊断和处理工作、振动分析人员除需掌握一定的振动力学和转子动力学基础理论和科学的分析能力外，还应具有丰富的现场经验，熟悉机组的结构和振动特性，这样才能快捷地找出故障的确切原因，提出正确的振动治理措施。

这种应用模式有着显而易见的局限性：培养一名优秀的振动分析师需要很长的学习周期和实际经验的积累；已经形成的设备振动诊断知识经验难以沉淀和传承；振动监测和采集在线系统仅限于主机和个别辅机设备，覆盖面不足，造成运行期间仍然需要大量的人工采集工作量，且诊断的结果受限于样本数据的采集周期和数据质量；面临设备群的监测和诊断运维管理时，则存在着任务艰巨而人力不足的特点，限制了运维水平的提高，从而不利于运行设备的稳定性和预防维修。同时设备的复杂性提高和装置应用技术水平需求提升，对于传统的故障诊断方法存在太多偶然性，诊断标准不明确。

10.2 智能诊断技术的应用发展

近年来，人工智能及新技术的应用下设备故障诊断技术得到了迅速的发展。应用智能故障诊断技术来替代传统人工诊断方法，不仅可以减少人员费用，而不受主观情感影响，诊断时效更快，诊断精度更高，并且针对每一类故障给出具体的可视化分析。故障诊断技术的诊断精度相比传统人工故障诊断方法已经有了很大提高，这体现在信号处理与特征提取、诊断方法（模式识别算法）和学习完整性多个方面，也体现在振动诊断系统分析架构和装置应用新技术。

在信号处理与特征提取方面，旋转机械故障发生时，其本身零部件的振动信号具有较大的复杂性，传感器所获取的信号具有非线性、非平稳、噪声干扰等特点，因此直接从原始信号中提取有用的故障特征较为困难，基于信号处理的特征提取方法在故障诊断任务中应用广泛，传统的信号处理技术主要为三个方面：时域分析、频域分析和时频域分析。时域处理主要以统计特征分析方法为主；频域处理方法以分析信号频域成分为主，傅里叶变换为经典的频域处理方法，除此之外还有包络分析、细化谱、倒频谱、高阶频谱和全息谱分析等方法；而应用更为广泛的是时频域分析方法，它可以捕捉到非平稳信号中出现的故障相关瞬态成分，提供时间域与频率域的联合分布，例如短时傅里叶变换、Winger-Ville 分布、经验模态分解、小波变换理论等。

在诊断方法方面，近年来机器学习作为判别问题成功运用于故障诊断中，国内外学者提出了人工神经网络（artificial neural network，ANN）、支持向量机（support vector machine，SVM）等故障诊断方法。ANN 方法特点是收敛速度慢、易发生震荡，且需要大量的故障样本数据；SVM 凭借优秀的分类性能成为主要研究方向，SVM 可以处理分类算法的互补问题和直接训练预测类问题。SVM 是一个监督学习方法，需要一定量的标签样本，并且很难处理数据不平衡问题。上述方法均属于传统的浅层学习方法，诊断效率慢，诊断精度在达到一定高度之后很难再有所提高。在样本处理方面，传统的浅层学习需要选择大量的有标签样本，而实际应用中想要获取有标签的数据样本非常困难。

深度学习是机器学习的一个子领域，它试图通过一系列的多层的非线性的变换对数据进行抽象化，来模拟数据之间复杂的关系，是一种基于表征学习的多层次的机器学习算法。同时深度学习是人工智能、神经网络、优化、模式识别、图形化建模、信号处理等研究领域的交叉领域。深度神经网络与更常见的单一隐藏层神经网络的区别在于深度，即数据在模式识别的多步流程中所经过的层数。传统机器学习系统主要使用单隐含层或者无隐含层的浅层网络。当系统的隐含层数量在三层以上的系统就可以称为深度学习。在深度学习系统中，每一层在前一层输出的基础上学习更深层特征。随着神经网络层数的增加，每一层都会重组前一层的特征，所能识别的特征也就越复杂。作为一种新兴的含有多个隐含层的神经网络模型，能够利用多层网络优势，充分挖掘数据之间的相关信息，发现数据中隐含的更深层的特征。

在工业和信息化相融合、“互联网+”等概念提出的背景下，智能故障诊断学的研究成果，尤其是人工智能应用水平的提升和人工智能计算引擎产品化推广和应用，使得学术研究成果与工业生产过程设备诊断应用的结合成为可能，必将带来效率与价值的提升。

10.3 设备振动诊断技术装置新技术与应用

振动装置开发和应用上，应用嵌入式系统实现的设备振动采集、远程诊断、云端应用为特征的分布式振动监测与故障诊断装置系统与无线传输、大数据平台的结合，成为最新技术特点。这类装置克服了以往工控机+PCI 卡相结合的振动装置缺点，对采集端的灵活布置和故障征兆数据处理带来了变革。

在工业 4.0（中国制造 2025）背景下，智慧核电厂生产设备将普遍具有互联性，并越来越多地使用工业物联网（IIoT）传感器进行状态感知。尤其是 5G 技术应用，为工业互联网提供了大带宽、高可靠、低时延的连接，使得数据高速发送到云计算数据中心将成为可能。与此同时，传感器的成本不断降低，生产过程设备增设实时在线监测仪表的机器和其他系统的范围已大大增加，并将在今后几年内增加得更多。

对于类似核电厂因机器设备故障非计划停机损失大的行业，有迫切的技术需求和经济利益驱动由传统计划检修或事后维修转向预测性维修。因此，越来越多的生产企业致力于从他们的设备中获取更多的数据来进行状态监测和设计验证。连续的监测数据采集能够更全面深入地分析判断设备状态，从而为设计改进、运行优化、状态检修提供决策支持。为了从这些传感器中提取有用的信息，需要充分有效的处理算法来执行状态评估和故障预测。这些算法通常使用高频采样的加速度或电流信号。互联网的广泛应用带来了广泛的覆盖面和持续的数据连接。然而，对于具有庞杂设备群核电厂应用领域来说，由于有线或移动连接的带宽有限，本地连接仍然存在问题，连续、高频采样的数据流仍然是不易处理的。因此，数据在采集端本地处理是必要的，并且对于振动类毫秒级采集周期其数据量的增加，本地处理将变得更加重要。

为了克服带宽和时延对数据流的制约，目前振动监测装置中通常的解决方案是在短时间内以突发模式高频采集样本。这样的爆发是在间歇的时间内完成的。然而，这意味着对于以非恒定速度和变负荷运行的设备，在不同的负荷条件下获取数据的概率很高。由于系统激励不断变化的本质，其响应也会发生相应的变化。这些更改可能会影响最终的监测得到的特征值。如果在间歇时刻获取的数据样本在不同的负荷和工况条件下分布得太多，那么趋势预测研究就变得很困难。因此，为了能够提取高质量的状态指标，不仅要进行连续的数据采集，而且连续的数据处理变得更为重要。为了能够保证连续的数据流分析处理，将所有数据传输到中央云处理平台受到网络带宽限制以及分析处理实时性的影响无法实现，必须在云服务器和传感器的边缘设备之间实现数据分析的平衡处理。一种典型的云边协同边缘计算架构应运而生（见图 10-1）。

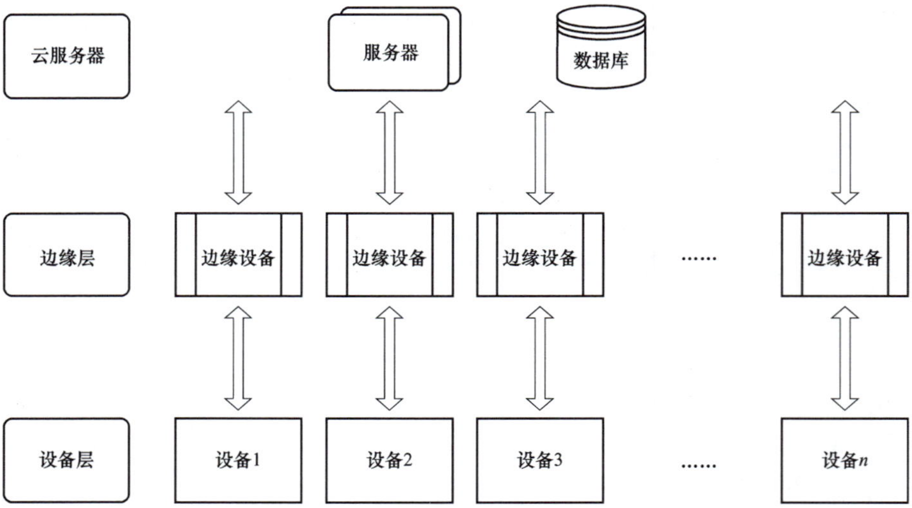

图 10-1　云边协同边缘计算架构

采用嵌入式技术和异常检测技术的物联网云边协同边缘计算，在最接近传感器测量数据的位置进行最大化计算，边缘设备克服间歇性数据采集的限制，实现连续采集分析。架构分为三层。第一层为设备层，被监测设备的振动波形数据连续通过物联网（有线网络、无线、移动网络）传输至第二层边缘层。边缘设备的功能是计算分析振动特征值和异常数据检测。根据监测设备的分部、测点数量以及计算分析的时效性，一个边缘设备可以对应一个或多个监测设备。第三层为云平台，云端服务器接收边缘设备群上传的高质量数据，负责计算量大且复杂的模型样本训练，进行样本分类、聚类从而实现故障诊断。为了能够保证边缘设备连续的数据流分析，在云和边缘之间实现计算平衡，不是将所有数据传输到中央云处理平台，仅将全部异常样本和一定比例的正常样本上传至云平台（见图 10-2）。

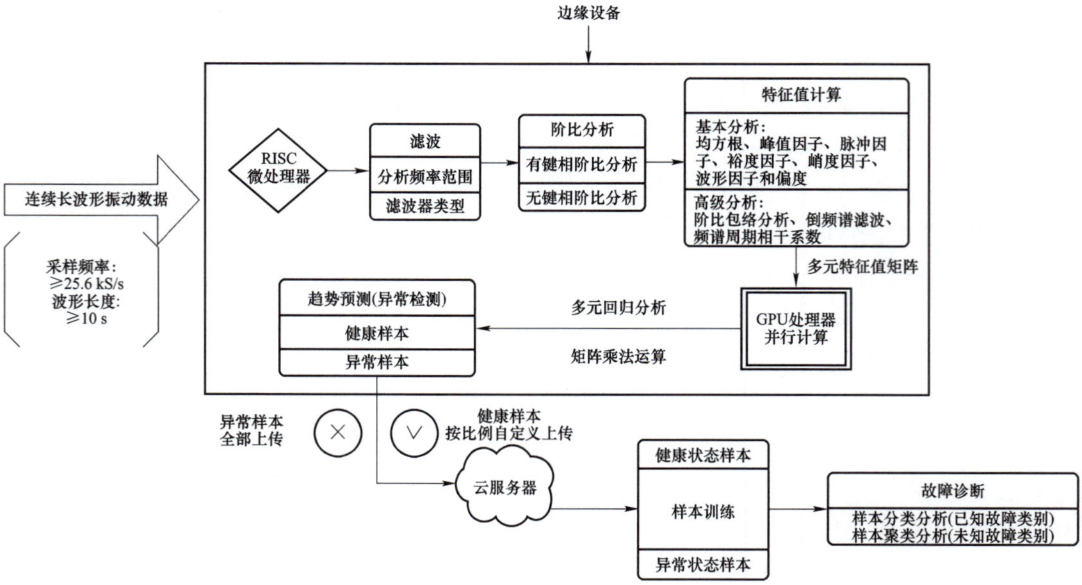

图 10-2　边缘设备架构和计算流程

第十一章

智能诊断技术的实现与应用

11.1　智能诊断技术实现

对于核电厂运行设备，状态监测和故障诊断系统的开发和建立，是实现基于设备状态进行维护的支撑系统，也是智能核电厂整体框架下的基础性应用。目前对设备振动的智能化诊断主要有两种思路：基于数据驱动的方法和基于知识的方法。

基于数据驱动的方法包括：神经网络、模式识别、概率统计、模糊数学等，可用于振动故障在线自诊断系统中，自动计算运行，不需要故障有关起始机理和故障扩展的深层知识，但需要一个对大量观察到的故障数据的学习周期。通过对诊断对象建立一定的数学模型，计算各种症状向量，得出各种原因向量。作为诊断结果，原因向量数值越大，振动由该原因引起的可能性就越大（或诊断结论的置信度越高）。

基于知识的方法依赖于故障模式、校正行为模式或案例描述的使用。故障模式法包括故障/症状法和因果关系树法，前者一般用于目标仅是诊断通常的故障，要求懂得机组或设备的机械原理和工作过程的基本知识，不必要求起始机理和故障扩展的深层次知识；后者一般用于目标是识别根本原因或是开展预报，要求有关起始机理和故障扩展的深层知识。目前离线诊断应用中的演绎推理（正向或反向）方法，应用到在线系统，可全面利用其他的运行数据和专家的诊断经验，构建专家系统，对基于数学模型分析只对现有的振动测量数据分析是有效补充，可以提高在线诊断结果的准确性。通常也是汽轮发电机组振动在线监测和故障诊断系统（TDM）的组成部分之一。

图 11-1 是一种对于构建智能诊断功能应用的思路，既包含基于知识的诊断，也包括数据驱动的诊断技术。两种诊断方法实现思路，可在大数据平台、智能计算引擎等新技术支持下，构成核电厂动设备故障诊断应用系统的行业算子库。

基于专家系统的诊断，即通过构建适应设备特点的振动诊断知识库，将宝贵的专家经验提炼为故障模式特征规则知识库，并依据振动行业标准建立研判规则，依据在线监测数据特征，在应用系统平台通过高级语言实现故障判断逻辑如正向推理和反向推理，系统输出具体振动故障模式的诊断结果。基于机器学习的故障诊断，属于有监督学习的分类应用。在故障数据资源基础上，通过算法模型训练，实现满足一定置信度的模式分类。训练好的算法模型，可用于对在线振动监测数据的分类即在线诊断，也可将算法分类模型用于完善知识库。两者各有优点，专家系统涵盖了人类专家领域知识形成的经验，对于解决实际问题无意存在直接的现实意义，机器学习需要有较丰富的实际故障样本数据，最终其对于数据分类的结果，还需要专家经验的解释和翻译。

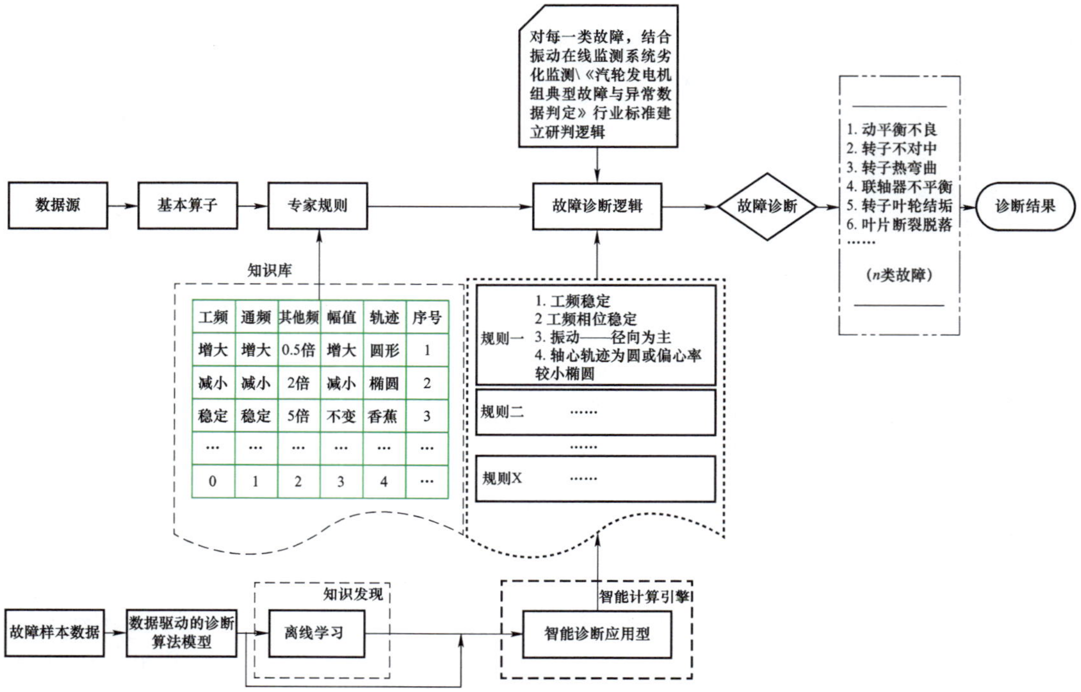

图 11-1　智能诊断的两种实现模式

11.2　基于专家系统的智能诊断应用

11.2.1　专家系统构建的一般过程

专家系统的核心是知识库，但它又不同于具体的专业知识，而是需要经过认真提炼后才可输入知识库。因而宜有知识工程师（Knowledge Engineer）与领域专家们紧密合作，在广泛汇总、整理大量专家知识的基础上，努力将专家们处理问题的策略和经验有机地组织到所编的专家系统中去，如图 11-2 所示。而书籍、会议论文、期刊等所载的有关知识也是知识工程师所需搜集的一个主要来源。

建立专家系统并没有统一步骤，而是对问题的认识不断深化及完善的过程。也可以先形成一个原型，再在测试过程中不断改进，如图 11-3 所示。

因此当可行性分析确定后，具体进行专家系统的开发时常要经历几个阶段。

（1）认识阶段。基于与领域专家等的交流，找出该问题的知识特征与求解方法。

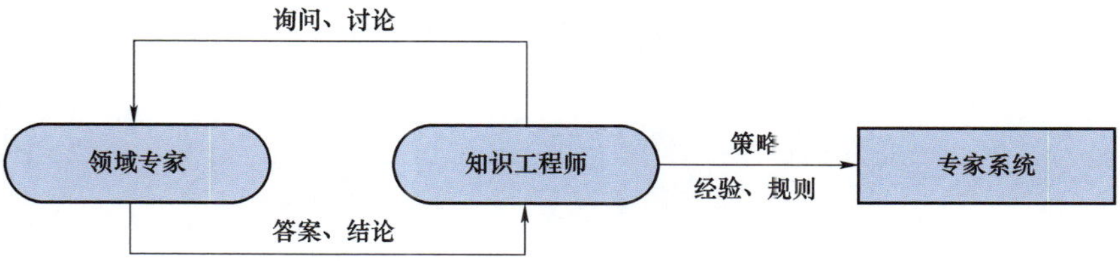

图 11-2　知识工程师的作用

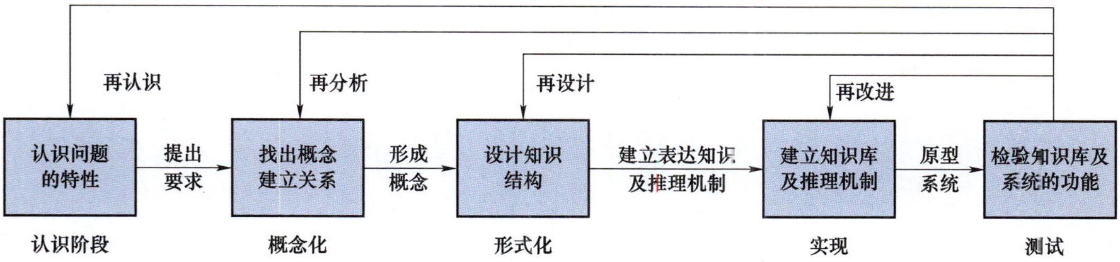

图 11-3　开发专家系统的基本步骤

（2）概念化阶段。将解决该问题的知识和经验条理化、层次化、系统化，总结出相应的规则，画出推理的网络图，由此逐步深入。

（3）形式化阶段。分别寻找合适的方法以实现在计算机中的存储、检索、管理等功能。而其中数据库和推理机的设计常是最关键也是最困难的部分。

（4）实现阶段。挑选合适的程序设计语言，在相应于用户使用的计算机上，按上述模型，逐步编制成专家系统。但开始形成的往往还只能说是原型。

（5）测试阶段。将已开发的原型系统认真进行性能测试，发现问题及时修改、完善。然后以一些较典型的实例作为该开发系统的输入，通过运行常可发现知识库、控制结构等可能还包含不少问题，可逐步改进。

这样不断反馈、完善的过程常要经过多次，有的还会在正式投运后出现原来意想不到的问题需要继续完善。

11.2.2　知识沉淀的技术方法与挑战

在技术路线上，工业有机理模型、经验规则（或则称为专家知识）、统计模型等 3 种常见方法。它们的来源与机制不同，适用场景不同，在应用中面临的挑战也不同，如表 11-1 所示。

工业技术本身的发展本身来源于对物理世界运行机制科学认知的进步和工程技术手段的发展，是一个强机理的领域。机理模型在工业系统设计、运行机制分析等方面发挥了重大作用。但形式化的机理模型通常要做一些前提假设（例如，集中式参数），忽略一些因素（如环境干扰、物体的变形），另外很多模型参数和重要状态变量在现实中很难精准获得。

知识的自动化和发掘一直是人工智能、统计学习等学术领域关注的技术方向。20 世纪 60 年代提出的专家系统是重要的尝试之一。将专家知识进行形式化表达（如产生式规则、语义网络、框架、状态空间等），通过推理机制（正向或反向）进行问题求解，并通过合适的解释和人机交互界面将结果呈现出来。人们曾对此给予了很高的期望，但在实际应用中，大家不断意识到“专家知识可以明式表达”这一前提假设过强。

表 11-1　3 类技术方法的适用场景和挑战

	优点	挑战
机理模型	推演能力强	机理在思维上可以全面，但落地很难精准： （1）被机理模型忽略的未建模因素的作用不可忽略； （2）模型参数很难精准获得（例如，分布式参数系统）； （3）很多重要状态量不可观测
经验规则	实用	实用但不完备： （1）通常伴随很多虚假预警（根据少量失效样本的经验总结）； （2）定量化是一个挑战； （3）规则间常常存在冲突
统计模型	自演化性	工业数据量大，但不充足： （1）很多重要的要素并没有在数据中体现。 （2）工业数据是严重有偏的（Biased）：设备异常（故障）本是就是小概率事件，大部分数据都是正常工况；很多设备异常没有被有效标记（Labeled）

虽然专家系统在前提假设和理论体系上还有些待突破提升之处。但规则引擎（Rule Engine）仍取得了较为广泛的行业应用，特别在一些逻辑清晰（例如产品定价逻辑本身就是人制定的）且经常变化的领域（例如，零售、酒店、保险等）。行业内也提出了一系列方法论来保证业务规则工程的顺利进行。例如，ABRD（Agile Business Rule Development）将规则开发分为 Discovery（发现）、Analysis（分析）、Design（设计）、Authoring（审批）、Validation（验证）、Deployment（部署）6 个阶段。

在工业中，以规则引擎为核心的知识库也有不少应用。其中一个典型案例就是原西屋电气，1985 年成立了 Diagnostic Operation Center，先后开发部署 ChemAID、GenAID、TurbineAID 等智能过程诊断系统（PDS），应用到 1 200 台透平设备，规则数量达到 1.6 万条。

为此，后面逐渐兴起的机器学习（也称统计学习或数据挖掘，包括近年来的深度学习）这一技术路线，尝试从数据（专家操作/决策后的结果和相关因素）中挖掘知识和规律，而不是让专家明确表达，这在数据基础好的互联网、物联网等一些领域取了很多成功的应用。在工业等强机理领域，单纯的机器学习也遇到了变量间耦合强、样本量不足、要素不全、类别不均衡等挑战，仍然要结合机理模型与专家知识。

11.2.3　应用上的挑战

Bell[1]和 Coats[2]对专家系统（或业务规则）在行业中应用的失败原因做了深入剖析。在专家知识获取阶段，经常面临着专家没空（或者说专家有很多更有价值的事情）、专家经验很难明式表达、专家不愿分享，甚至不存在专家经验等挑战；在专家经验测试阶段，也常常面临测试成本太高、不存在标的结果（Ground Truth）等挑战。这些挑战在工业场景也一样存在，不过随着数据基础的积累，专家规则在测试阶段的可行性变得更高。

另外，一旦规则逻辑复杂（数量、耦合性），无论是规则的整理还是维护都变得异常困难。有行业专家[3]曾参与过一个配载优化的规则引擎项目，为应对快速增长的货运业务，某国际领先航空公司拟将优秀配载员的经验总结归纳，实现自动配载。2 名公司最优秀的配载员花了近 1 年时间，将他们经验总结为 200 多页规则流图，这在航空业是非常了不起的工作。但即使行业优秀专家精心总结出的规则，仍不可避免存在着大量不完备、模糊甚至冲突的逻辑，基于行业知识理解、咨询工作和分析技术，虽然最终很好地解决了规则的精化和自动化的问题，但这么复杂的业务规则，对于后期修改升级维护是很大的挑战，远非专家 Peer Review 机制可以解决的。为此，当时还专门研发了一些基于历史数据和仿真数据进行规则合法性、逻辑完备性的自动化检验工具，从技术手段上保证规则维护的可行性。

针对西屋电气的 PDS 系统，Thompson 等人[4]回顾了其 30 年的艰辛历程：因为认知不周和底层技术更新，PDS 系统先后经过了 3 次大的改版（甚至重新开发）；诊断规则的前提是数据可靠，而传感器的可靠性通常低于工业设备，这造成了规则库中 60%的规则用来诊断传感器故障；针对 1.6 万条规则的维护，西屋电气只好采用专业分工的方式（而非按设备类型分工），每个组只负责一个专业领域的规则维护。

相对于设备制造商，业主对设备机理的了解程度很难特别深入，知识的获取面临更大挑战。一线操作人员有不少经验，但通常很难形式化表达或获取，即使表达，也很难完备。有学者将之比喻为“把人脑中的知识放在计算机里其实也不那么简单，因为这些知识是碎片化的、不容易管理”。例如，在一次分析课题中，专家的经验是“如果泄漏量存在持续的上升，则存在密封磨损风险”，但在追问到“持续多久”时，专家只能建议“尝试持续 1 天看看”，但实际数据分析中发现，只有把“时长”放在 1 个月的颗粒度上，才能得到稳定的研判，否则会有很多误判。本案例仅仅涉及单个变量，而部分研判通常涉及多因素、多系统耦合，这样，精准的专家经验就更加困难（见图 11-4）。

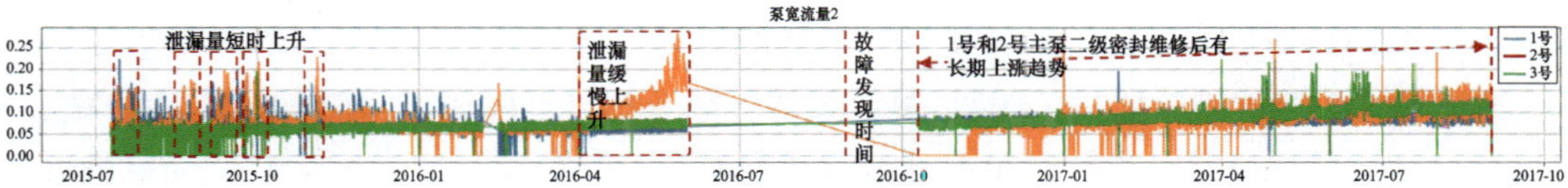

图 11-4　知识获取示例示意图

综上所述，在应用专家经验规则时，常常会遇到如表 11-2 所示的 7 大困难。这些困难也对知识型 APP 开发提出了挑战。

表 11-2　专家规则应用时的 7 大挑战

	描述	技术需求
专家经验的模糊性	大概方向	快速迭代开发环境
逻辑条件的复杂性	条件算子（趋势、模态） 时间窗口 工况研判	算子库（时序模式） 冲突发现与排解
数据需求的差异性	数据时长、类型 不同设备/规则	统一的上下文业务模型（Context Business Object，简称 CBO） CBO 的灵活性（可扩充、实例化/视图） 规则—设备的关联

续表

	描述	技术需求
数据质量的强依赖性	数据质量缺失情形下的规则执行	完备的处理逻辑（明确）
计算量大	数据量大（高频数据）	云+端 批量计算
业务规则的可信度	部分症状下的规则	自学习能力（迭代更新能力）
产权的保护	规则是宝贵的经验（总结出来难，“学”起来容易）	加密、权限机制

11.2.4 设备运维域的知识沉淀

随着数据意识和相关技术的发展：

（1）很多专家经验有了文档记录：很多专家经验以文档资料、维修工单等形式被隐性记录下来，这些文档是专家知识的一个重要来源。

（2）对工业过程有了相对完善的数据刻画：工业过程和干预手段也部分被 DCS 等系统记录，这些信息可以用来验证和提升专家经验，消除专家经验的模糊性。

（3）大数据和工业互联网让大规模的横向/纵向对比变得可能：工业中存在大量共性基础单元（例如，轴承、齿轮箱等），过去仅仅只能基于有限的局部数据进行挖掘或验证，很难得到普适性的规则，现在互联互通让知识沉淀可以在更大规模上进行检验。

11.2.5 工业知识沉淀的 AI-FIT-PM 方法

即使数据基础的发展为知识沉淀提供提供了一定的机遇。工业知识沉淀仍然摆脱不了知识获取、形式化、验证等阶段（类似 ABRD）。但工业是一个强机理的领域，其涉及的组织角色和内容更加复杂。

基于过去项目实践，提出了图 11-5 所示的 5 类角色、7 个阶段的快速迭代开发模式。根据 7 个阶段的首字母（Analysis，Inception，Formalization，Implementation，Test，Production，Maintenance），将其简称为 AI-FIT-PM 方法。相对 ABRD 业务规则的 6 阶段模型，我们增加

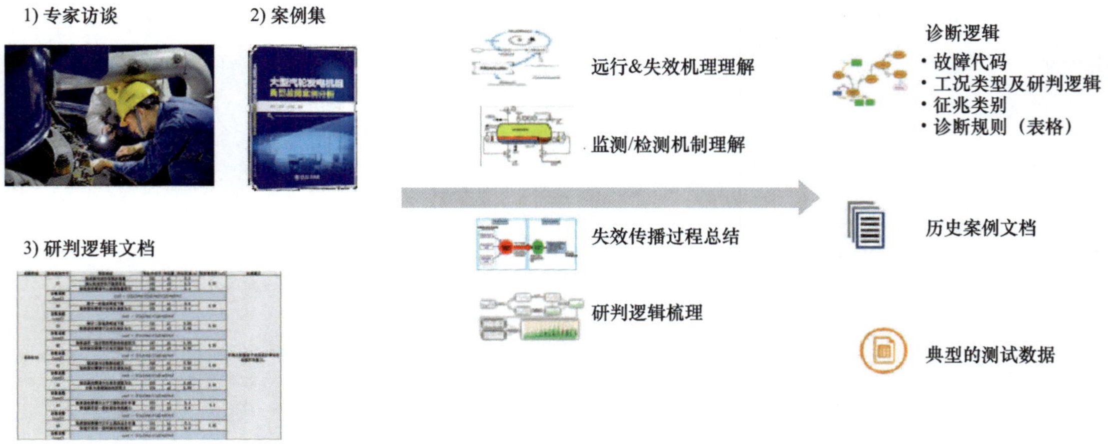

图 11-5 知识获取示意图

了一个管理与维护阶段，将经验规则部署后的快速迭代明确化。在前面几个阶段，主要考虑在工业规则“bottom up”归纳形式下工作内容的细化；在需求分析阶段，引入工业参考框架保证问题分解的全面性；在知识获取和形式化表达阶段，归纳业务术语。

其中第2阶段（知识获取）非常重要。根据系统结构与工作原理梳理出定性的领域知识。这一步骤很多时候由领域专家提前完成，也可以由知识工程师的业务访谈、文献调研完成，如图11-6所示。

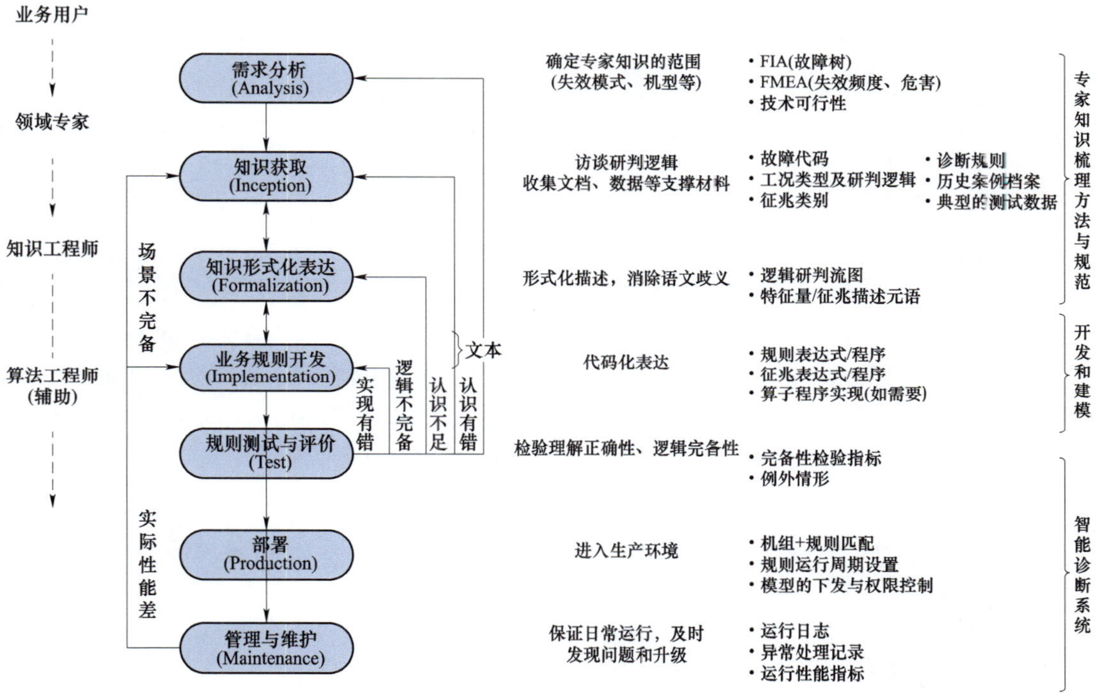

图11-6　知识获取流程示意图

知识获取的重要基础就是理解运行机理、理解监测机制、总结失效过程、梳理研判逻辑等。

（1）系统的运行机制或失效过程：在本阶段，知识工程师应该对运行机制或失效过程有形式化的理解，并对关键过程量间的关系构建起定性的系统动力学（System Dynamics）模型，如图11-7所示。注意：为避免陷入细节，这里不需要常微分方程、偏微分方程等数学公式表达的动力学方程，而是需要一个经过抽象的（忽略次要因素）能够清晰反映变量间影响关系的模型（Conceptual Model）。

基于系统动力学图，标记出哪些因素是可观测的（图11-7中标记方框的），同时理解不同要素观测结果的可信度和精度。另外，也要从设备的上下游连接关系去理解可能的外部干扰，以某火电厂的一个应用为例，通常多台磨煤机共用一个管道，一台磨煤机的一次风量受所有磨煤机冷/热封门开度的共同影响（也受管道结构的影响），单台磨煤机不同时期，冷/热风门开度与一次风量和风温的关系存在不确定性。只有这样，才能对专家经验的适用范畴和侧重点有个整体把握，而不是一味迷信“专家经验”。

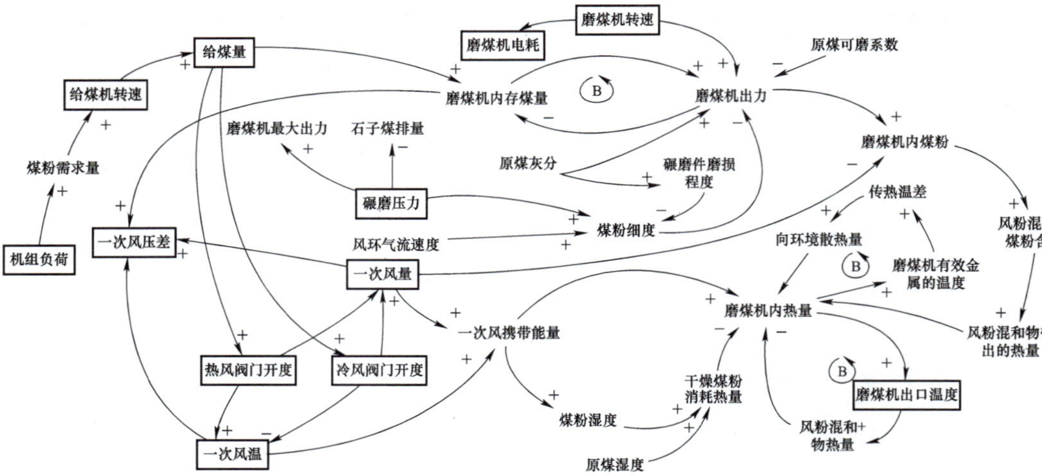

图 11-7　系统的运行机制或失效过程图

（2）监测/检测机制：知识工程师要了解监测点位、测量原理等信息。很多数据异常是由传感器引起的。例如，电流测量可以认为非常可靠，只需要关注少量的噪声和数据缺失。但一次风量和风温测量可能存在偏差，一次风量采用热扩散技术或压差测量技术进行测量，测量精度与测量装置安装位置、风道结构（例如风道直管太短可能造成风道温度场、风速流场的动态变化）有很大关系。

（3）研判逻辑：在动力学根因的基础上，参考行业标准，确定研判逻辑的完备性。“专家经验”的逻辑完备性检验有机理推演、逻辑自洽性检验、反例辨析等多种方法。这里不做详细展开，仅以磨煤机的“机理推演”示意。

1）磨煤机物理本体（如设备健康状态、内部工况）是长期缓慢变化的，且不可完全观测，如果“专家规则”是基于长期平均信息，如何考虑这些缓慢变化？

2）磨煤机的动态工况过程是本身动态和上游管道（和其他磨煤机）动态的耦合作用的结果，如果“专家规则”没有排除暂态过程，如何分辨暂态的来源？

3）对于测不准的问题，专家经验是如何处理的？除了“机理推演”，基于大量历史数据，可以找出当前“专家经验”解释不了的反例，这些反例可以帮助领域专家不断细化自己的经验。毕竟，专家经验的质量决定了最终的应用效果。

通过 AI-FIT-PM 方法及背后的技术，保证专家规则的有效性、活性和规范性。（见表 11-3）

表 11-3　业务规则的要求

业务期望	技术要求	描述	技术要求
有效性	知识要素的建模（关联性）	征兆、原因、异常、故障、措施等要素的结构化关联 规则的置信度设置	知识库要素的数据结构：保证专家知识库的基本要素的有效关联
活性	知识规则的持续开发（可扩展性）	知识规则与算子的灵活关联 诊断算法/规则的开发效率	变量/算子库的层次逻辑结构：通过开发可扩展架构，提高专家规则形式化开发效率
规范性	知识库的全生命周期管理（可维护性）	规则的生命周期管理：包括规则与设备的关联、运行周期等 查询与统计：静态查询、执行统计	规则库管理：支撑知识库管理员的日常工作，建立长效运行机制

11.3　基于机器学习的智能诊断应用

11.3.1　机器学习的基本问题

基于数据的机器学习是人工智能技术中的重要方面，是常见的基于数据驱动的故障诊断方法之一，主要研究的问题是如何从有限的观测数据出发，得到一些通过其他方法不能得到的一些规律，进而对未来的数据和无法观测到的数据进行分析和预测。机器学习的目的是根据给定的训练样本对某系统输入输出之间的依赖关系进行估计，使它能够对未知输入作出尽可能准确的预测。

（1）机器学习问题的表示

基于数据的机器学习的基本模型一般由数据产生器 G、训练器 S、学习机器 LM 三部分组成，其结构如图 11-8 所示。

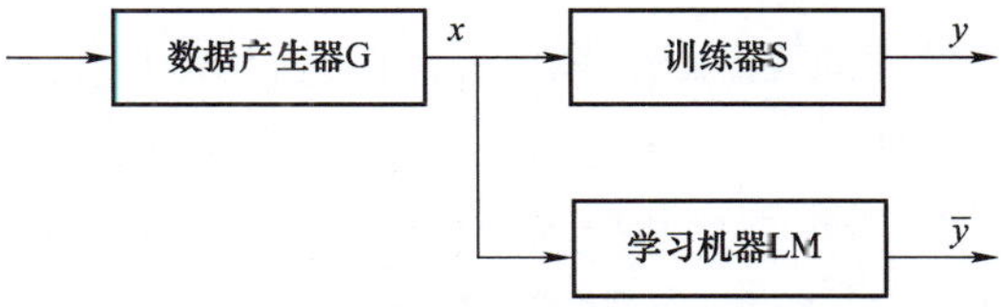

图 11-8　基于数据的机器学习的基本模型

数据产生器 G 是源头，能从固定但未知的概率分布函数 $F(z)$中独立产生随机向量 $x \in R_n$；训练器 S 根据同样固定但未知的条件分布函数 $F(y \mid x)$，对每个输入向量工给出一个确定的输出值 y，根据联合概率 $F(x,y)$抽取出 1 个独立分布观测数据对（x_1，y_1）⋯（x_1，y_1）构成训练集；学习机器 LM 能在一组决策函数集 $f^*(x,a^*)$，$a \in \Delta$（其中Δ是参数集合）中选出使输出 y 最好地逼近训练器输出 y 的函数，即最优决策函数 $f^*(x,a^*)$，$a \in \Delta$。训练之后的学习机器必须对任意的输入 x，给出相应的输出 y，使之最好地接近训练器的响应 y，为了度量学习机器的输出 $\bar{y}$ 与训练器的输出 y 的接近程度，定义二者间的损失函数为 $L[y, f(x, a)]$，损失函数的数学期望为

$$R(a) = \int L[y, f(x,a)] \mathrm{d}F(x,y) \qquad (11\text{-}1)$$

称为期望风险泛函，学习的目的是利用训练集$(x_1, y_1)\cdots(x_1, y_1)$中的信息，寻找最优决策函数 $f^*(x, a^*)$，使其期望风险泛函最小。

通过选择不同形式的损失函数可以构成不同类型的学习机器。通常来说，有 3 类典型的机器学习问题：模式识别、回归估计和概率密度估计，其相应的损失函数描述如下。

1）模式识别。对于简单的两类分类问题，模型的输出 y 就转化成模式分类器的输出标号。输出 $y = \{0,1\}$或 $y = \{-1,1\}$，预测函数为决策函数，损失函数定义为

$$L[y, f(x,a)] = \begin{cases} 0 & y = f(x,a) \\ 1 & y \neq f(x,a) \end{cases} \qquad (11\text{-}2)$$

2）回归估计。对于回归估计问题，损失函数定义为

$$L[y, f(x,a)] = (y - f(x,a))^2 \qquad (11\text{-}3)$$

即采用最小平方误差准则。

3）概率密度估计。对于概率密度估计问题，学习的目的是根据训练样本确定 x 的概率密度。估计的密度函数记为 $p(x,a)$，则损失函数定义为

$$L[p(x,a)] = -\ln(p,a) \tag{11-4}$$

（2）经验风险最小化原则

在式（11-1）中，由于联合概率分布函数 $F(x,y)$未知，故不可能直接最小化风险泛函，因此可利用已知训练样本集定义的经验风险泛函

$$R_{\text{emp}}(a) = \frac{1}{l}\sum_{i=1}^{l} L[y_i, f(x_i,a)] \tag{11-5}$$

对式（11-1）进行估计，即用式（11-5）定义的经验风险泛函代替式（11-1）的期望风险泛函。所谓的经验风险最小化（Empirical Risk Minimization，ERM）原则就是在传统的学习方法中用经验风险最小化来替代期望风险最小化。经验风险可以直观地理解为训练样本的“平均”损失程度，对损失函数式（11-2），经验风险就是训练样本的错误率；对式（11-3）的损失函数，经验风险就是平方训练误差；而采用式（11-4）损失函数的 ERM 准则就等价于最大似然方法。研究发现，使用经验风险替代期望风险并没有可靠的理论依据。传统的统计理论只说明当样本趋于无穷多的条件下，$R=(a)$将在概率意义上趋近于 $R(a)$，并不保证 $R_{\text{emp}}(a)$和 $R(a)$在同一点上取得最小值。这也说明了在有限学习样本的情况下，经验风险最小并不能保证实际风险最小。

（3）学习机器的复杂性和泛化性

学习机器对未来输出进行正确预测的能力称为泛化性，又称推广性。经验风险最小化理论追求训练误差的最小化，然而训练误差小并不能使学习机器具有良好的推广性能，在有限样本下学习机器的复杂性与泛化能力之间存在着矛盾，采用复杂的学习机器容易使学习误差更小，但往往会丧失推广能力。在有限样本情况下，主要存在如下四个问题。

1）经验风险最小化并不一定意味着期望风险最小。

2）学习机器的复杂性不仅与所研究的系统有关，还与有限的学习样本相适应。

3）采用复杂的学习机器容易使学习误差更小，但却往往以牺牲学习机器的泛化性为代价。

4）经验风险最小化原则缺少有力的理论支撑。

统计学习理论的发展为解决此问题提供了坚实的理论基础和有效方法。基于机器学习的振动故障诊断如图 11-9 所示。

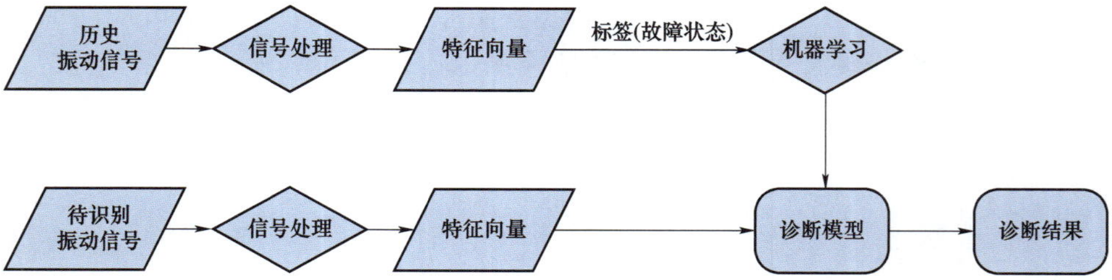

图 11-9 基于机器学习的振动故障诊断

11.3.2　监督学习与无监督学习

机器学习的常用方法，主要分为有监督学习（supervised learning）和无监督学习（unsupervised learning）。监督学习，就是常说的分类，通过已有的训练样本（即已知数据以及其对应的输出）去训练得到一个最优模型（这个模型属于某个函数的集合，最优则表示在某个评价准则下是最佳的），再利用这个模型将所有的输入映射为相应的输出，对于输出进行简单的判断从而实现分类的目的，也就具有了对未知数据进行分类的能力。监督学习的典型例子就是 KNN、SVM。

无监督学习则是另一种研究比较多的方法，它与监督学习不同之处，在于我们事先没有任何训练样本，而需要直接对数据进行建模。无监督学习的例子就是聚类分析，聚类的目的在于把相似的东西聚在一起，而我们并不关心这一类是什么。因此一个聚类算法通常只需要知道如何计算相似度就可以开始工作了。

11.3.3　基于人工神经网络的振动故障诊断应用

（1）人工神经网络故障诊断研究

基于神经网络多传感器信息融合故障诊断方法是特征层状态属性融合，也就是特征层联合识别方法，多传感器检测系统为识别提供了比单传感器更多的有关目标（状态）的特征信息，增大了特征空间维数。运用神经网络多传感器信息融合方法对大型旋转设备运行状态进行诊断识别，是基于这样一种思想：设备运行振动状态与其各种征兆参数（温度、压力、电压、电流、振动信号等）之间存在着因果关系，而这种关系之复杂是难用公式表达的，由于神经网络所具有的信息分布式存储方式、大规模自适应并行处理、高度的容错能力等是其可用于模式识别的基础，特别是其学习能力、容错能力和高度的非线性映射能力对机械设备运行状态的不确定性模式识别具有独到之处。

该方法需要有较多量的真实故障样本数据进行训练，而这又是在工程实际中很难实现的，故而常常用在振动故障征兆与设备过程检测信息的结合中来应用。

（2）人工神经网络算法原理概要

通常采用的是 3 层 BP 神经网络模型，由输入层、隐层和输出层构成，图 11-10 所示为一个典型的三层 BP 神经网络模型。

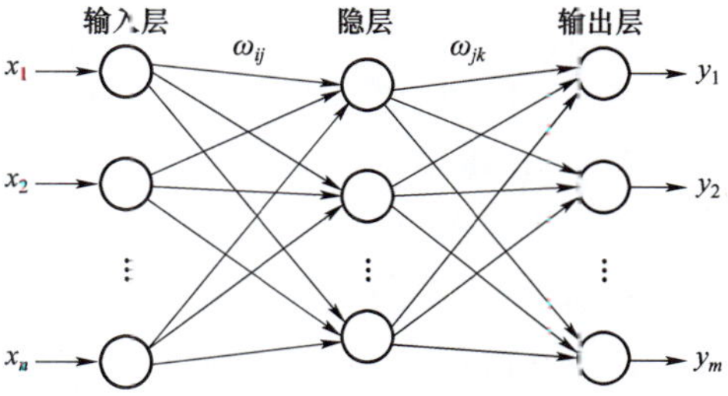

图 11-10　一个简单的 BP 神经网络模型

网络的前馈意义在于每一层节点的输入仅来自前面一层节点的输出。对于输入信号，先前向传播到隐层节点，经过激活函数后，再把隐层节点的输出信息传播到输出节点，最后得到输出结果。

1）输入层节点 $i(i=1,2,\cdots,n)$，其输出 O_i 等于输入 X_i，将变量值传送到第二层。

2）隐层节点 $j(j=1,2,\cdots,p)$，其输入 I_j，输出 O_j 分别为：

$$I_j=\sum_{i=1}^{n}\omega_{ji}O_i+\theta_j \tag{11-6}$$

$$O_j = f(I_j) = 1/[1+\exp(-I_j)] \tag{11-7}$$

式中，ω_{ji} 为隐层节点 j 与输入层节点 i 之间的权值，θ_j 为隐层节点 j 的偏置，f 为 sigmoid 函数，其表达式为：

$$f(x) = 1/[1+\exp(-x)] \tag{11-8}$$

3）输出层节点 $k(k=1,2,\cdots,m)$，其输入 I_k，输出 y_k 分别为：

$$I_k = \sum_{j=1}^{p}\omega_{kj}O_j + \theta_k \tag{11-9}$$

$$y_k = f(I_k) = 1/[1+\exp(-I_k)] \tag{11-10}$$

式中，ω_{kj} 为输入层节点 k 与隐层节点 j 之间的连接权值，θ_k 为输出层节点 k 的偏置。

对于给定的训练样本 $(x_{p1,}x_{p2},\cdots,x_{pn})$，$p$ 为样本数 $(p=1,2,\cdots,P)$，网络输出与训练目标之间的均方误差可表示为：

$$E = \frac{1}{p}\sum_{p=1}^{P}E_P \tag{11-11}$$

$$E_P = \frac{1}{2}\sum_{l=1}^{l}(t_{pl} - y_{pl})^2 \tag{11-12}$$

其中 p 为样本数，t_{pl} 为第 p 个样本的第 1 个输出单元的目标输出结果，y_{pl} 为第 p 个样本的第 1 个输出单元的网络运算结果。BP 网络训练的过程包括网络内部的前向计算和误差的反向传播，其目的就是通过调整网络内部连接权值使网络输出误差最小。对于多层前馈网络中输入层与隐层之间、隐层与输出层之间连接权值利用 BP 算法调整。

（3）神经网络信息融合故障诊断步骤

神经网络知识表示是一种知识的隐式表示，知识表现为网络的拓扑结构和连接权值，采用神经网络技术的专家系统，由于神经网络是一种信息存储和处理统一的网络系统，因此，在采用神经网络技术的专家系统中，知识的存储与问题求解过程中的推理过程均在系统的神经网络模块中进行，是推理机和知识库的统一。首先从已有的设备特征信号提取特征数据，经过数据预处理（归一化处理）后作为神经网络输入，从已知的故障结果提取数据作为神经网络输出，构建 BP 神经网络，利用已有的特征数据和已知的故障结果数据形成的训练样本集对构建的 BP 神经网络进行训练和网络自学习，使 BP 神经网络的权值、阈值与已知的故障结果之间存在对应关系达到期望的故障结果输出。当 BP 神经网络训练完毕后，就可以利用训练成功的 BP 神经网络进行故障诊断。故障诊断的过程如下：

1）将故障样本输入给输入层各节点，同时它也是该层神经元的输出。

2）由式（11-7）求出隐层神经元的输出，并将其作为输出层的输入。

3）从式（11-10）求得输出层神经元的输出。

4）由阈值函数判定输出层神经元的最终输出结果。

旋转设备的故障诊断首先从待诊断的故障信号中提取数据并进行数据预处理，而后将待诊断故障数据输入训练成功的神经网络。利用神经网络信息融合进行故障诊断步骤如图 11-11 所示。

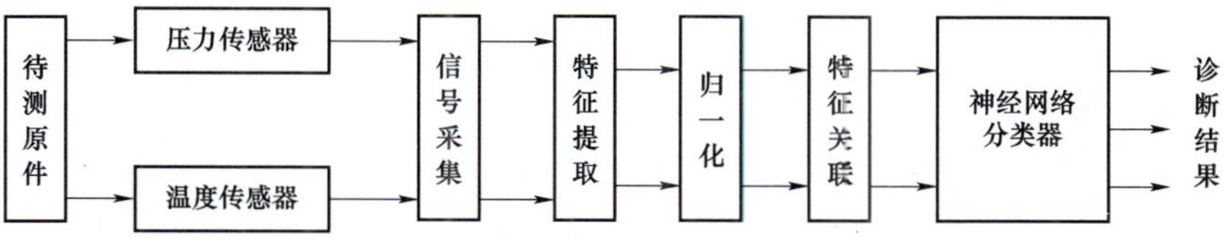

图 11-11　信息融合进行故障诊断步骤

（4）神经网络信息融合故障应用案例

以某核电厂柴油机中的 4 个实际故障样本为例，每个故障样本有 5 个故障特征值，因此选取网络的输入节点为 5。将样本输入到神经网络模型中，每个输出节点代表一种故障类型，则这 4 种故障类型和一个正常状态共需 5 个输出节点与之相对应，因此网络的输出节点为 5。表 11-4 为训练数据。

表 11-4　训练数据

样本序号	故障特征值 X				
	温度	压力	电压	电流	振动信号
1	0.000 0	0.000 0	0.001 3	0.000 0	0.000 0
2	0.007 4	0.033 5	0.001 5	0.003 2	0.010 6
3	0.004 3	0.022 3	0.000 0	0.004 7	0.005 3
4	0.005 6	0.031 5	0.001 2	0.002 7	0.008 6
5	0.006 3	0.020 5	0.002 0	0.003 3	0.006 6
6	0.004 9	0.030 0	0.001 8	0.002 6	0.007 8
7	0.552 0	0.310 7	0.258 1	0.309 4	0.231 6
8	0.545 2	0.279 3	0.261 1	0.298 8	0.203 6
9	0.550 2	0.245 8	0.271 7	0.311 5	0.234 7
10	0.540 6	0.286 2	0.264 5	0.300 9	0.214 5
11	0.560 4	0.302 8	0.283 5	0.312 5	0.222 5
12	0.552 5	0.312 5	0.277 8	0.300 5	0.216 4
13	0.246 2	0.150 8	0.094 7	0.096 4	0.099 9
14	0.253 5	0.106 1	0.096 8	0.097 1	0.081 0
15	0.266 5	0.089 4	0.093 7	0.094 4	0.090 8
16	0.255 6	0.146 5	0.098 8	0.100 0	0.100 0
17	0.262 8	0.143 2	0.308 99	0.096 5	0.089 9
18	0.256 2	0.099 9	0.090 0	0.099 9	0.099 8
19	0.661 5	0.525 1	0.519 5	0.471 0	1 000
20	0.673 8	0.441 3	0.522 5	0.473 2	0.966 7
21	0.666 5	0.474 9	0.525 5	0.476 9	0.975 8
22	0.668 9	0.465 2	0.520 0	0.475 6	0.989 9
23	0.670 0	0.474 8	0.523 5	0.482 5	1.000 0
24	0.662 3	0.483 2	0.526 8	0.466 9	0.988 7

续表

样本序号	故障特征值 X				
	温度	压力	电压	电流	振动信号
25	1.000 0	1.000 0	0.981 2	1.000 0	0.820 6
26	0.979 7	0.977 7	1.000 0	0.996 0	0.820 6
27	0.984 6	0.972 7	0.984 7	0.985 7	0.760 0
28	0.980 0	0.982 5	0.983 5	0.988 7	0.800 0
29	0.996 5	0.993 4	0.986 2	0.989 9	0.780 0
30	1.000 0	0.991 2	0.993 8	0.996 1	0.801 4

在表 11-4 训练数据中，样本序号 1～6 是正常状态；样本序号 7～12 是故障 1 状态；样本序号 13～18 是故障 2 状态；样本序号 19～24 是故障 3 状态；样本序号 25～30 是故障 4 状态。表 11-5 是测试数据。

表 11-5　测试数据

样本序号	故障特征值 X				
	温度	压力	电压	电流	振动信号
1	0.549 3	0.262 6	0.265 9	0.308 8	0.222 1
2	0.003 1	0.023 5	0.000 5	0.003 0	0.004 5
3	0.992 0	0.989 9	0.997 9	0.993 7	0.797 9
4	0.670 4	0.497 2	0.523 5	0.474 1	0.979 1
5	0.257 2	0.100 6	0.095 8	0.098 1	0.089 0
6	0.980 0	0.982 5	0.983 5	0.988 7	0.800 0

将表 11-5 中“样本序号 1”的 5 个故障特征值输给网络的输入层节点，则网络输出层节点与其对应的输出为表 11-6 中“样本序号 1”所在行的 5 个输出值，其中只有 y_2=1.000 8＞0.85，其他 5 个输出均远小于 0.85，所以，网络故障诊断的结果为故障 1；表 11-5 中“样本序号 2”的 5 个故障特征值输给网络的输入层节点，则网络输出层节点与其对应的输出为表 11-6 中“样本序号 2”所在行的 5 个输出值，其中只有 y_1=1.013 9＞0.85，其他 5 个输出均远小于 0.85，所以，网络故障诊断的结果为正常状态；表 11-5 中“样本序号 3”的 5 个故障特征值输给网络的输入层节点，则网络输出层节点与其对应的输出为表 11-6 中“样本序号 3”所在行的 5 个输出值，其中只有 y_4=0.992 3＞0.85，其他 5 个输出均远小于 0.85，所以，网络故障诊断的结果为故障 4，其他类型的故障诊断以此类推。

根据故障诊断的特点建立 BP 神经网络模型，网络的输入层节点、隐层节点和输出层节点个数分别为 5、60 和 5，设置系统误差为 1×10^{-3}，学习率为 1，最大迭代次数为 1 000 次，其中输入层到隐层之间的激活函数为双曲正切函数，隐层到输出层之间的激活函数设置为 logsig 的 S 型传递函数，在输出端设置的阈值为 0.85，即网络输出值大于 0.85 的置 1，小于等于 0.85 的置 0 来处理，利用 MATLAB 神经网络工具箱建立 BP 神经网络模型。

在本文中将正常状态设置为[1 0 0 0 0]，故障 1 设置为[0 1 0 0 0]，故障 2 设置为[0 0 1 0 0]，故障 3 设置为[0 0 0 1 0]，故障 4 设置为[0 0 0 0 1]，输出阈值设置为 0.85，即在输出值大于 0.85 即为 1，否则为 0。根据输出数据的分析判断属于哪种故障，表 11-6 为仿真输出。

表 11-6　仿真输出

样本序号	网络输出 y				
	正常	故障 1	故障 2	故障 3	故障 4
1	0.000 6	1.000 8	0.002 1	−0.009 6	0.001 1
2	1.013 9	0.000 7	−0.011 5	0.002 1	−0.002 4
3	−0.001 4	−0.001 9	0.001 0	−0.001 9	0.992 3
4	0.041 0	−0.009 0	−0.015 9	0.981 1	−0.014 4
5	−0.001 4	−0.002 0	1.003 9	−0.002 7	0.001 5
6	−0.000 2	0.000 4	0.002 5	0.000 9	0.997 0

核电厂柴油机故障诊断是一个非常复杂的过程，其故障与征兆关系不是很明确，存在一种非线性映射关系。BP 神经网络具有良好的学习能力，利用 BP 网络信息融合方法，能够在足够多的样本数目前提下保证良好的容错性和鲁棒性。所以在故障诊断的过程中，神经网络信息融合发挥其联想记忆和分布并行处理能力，不仅能够诊断出已有的故障，还能对故障进行一个预测，从而满足柴油机故障诊断的要求。人工神经网络信息融合为智能诊断提供了良好的方法，为自适应学习和决策高度智能化控制系统提供了强有力的基础，并具有广泛的应用前景。

11.3.4　基于支持向量机的振动故障诊断应用

一、支持向量机的故障诊断研究

支持向量机是统计学习理论的具体应用，它是建立在统计学习理论和结构风险最小化原理基础上的新型学习机器，根据有限的样本信息在模型的复杂性（即对特定训练样本的精度）与学习能力（即无错误地识别任意样本的能力）之间寻求最佳折中，以获得最强的推广能力。由于其出色的学习能力，支持向量机已成为机器学习研究的热点，并在很多领域都得到了成功的应用，如图像处理、系统辨识与预测、故障诊断等。

虽然支持向量机的发展时间很短，但由于它的产生基于统计学习理论，因此具有坚实的理论基础。近几年涌现出的大量理论研究成果更是为其应用研究奠定了整实的基础。同时支持向量机也是一种非常年轻的机器学习方法，虽然在理论上具有很突出的优势，但与其理论研究相比，应用研究则相对比较滞后，支持向量机的应用应该是一个大有作为的方向。目前主要应用在模式识别、概率密度函数估计和回归估计等领域。

二、支持向量机的故障诊断基本步骤

基于支持向量机的故障诊断方法可以分为两个阶段：第一，通过已知的正常状态和各种

故障状态下的特征样本对支持向量机进行训练，找到训练样本中的支持向量机，据此确定最优分类超平面；第二，装入支持向量机训练阶段的数据，测试样本集根据最优分类超平面作出分类决策。下面给出支持向量机用于故障诊断的具体步骤。

（1）训练阶段

1）通过已知的正常和各种故障状态下的特征数据样本建立训练样本集$\{x_i, y_i\}$，$y \in \{1, -1\}$。

2）根据 Mercer 定理，选择合适的核函数 $K(x_i, x)$ 及核参数，并根据核函数的要求对输入数据样本进行规范化。核函数通常选择多项式核函数，径向基核函数或神经网络函数等。

3）在约束条件$\sum_{i=1}^{n} y_i\alpha_i = 0$ 和 $0 \leqslant \alpha_i \leqslant C$ 下最大化式（6-20），以求解 Lagrange 系数 ai”。

4）找出支持向量 SV，通过式（6-14）求解分类超平面的阈值 b”。

5）建立训练数据样本的最优分类超平面，训练结束。

（2）故障识别阶段

1）装入支持向量机学习阶段的有关数据，包括训练样本集$\{x_i, y_i\}$，拉格朗日系数 a_i”，阈值 b” 和支持向量 SV。

2）利用式（6-21）计算待测数据样本的指示函数决策输出值，根据指示函数输出值作出分类决策。

从上面对利用支持向量机进行故障诊断的算法不难发现，支持向量机机器学习方法的本质在于能够在有限的训练样本情况下，最大程度地挖掘训练样本中隐含的分类知识。在训练阶段，样本数据所隐含的各种故障分类知识隐式地体现在支持向量机及其相应的拉格朗日系数上。也就是说，仅用支持向量机就决定了分类器的性能。支持向量机最重要的特性在于支持向量机具有很好的推广能力，其推广能力是通过求解支持向量确定的最优分类超平面实现的，支持向量机机器学习方法很好地贯彻了统计学习理论中结构风险最小化原则。

三、基于支持向量机的故障诊断方法

（1）最小二乘支持向量机的故障诊断方法

Suyken 等提出的最小二乘支持向量机（Least Square Support Vector Machine，LS-SVM）是近年来统计学习理论的重要成果之一，最小二乘支持向量机算法是 SVM 算法的一种扩展，其训练过程仍遵循结构风险最小化原则，采用最小二乘线性系统作为损失函数，将 SVM 算法中的不等式约束转化为等式约束，使求解过程变成了解一组等式方程，求解速度相对加快，并应用到模式识别和非线性函数估计中，取得了较好的效果。对于变压器的故障诊断，已经进行了大量的研究，也涌现出了很多的故障诊断方法，但是大部分方法的判断准确率还不是很高，而且只能对故障的类型作出粗略的判断，在以后的工作中还需要不断地完善。

对于给定的训练数据集（x_i, y_i），其中 $i=1, 2, \cdots, l, x \in R_n$，$y_i \in R$，利用非线性映射$\phi$将样本从原空间 R_n 映射到特征空间（x_i），在高维特征空间中构造最优决策函数

$$y(\boldsymbol{x}) = \omega \cdot \phi(\boldsymbol{x}) + b \qquad (11\text{-}13)$$

这样非线性估计函数转化为高特征空间中线性估计函数，利用结构风险最小化原则，寻找ω，b 就是最小化式（11-28）。

$$R=\frac{1}{2}\|\boldsymbol{\omega}\|^2+C\cdot R_{\text{emp}} \tag{11-14}$$

式中$\|\omega\|^2$控制模型的复杂度；C 是正则化参数，控制误差样本的惩罚程度；R_{epm}为误差控制函数即ε不敏感损失函数，常用的损失函数有线性ε损失函数、二次ε损失函数，Huber损失函数，选取不同的损失函数，可构造不同形式的支持向量机。根据结构风险最小化原理，回归问题表示成约束优化问题

$$\min J(\boldsymbol{\omega},\xi)=\frac{1}{2}\boldsymbol{\omega}\cdot\boldsymbol{\omega}+\frac{1}{2}C\sum_{i=1}^{l}\xi_i^2 \tag{11-15}$$

约束条件

$$y_i=\boldsymbol{\omega}^{\mathrm{T}}\phi(\boldsymbol{x}_i)+b+\xi_i,\quad i=1,2,\cdots,l \tag{11-16}$$

式中，C 为常数，b 为偏差。用拉格朗日法求解这个优化问题

$$L(\boldsymbol{\omega},b,\xi,\alpha)=J(\boldsymbol{\omega},\xi)-\sum_{i=1}^{l}\alpha_i[\boldsymbol{\omega}^{\mathrm{T}}\phi(\boldsymbol{x}_i)+b+\xi_i-y_i] \tag{11-17}$$

式中 a_i（i=1，2⋯，1）为拉格朗日乘子，由优化条件

$$\begin{aligned}
&\frac{\partial L}{\partial\boldsymbol{\omega}}=0\Rightarrow\boldsymbol{\omega}=\sum_{i=1}^{l}\alpha_i\phi(\boldsymbol{x}_i)\\
&\frac{\partial L}{\partial b}=0\Rightarrow\sum_{i=1}^{l}\alpha_i=0\\
&\frac{\partial L}{\partial\xi_i}=0\Rightarrow\alpha_i=C\xi_i\\
&\frac{\partial L}{\partial\alpha_i}=0\Rightarrow\boldsymbol{\omega}^{\mathrm{T}}\phi(\boldsymbol{x}_i)+b+\xi_i-y_i=0
\end{aligned} \tag{11-18}$$

定义核函数K（x，x_i）$=\phi(x)\cdots\phi(x_i)$，优化问题转化为求解如下线性方程组

$$\begin{bmatrix}0 & 1 & \cdots & 1\\ 1 & K(\boldsymbol{x}_1,\boldsymbol{x}_1)+\frac{1}{C} & \cdots & K(\boldsymbol{x}_1,\boldsymbol{x}_l)\\ \vdots & \vdots & \cdots & \vdots\\ 1 & K(\boldsymbol{x}_l,\boldsymbol{x}_1) & \cdots & K(\boldsymbol{x}_l,\boldsymbol{x}_l)+\frac{1}{C}\end{bmatrix}\cdot\begin{bmatrix}b\\ \alpha_1\\ \vdots\\ \alpha_l\end{bmatrix}=\begin{bmatrix}0\\ y_1\\ \vdots\\ y_l\end{bmatrix} \tag{11-19}$$

为了叙述方便，引入新的变量 X、θ和 Y，分别便是输入矩阵、阐述向量和输出向量，且令

$$\boldsymbol{X}=\begin{bmatrix}0 & 1 & \cdots & 1\\ 1 & K(\boldsymbol{x}_1,\boldsymbol{x}_1)+\frac{1}{C} & \cdots & K(\boldsymbol{x}_1,\boldsymbol{x}_l)\\ \vdots & \vdots & \cdots & \vdots\\ 1 & K(\boldsymbol{x}_l,\boldsymbol{x}_1) & \cdots & K(\boldsymbol{x}_l,\boldsymbol{x}_l)+\frac{1}{C}\end{bmatrix} \tag{11-20}$$

$$\boldsymbol{\theta}=[b\quad\alpha_1\quad\cdots\quad\alpha_l]^{\mathrm{T}}\ \boldsymbol{Y}=[0\quad y_1\quad\cdots\quad y_l]^{\mathrm{T}}$$

则式（11-33）等价于

$$Y=X\theta \tag{11-21}$$

用最小二乘法求出回归系数 α_i 和偏差 b，得非线性预测模型

$$f(\boldsymbol{x})=\sum_{i=1}^{l}\alpha_i K(\boldsymbol{x},\boldsymbol{x}_i)+b \tag{11-22}$$

一旦核函数确定，则输入矩阵 X 随之确定，若输出向量 Y 已知，则根据最小二乘法的计算公式可以确定参数向量 θ

$$\boldsymbol{\theta}=(\boldsymbol{X}^T\boldsymbol{X})^{-1}\boldsymbol{X}^{\mathrm{T}}\boldsymbol{Y} \tag{11-23}$$

从而可以获得回归系数 α；和偏差 b，可用式（11-37）进行故障诊断

$$f(\boldsymbol{x})=\sum_{i=1}^{l}\alpha_i K(\boldsymbol{x},\boldsymbol{x}_i)+b \tag{11-24}$$

式中，x 为待检样本，根据式（11-24）的计算结果即可判断变压器的故障类别。

（2）基于多类分类支持向量机的故障诊断方法

支持向量机最初是为两类分类问题而设计的，在实际应用中，多类分类的问题更为普遍。如何将二类分类问题推广到多类分类问题上，已经成为支持向量机研究新的热点。多类分类问题可以形式化地表述为；给定属于 k 类的 m 个训练样本，(x_1, y_1)，(x_2, y_2)，…，(x_i, y_i)，其中，$x\in R_n$，$i=1,2,\cdots,m$，且 $y_i\in\{1,2\cdots,k\}$，要通过上述训练样本构造一个分类函数 f，使对未知样本 x 进行分类时的错误概率（或者造成的损失）尽可能小。

当前已经有许多算法将 SVM 推广到多类分类问题，这些算法统称为多类支持向量机（Multi-category Support Vector Machines，M-SVM）。解决 SVM 的多类分类问题主要有以下两种方案；第一种是通过某种方式构造一系列两类分类器并将它们组合在一起来实现多类分类；第二种是将多个分类面的参数求解合并到一个最优化问题中，通过求解该最优化问题“一次性”地实现多类分类。第二种方案尽管看起来简洁，但是在最优化问题求解过程中的变量远多于第一种方案，而且在训练速度以及分类精度上也不占优势，当训练样本数非常大时，这一问题更加突出。目前应用较多的是第一种方案，该方案中常用的 3 种方法如下。

1）一对多（One-Versus-Rest）算法

该方法将一个 k 类模式识别问题分解为 k 个两类模式识别问题加以解决，在第 i 个 SVM 中，第 i 类的训练样本的标识为+1，其他的训练样本的标识为–1，最后输出的是两类分类器中输出为最大的那一类。该方法的优点为；只需要训练 k 个两类分类支持向量机就可以完成 k 类模式识别，分类速度比较快。这种方法的缺点为每个分类器的训练都是将全部的样本作为训练样本，这样需要求解 k 个 n 个变量的二次规划问题，因为每个支持向量机的训练速度随着训练样本数量的增加急刚减慢，因此，这种方法训练时间较长。

2）一对一（One-Versus-One）算法

这是由 Knerr 提出的 SVM 多元分类算法，每个两类分类器只用 k 类中的两类训练样本进行训练，这样共构造出 k（k–1）/2 个两类分类器，在每两类之间训练一个 SVM 将彼此分开。在分类过程中，采用“投票法”，即将样本输入某个分类器，该分类器的分类结果如果是属于第 m 类，则给第 m 类加一票。所有分类器均对数据分类后，哪一类的得票最多，就

判定数据属于哪一类。也就是说，采用多元分类器训练数据样本后，在预测新样本时，使用成对的 SVM 进行比较，每次产生一个优胜者（即获得一个类别），然后在优胜者之间再进行比较，直至最后仅剩一个优胜者。事实上，预测新样本时，并不需要对每两类之间的优胜者再次进行竞争淘汰，两类之间比较获胜次数最多的类，即为新样本所属的故障类别。一对一方法的缺点是：如果单个两类分类器不规范化，则整个 k 类分类器将趋向于“过学习”；推广误差无界；分类器的数目 $k(k-1)/2$ 随类数 k 急剧增加，导致在决策时速度很慢。

3）导向无环图

导向无环图（Directed Acyclic Graph Support Vector Machine，DAGSVM）方法训练阶段与 One-Versus-One 算法相同，即解 $\frac{k(k-1)}{2}$ 个 SVM 分类器，并得到相应的决策函数。图 11-12 给出了一个带有根节点的二值有向无环图，该图是共有 $\frac{k(k-1)}{2}$ 个内节点 k 个叶节点的树图，每个内节点为个两类的 SVM 分类器。

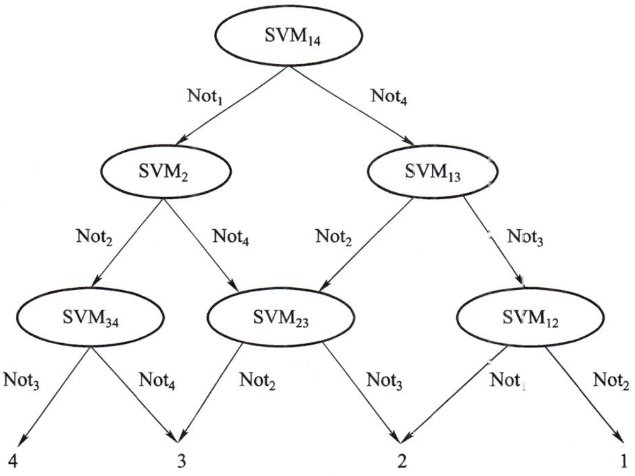

图 11-12　导向无环图

给定一个未知样本 x，从根节点出发，计算相应的决策函数值，由该节点的决策函数值决定下一个访问的是哪个子节点：如果决策函数的输出为正则访问左子节点，否则访问右子节点。如此向子节点方向进行下去，直判断到一个叶节点，即为样本 x 属于的类别。这种方法采用固定的树结构，而且包括根节点在内各个决策节点的选择具有随意性，因而容易产生“误差积累”，分类性能并不稳定，往往达不到最优。

11.4　基于深度学习的智能诊断应用简述

11.4.1　深度学习概述

传统的机器学习方法存在一些不足，例如传统神经网络基于经验风险最小化原则来进行网络训练，泛化能力受到限制；专家系统依赖于专家知识的获取，这是该方法研发中的一个主要问题，此外，其推理机制较大程度地决定了系统的自适应能力、学习能力以及实时性，而根据特定问题建立有效的推理机制是当今研究的一大难题；SVM 虽然在小样本、泛化能力等问题上得到了改进，然而其样本不平衡等问题依然制约着该方法在振动故障诊断中的应用。经过多年研究，各种诊断方法、模型的性能在不断提高。但这模式的故障诊断将特征提取与故障识别作为了两个独立的过程，特征提取很大程度上决定了机器学习的效果，忽略了机器自身对信息的主动“诉求”；加之传统的机器学习属于浅层学习，学习深度不足，使诊断模型性能的进一步提高受到制约。

深度学习（Deep Learning，DL）是机器学习领域一个新的研究方向，近年来在语音识别、计算机视觉等多领域应用中取得了骄人的成绩。深度学习神经网络通过模拟具有丰富层次结构的脑神经系统，对网络的输入进行逐级特征提取，从而形成抽象的高层特征表示。严格上来说，DL 仍是一种基于机器学习的模式识别方法。然而，由于在深层学习的过程中 DL 可以自适应地提取输入量的特征，进而通过最后一层网络实现识别。所以从这个角度上来看，DL 可以看作是特征提取与分类机的集成方法。

目前比较成熟的 DL 模型有深度置信网络（Deep Belief Network，DBN）、受限玻尔兹曼机（restricted Boltzmann machine，RBM）、堆叠自编码器（Stack Auto-Encoder，SAE）、递归神经网络（Recurrent Neural Network，RNN）、深度卷积网络（Convolutional Neural Network，CNN）等。在上述提到的 DL 模型中，CNN 是一种真正意义上的多层次结构算法，该方法利用空间相对关系来减少参数数目，CNN 的实质是对输入数据进行逐层卷积（Convolution）及下采样（Subsampling）操作，进而逐级提取隐藏在数据中的特征，网络结构一般包括多个卷积层（C 层）、下采样层（S 层）、全连接层以及输出层，其经典逻辑结构如图 11-13 所示。

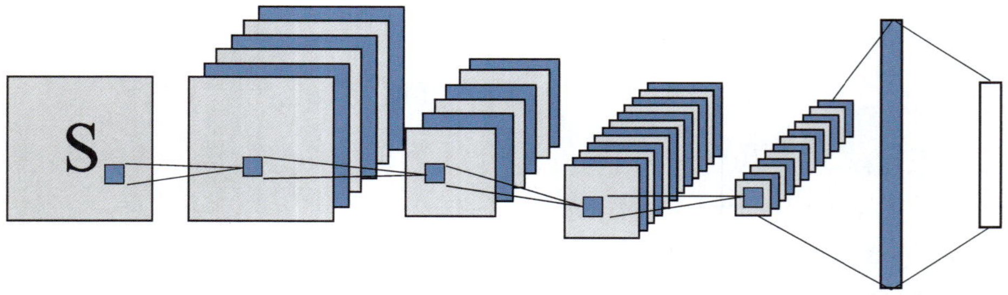

图 11-13　CNN 典型逻辑结构图

C 层主要通过卷积核对特征图（Feature Maps）进行特征抽取，CNN 最重要的特点之一就是在卷积过程中该方法具有局部感知野卷积和权值共享两大特性，可大幅度减少网络的训练参数；S 层主要依据一定规则对特征图进行降维，这个过程也被称为池化操作，在一定程度上保证了特征的尺度，并使其具有缩放不变性。在对输入信息进行深层学习后，全连接层直观展现特征抽象的结果，对于振动故障识别来说，其全连接层实质上是故障特征提取的直观展现；最终输出层对全连接层的输出特征进行分类、识别。（见图 11-14）

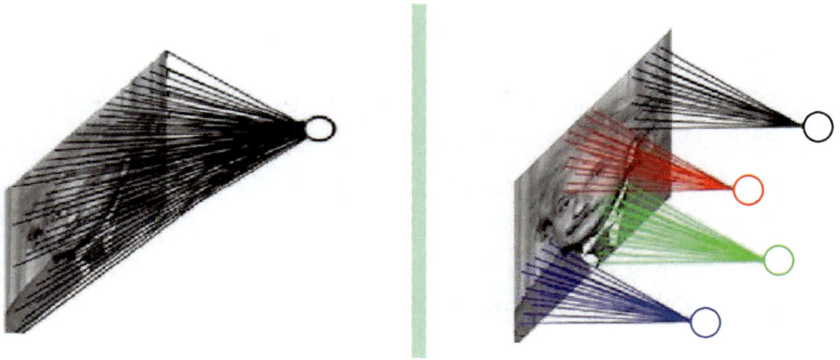

图 11-14　全连接结构与局部感知结构

目前，人们已经开始就 CNN 等深度学习方法在振动故障识别方面的应用展开了研究，应用于图谱识别、轴心轨迹识别和结构振动等。将深度学习方法应用于故障诊断领域，其过程实质上是一个对故障特征进行深度学习并识别的过程。与传统的基于信号处理和机器学习的故障诊断方法相比，DL 方法将特征提取与特征识别有机地结合起来，自适应地提取、学习特征，即将传统的“Feature Engineering”转化为“Feature learning”，从而提高了模型的识别性能。

11.4.2　基于 CNN 的振动信号识别方法

（1）1D-CNN 诊断模型

由 CNN 原理及相关应用分析可以看出，CNN 是目前最接近人脑的智能学习方法，将传统的机器学习转向人脑学习、人工智能。它通过模拟具有丰富层次结构的脑神经系统，建立了类似于人脑的分层模型结构，从而实现对图像的高精度识别。CNN 应用于振动故障诊断中，在不通过人工特征提取的前提下，直接对振动信号进行识别、诊断。

传统的 CNN 是一种对二维图像（矩阵）分析的深度学习模型构架，而振动信号是一维向量，针对振动信号向量识别问题，需对传统的 CNN 方法进行改进，在保持原有 CNN 方法特性的同时，实现一维向量信号的识别。1D-CNN 是一个多层神经网络，每层由多个一维向量构成，每个向量由多个独立的神经元构成，如图 11-15 所示。

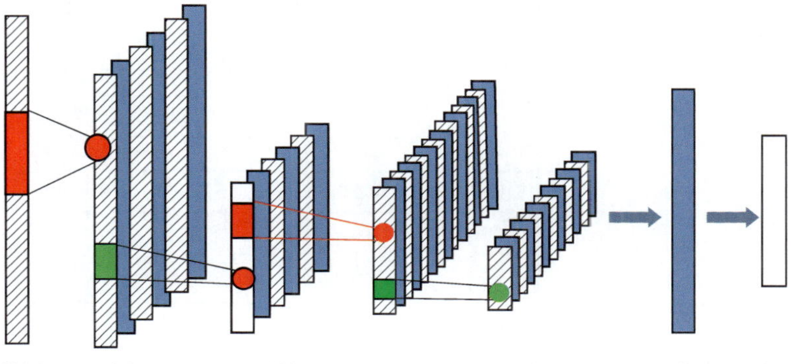

图 11-15　1D-CNN 网络结构图

1D-CNN 将振动信号作为一维向量输入网络，与 CNN 相同，该网络可以通过模拟具有丰富层次结构的脑神经系统，建立了类似于人脑的分层模型结构，通过局部感知技术，实现了对振动信号的准确识别。此方法无需人工特征提取过程，通过直接对原始振动信号进行自适应特征提取以及深层学习训练，从而实现振动故障识别、诊断。

（2）诊断应用流程

该方法将最原始的振动信号向量直接作为模型输入，利用 1D-CNN 对其进行故障诊断。该方法模型的训练与诊断的具体步骤如下。

STEP1：准备 N 组长度为 n 的历史振动故障信号 x_1（t）、x_2（t）、…、x_N（t）及各自类别标签 T_1、T_2、…、T_N。

STEP2：设置网络结构、激活函数等。

STEP3：选取最优模型超参数。模型中学习率、训练次数、尺寸等模型超参数对网络性能影响较大，为了选取最优模型超参数，选择网格搜索法（Grid Search）对其进行优化。

STEP4：1D-CNN 的训练。将上述历史样本作为训练样本对 1D-CNN 模型进行训练，通过反向传播算法更新网络参数，得到 1D-CNN 模型参数。

STEP5：1D-CNN 网络性能测试。基于上述得到的 1D-CNN 模型对待测样本进行诊断，计算诊断误差 ε。若 ε 满足要求，进入下一步，否则，返回 STEP3。

STEP6：保存训练完成的 1D-CNN 诊断模型参数，将新的待测样本输入诊断模型进行故障诊断。

构建诊断模型如图 11-16 所示。

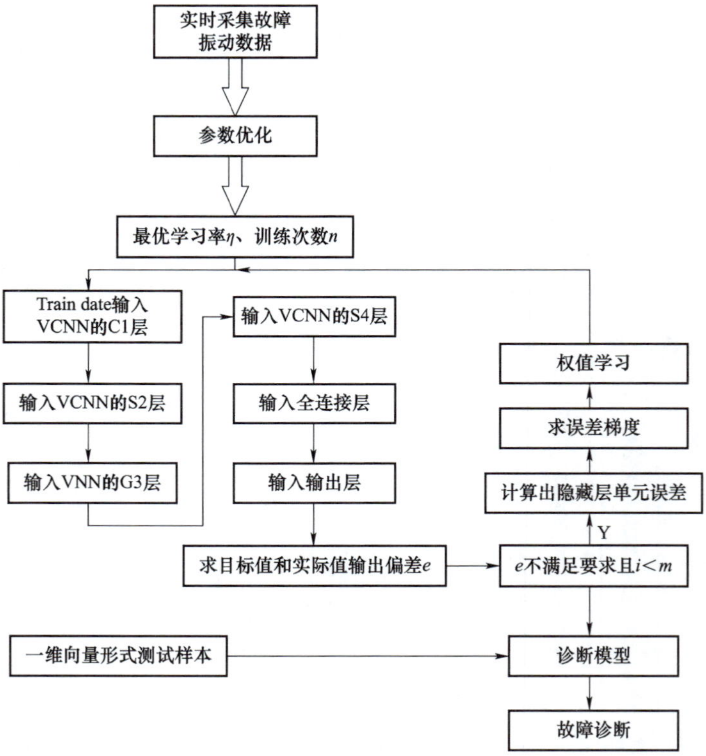

图 11-16　诊断方法原理

随着计算机硬件技术的飞速发展，其运算速度得到大幅度提升，1D-CNN 样本获取、权重与偏置训练将更加便捷。据此针对大型复杂机械系统的多传感器监测数据，以得到海量的监测数据作为训练样本，依托 1D-CNN 强大的学习泛化能力，在未来的人工智能的发展中有广阔的应用前景。

11.5　总结与展望

据核能行业协会统计，截至 2020 年年底，我国运行核电机组共 49 台（不含台湾地区核电信息），装机容量 5 102.716 千瓦时，全年累计发电量为 74 170.40 千瓦时。其中，运行核电机组累计发电量为 3 662.43 亿千瓦时，占全国累计发电量的 4.94%，占比为近 5 年之最。与燃煤发电相比，核能全年发电量相当于减少燃烧标准煤 10 474.19 万 t，减少排放二氧化碳 27 442.38 万吨，减少排放二氧化硫 89.03 万吨，减少排放氮氧化物 77.51 万 t。在“十四五”规划中明确，发展核电是我国社会经济不断发展和人民生活水平不断提高的需要，也是优化我国能源结构、缓解环境污染和保证能源安全的需要。未来核电建设将加快，市场环境广阔。据预测，到 2035 年核电占比 8%的比例计算，我国在运核电机组将达到 1.5 亿千瓦时。同时，智慧电厂的概念引领下，采用新技术、新工艺实现核电机组稳定性、可靠性的提升，也是一项长期命题。从定期检修、事故后维修过渡到预防性维修和设备健康管理，是开展状态监测与故障诊断技术应用的背景。振动监测与故障诊断技术，作为较为成熟的大型旋转设备对象，无疑是主要的手段，也成为核电厂堆型设计应用和技术改进的必然选择。新一代的产品具有分布式布局、远程化应用、开放式平台等特点，适应了应用场景的需求。但振动诊断技术涉及多学科、多专业，如何提高其应用水平，是一项需要长期追求的任务。

2014 年德国政府的工业推进计划“工业 4.0”引发了关于第四次工业革命的热议。以大数据、云计算、物联网技术为核心，通过机器智能化、物质信息化、环境数字化等，人类将进入全新时代——第四次工业革命时代。新一轮的全球工业革命实际上是工业和互联网融合。对此美国和德国提出了各自政策，具有各自不同的关注点，但两者的目标是一致的，就是实现智能制造，实现互联网和工业的融合。两化融合，是信息化和工业化的高层次的深度结合，是指以信息化带动工业化、以工业化促进信息化，走新型工业化道路；两化融合的核心就是信息化支撑，追求可持续发展模式。我国也在 2015 年制定了“智能制造 2025 以及互联网+”相关政策和规划，工业信息化已是大势所趋，机械设备使用及维护的信息化是其中的重要板块这是两化融合的升级版本。随着工业技术与规模的不断发展，当今的设备的状态监测、故障诊断、维护有了一些新特点与要求（见图 11-17）：

（1）分布广：地理上分布在全国乃至全世界。

（2）结构复杂：机械设备的结构、电气设备、功能越来越复杂。

（3）预防为主：生产不停机，减少维护的成本。

（4）大数据：传感器众多，采集频率大，数据类型多。

（5）高效化：设备管理更加高效，诊断更加便捷。

（6）实时性：能及时将数据采集并展示监测、诊断结果。

（7）智能化：充分利用计算机的智能，利用目前的智能预测方法、计算方法，能代替人给出诊断结果。

（8）人性化：呈现给技术人员更易懂、形象的数据。

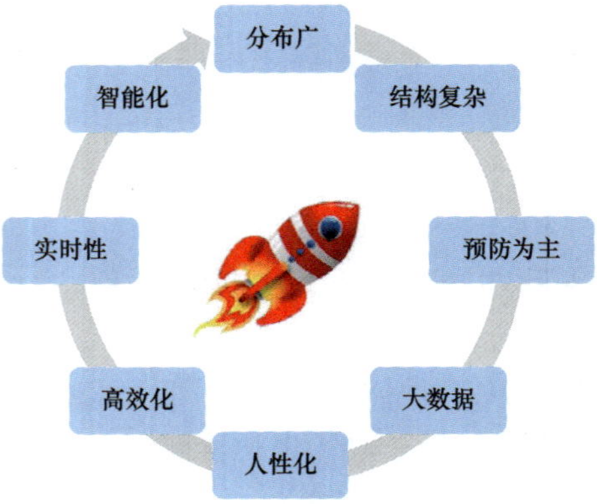

图 11-17　当今的设备的状态监测、故障诊断、维护有了一些新特点与要求图示

同时故障诊断与维护技术功能更加完整，建立起完整的设备健康与寿命管理体系。

（1）在线监测：对用户机组进行 24 小时实时在线监测分析。

（2）定期评估：为用户提供机组运行状态分析评估报告。

（3）故障预警：及时为用户提交机组早期故障预警，分析故障征兆、故障类型、故障根源以及处理方案。

（4）远程维护：随时对现场机组各种故障进行远程会诊，提供系统服务和完整的解决方案。

（5）现场服务：各种设备相关问题处理现场各种故障的诊断和维护指导。

（6）定期回访：将定期用户回访，第一时间掌握用户的建议和要求。

（7）数据管理：为每一个用户、每一台设备建立完备的，并持续不断地跟踪管理。

作为核电厂设备全生命周期中重要的环节，设备的状态监测、故障诊断、维护在目前网络化的大背景下具有了新的发展方向，同时反过来也是促进技术进步的重要动力。第四次工业革命，是产品生命周期中整个组织、管理的飞跃。在一个“智能、网络化的世界”里，物联网和服务网将渗透到所有的关键领域。对于设备制造领域，同样也意识到信息化技术的重大意义，利用基于信息物理系统、物联网和互联服务，产生的大量数据流能够被搜集和分析用于指导高效生产以及指导设备的监测、诊断与维护，产生了设备由制造、安装、调试、运维到健康评估全寿期管理模式。

基于状态的维护（Condition-Based Maintenance，CBM）是一种全新的设备维护模式，其核心思想是在有证据表明故障将要发生时才对设备进行维护。它通过对设备工作状态和工作环境的实时监测，借助人工智能等先进的计算方法，诊断和预测设备未来的有效工作周期，合理确定设备未来的维修时机。CBM 方法根据设备的实际运行状态确定设备的最佳维护时间，有效降低设备全寿命周期维护费用，提高设备的可靠性。OSA-CBM 标准把 CBM 系统分成了 7 个层次不同的技术模块，其层次结构如图 11-18 所示。

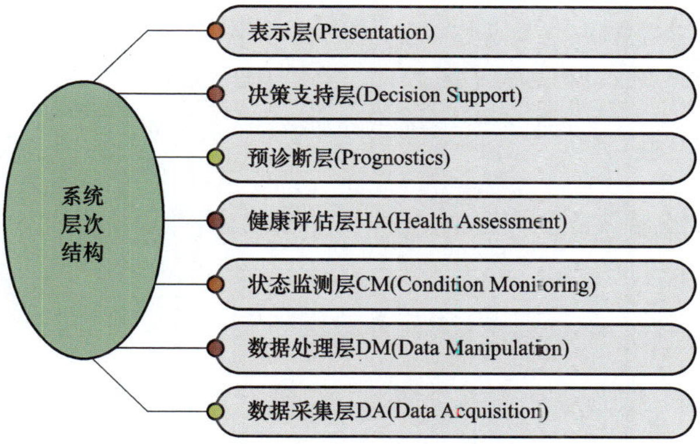

图 11-18 CBM 系统层次结构图示

CBM 基于状态的维护是一种新型维护方式，我国在 2010 年也颁布了国标（GB 26221-2010-T）。采用 OSA-CBM 架构有助于系统整体的通用性与标准性，系统的分模块设计与开发结合系统提供的统一接口实现模块的即插即用，有利于系统的重构与扩展。基于 OSA-CBM 的“机械设备故障诊断及远程维护系统”的提出为实际应用系统的研制和开发提供了理论依据、实现方法和思路，对其故障诊断与远程维护技术在研究上提升到一个新的水平具有深远的意义。

作为中国工业互联网的核心技术及两化融合的基础技术，工业大数据备受关注。近年来，我国出台了“大数据”“两化融合”“互联网与制造业融合”等一系列综合性指示与政策，对工业大数据的发展提出了新明确要求，并对工业场景应用提供了全面指导。工业大数据平台在核电行业应用案例，已经展现了以其智能算法引擎、专业算子库等快速构建设备状态监测与故障诊断应用的优势。这比以往在振动装置应用层进行模式识别算法应用开发方面，节省了大量精力，降低了应用的门槛。在设备测量层，通过专用装置（例如振动、油液、红外、超声等）实现表征故障征兆信息的测量和识别，通过大数据平台实现各类信息的综合与数据治理，并应用其算法引擎（人工智能、机器学习）实现智能化预警和故障诊断应用，是开发和构建应用系统的必由之路。

本书通过实际设备选型、功能应用和开发过程的探索，从仪控和信息系统应用构建的角度描述了核电厂应用场景的这一过程，相比振动监测与故障诊断应用通常文献有不同，且存在着认识不足等诸多因素。一些体会和经验仅供参阅，不足之处欢迎提出批评和指导学习交流。

参考文献：

[1] Bell，Michael Z. Why Expert Systems Fail［J］. The Journal of the Operational Research Society，1985，7（36）：613-619.

[2] Coats，Pamela K. Why Expert Systems Fail［J］. Financial Management，1988，3（17）：77-86.

[3] 田春华，李闯，刘家扬，等，工业大数据分析实践［M］. 北京：电子工业出版社，2020.

[4] E.D. Thompson，E. Frolich，J.C. Bellows，et al. Process Diagnosis System（PDS）：A 30 Year History，Proceedings of the 27th Conference on Innovative Applications of Artificial

Intelligence［C］. Austin：AAAI Press，2015：3928-3933.

[5] 华志刚. 发电行业人工智能应用［M］. 北京：中国电力出版社，2020.

[6] 李立伟. 面向全生命周期管理的电站远程诊断运维信息系统设计. 上海：上海交通大学，2017.

[7] 蔡自兴，王勇. 智能系统原理、算法与应用［M］. 北京：机械工业出版社，2017.

[8] 边肇祺，张学工. 模式识别［M］. 2 版. 北京：清华大学出版社，2000.

[9] 段莉萍，刘卫军，钟培道，等. 机械装备缺陷、失效及事故的分析与预防［M］. 北京：机械工业出版社，2015.

[10] 苗富足，邱忠明，张琴芳，等. 核电厂运行安全性能指标评价体系开发［Z］. 国家科技成果，2011.

[11] 寇胜利. 汽轮发电机组的振动及现场平衡［M］. 北京：中国电力出版社，2007.

[12] 刘炳含. 基于大数据技术的电站机组节能优化研究［M］. 北京：华北电力大学，2019.

[13] 于文武，许春生，康力平. 基于 AHP 的航空发动机健康评估系统设计［J］. 航空计算技术，2007，37（1）：73-74.

[14] 陈建忠，褚孝国，赵霞，等. 燃煤电站数媒廊道机器人自动巡检系统技术开发与应用［J］. 热力发电，2019，48（9）：145-150.

[15] 张学延，丁联合. 汽轮发电机组裂纹转子振动特性及其诊断［J］. 热力发电，2014，43（6）：1-6.

[16] 黎新，陈勇. 转子裂纹的影响因素分析及其预防对策［J］. 装备维修技术：2011（3）：35-38.

[17] 刘吉臻，胡勇，曾德良，等. 智能发电厂的架构及特征［J］. 中国电机工程学报，2017，37（22）：6463-6470.

[18] 李录平，邹新元，晋风华. 柔性转子不平衡分布对摩擦振动行为的影响分析［J］. 动力工程，2005，25（6）：757-760.

[19] 周邵萍. 设备健康监测与故障诊断［M］. 北京：化学工业出版社，2019.

[20] 陈雪峰. 智能运维与设备健康管理［M］. 北京：机械工业出版社，2018.

[21] 胡昌华，樊红东，王兆强. 设备剩余寿命预测与最优维修决策［M］. 北京：国防工业出版社，2018.